21 世纪高等学校精品规划教材

大学计算机应用基础
（第二版）

李云峰　李　婷　编著

中国水利水电出版社
www.waterpub.com.cn

内 容 提 要

本书根据教育部高等学校计算机科学与技术教学指导委员会编制的关于进一步加强高等学校计算机基础教学的意见暨计算机基础课程教学基本要求编写而成。本书吸取了国内外同类教材的优点，以强调应用技能为目标，以实践性、实用性和前沿性为原则，主要内容包括计算机与信息的基本概念、计算机硬件、计算机软件、数据库技术应用基础、多媒体技术应用基础、计算机网络技术应用基础和计算机信息安全技术应用基础。

本书的特点是取材新颖、内容丰富，重点突出、结构清晰，知识模块化组织，逻辑性强，具有良好的教学适用性及较强的实用性和可操作性，符合当今计算机科学技术发展趋势。同时，注意与后继课程的分工与衔接，并与目前高校的教育改革相呼应，从更高层次讲述计算机基础知识。作者按教与学的规律，精心设计每一章的教学内容，注重对学生实践能力和探究能力的培养，是一套将计算机基础知识与基本应用有机地组合在一起的教科书，可作为高等院校各专业计算机基础课程教材，也可作为高等学校成人教育的培训教材或自学参考书。

本书配有免费电子教案，读者可以从中国水利水电出版社网站以及万水书苑下载，网址为：http://www.waterpub.com.cn/softdown/或 http://www.wsbookshow.com。

图书在版编目（CIP）数据

大学计算机应用基础 / 李云峰，李婷编著. -- 2版
. -- 北京：中国水利水电出版社，2014.8
21世纪高等学校精品规划教材
ISBN 978-7-5170-2454-5

Ⅰ. ①大… Ⅱ. ①李… ②李… Ⅲ. ①电子计算机－高等学校－教材 Ⅳ. ①TP3

中国版本图书馆CIP数据核字 (2014) 第203291号

策划编辑：雷顺加   责任编辑：周益丹   封面设计：李 佳

书　　名	21世纪高等学校精品规划教材 **大学计算机应用基础（第二版）**
作　　者	李云峰 李 婷 编著
出版发行	中国水利水电出版社 （北京市海淀区玉渊潭南路 1 号 D 座　100038） 网址：www.waterpub.com.cn E-mail: mchannel@263.net（万水） 　　　　sales@waterpub.com.cn 电话：(010) 68367658（发行部）、82562819（万水）
经　　售	北京科水图书销售中心（零售） 电话：(010) 88383994、63202643、68545874 全国各地新华书店和相关出版物销售网点
排　　版	北京万水电子信息有限公司
印　　刷	三河市鑫金马印装有限公司
规　　格	184mm×260mm　16 开本　12.75 印张　333 千字
版　　次	2008 年 6 月第 1 版　2008 年 6 月第 1 次印刷 2014 年 8 月第 2 版　2014 年 8 月第 1 次印刷
印　　数	0001—4000 册
定　　价	28.00 元

再版前言

随着信息社会的高速发展，计算机的应用领域日益广泛，并对人类的经济生活、社会生活等各方面产生了巨大而深刻的影响，计算机应用普及已成为信息社会的重要标志，熟悉并掌握计算机的基础知识和技术应用是信息时代每个大学生必备的知识技能。

大学计算机应用基础是高校非计算机专业的公共必修课程，是学生将来从事各种职业的工具和基础，在培养学生技术应用方面有着极其重要的作用。然而，目前该课程的教材大多以Windows+Office操作为主体，且盲目追求任务驱动，对课程性质和作用缺乏深层次的研究和探索。

作为一门公共基础课程，它应该达到什么目的，起什么作用，如何定位等等，这既是我们必须认真探索的问题，也是必须首先明确的问题。

首先，"大学计算机应用基础"是一门通识课程，而不是操作技能培训，课程应体现"通识"的真实内涵。在当今信息时代，计算机已不再仅仅是一门工具，而是一种文化。作为计算机的入门教材，在培养学生的计算机知识、素质和应用能力方面具有基础性和引导性的重要作用。通过本课程的学习，应该使学生了解计算机在本专业中的作用地位是什么，学习这门课程为其他后续课程的学习奠定了哪些基础，如何将所学到的计算机知识灵活运用到专业课程中等等。

其次，作为一门通识课程，应建立一个完整的知识体系。在计算机上玩游戏，简单而有趣。但是，用计算机来解决具体应用问题却不那么容易，必须让学生了解应该掌握哪些知识，具备什么样的知识结构和能力，并使学生对本课程产生浓厚的学习兴趣和强烈的探索意识。

随着对该课程教学研究和课程改革探索的深入，我们不断更新课程建设理念，不断调整课程知识结构，不断寻求新的突破，教材已经过多次改版。本教材**以理论知识为基础，以技术应用为核心，以能力培养为目标**，力图实现理论基础知识学习与应用能力培养完美结合，形成本教材特色。

（1）**抓住本质，正确认识课程性质**。大学计算机应用基础的"教"与"学"不应简单地归结于工具性，而应将它放在广阔的社会文化背景中加以研究，突出"通识"和"计算机文化"属性。为此，在本教材第1章中，将计算机的发展史与人文精神有机地结合；将计算机与信息化有机地结合；将计算机文化与信息素养有机地结合，以起到素质和能力培养的引导性作用。

（2）**把握重点，合理设计知识结构**。本课程应全面体现"应用基础"的真实内涵。为此，本教材由**基本概念**(课程导学、计算机概述)、**基本方法**(计算机硬件、计算机软件、计算机程序设计)、**基本应用**（数据库技术应用基础、多媒体技术应用基础、计算机网络技术应用基础、计算机信息安全技术应用基础）组成进阶式结构。从而，使课程教学目标明确、结构清晰、条理性好、逻辑性强、循序渐进。

（3）**强化实践，构建知识、技能体系**。计算机应用基础是一门实践性很强的课程，对该课程的教学，既要重视理论学习能力的培养，也要重视实际动手能力的培养，更要重视自我提高能力的培养。为此，编写了配套的《大学计算机应用基础学习辅导》（第二版），内容包括习题解析、技能实训、知识拓展。通过习题解析，加深对理论知识的理解；通过技能实训，强化综合应用能力的培养；通过知识拓展，提高人文素质和人文精神。辅助教材与主教材构成一个完整的知识、技能体系，将"教、学、做"融为一体。

（4）**案例引导，注重培养计算思维**。所谓"计算思维"，就是问题求解的思维方法。为了提高"教"与"学"的效果，我们设计了"课程导学"，并以"计算机如何求解一元二次方程"这一案例为切入点，从逻辑的角度对计算机硬件、计算机软件、计算机程序设计等展开讨论，注重培养学生的计算思维。在技能实训部分，均以案例形式提出问题，引导学生围绕该案例进行分析、思考、设计和制作。在注重培养学生计算思维的同时，提高学生的学习兴趣，激发学生学习的主动性和求知欲，克服学习过程中的盲目性和枯燥性。

教学思想的贯彻与实施，依赖于教学内容的精心设计和合理安排。所有这些，主要源于教材。教材是教学的基本依据，它容纳了教学目标和教学内容，明确了教学过程和教学方法，体现了教学理念和教学思想，是教学研究、探索和改革的载体，也是先进教育思想的体现。合理定位大学计算机课程的教学内容，形成科学的知识体系、稳定的知识结构，使之成为重要的通识课程之一，是该课程教学改革的重要方向；根据该课程的特点和作用地位，以计算思维能力培养为切入点，是大学计算机课程深化改革，提高教学质量的核心任务。

本书由李云峰教授、李婷博士编写，全书由李云峰统稿。丁红梅、彭欢燕、刘屹、曹守富、孟劲松、范荣、周国栋、刘冠群、姚波、陆燕、刘庆、左贺等老师参加了课程教学资源建设。

在编写过程中，参阅了近年来出版的大量同类优秀教材，在此谨向这些著作者表示衷心感谢！

由于计算机科学技术发展迅速，作者水平有限，加之时间仓促，书中不妥或疏漏之处在所难免，敬请专家和广大读者批评指正。

作 者

2014 年 7 月

目　　录

第三篇 基本技术

第一篇　基本概念

课程导学

在当今信息时代，熟悉并掌握计算机的基础知识和应用是每个大学生必备的知识技能。《大学计算机应用基础》是大学所有专业必修的公共基础课程。那么，如何教好、学好这门课程呢，我们希望通过"课程导学"能为使用本教材的教师和学生提供有益的参考。

一、课程教学定位

我们力图通过《大学计算机应用基础》课程将计算机基础知识与应用能力培养完美结合，充分体现"应用基础"的真实内涵，全面介绍计算机的基础知识和基本操作。

1. 课程性质

《大学计算机应用基础》是一门综合性和实践性很强的课程，该课程的性质呈现以下特征：

（1）知识面宽：计算机应用基础涉及计算机硬件系统、软件系统、程序设计、数据库技术、多媒体技术、计算机网络技术、计算机信息安全技术，以及计算机基本操作技能等。

（2）内容更新快：在所有科学技术领域，计算机软硬件的发展速度是最快的。Intel 公司的创始人之一，戈登·摩尔（Gordon Moore）曾预言微处理机的处理能力每 18 个月到 24 个月将增加一倍。实际情况证明这个预言是正确的，因而人们把它称为摩尔定律（Moore's Law）。信息产业几乎严格按照这个定律，以指数方式领导着整个经济发展步伐。

（3）应用广泛：现在计算机无处不用，随处可见。因此，计算机应用基础已成为大学各类专业的必修课程。事实上，很多课程的学习都是建立在学生掌握了计算机知识的基础上的。

（4）实践性强：计算机是一门实践性很强的课程，要掌握好计算机知识，必须加强技能训练，方能达到教学目的和应有的教学效果。

2. 课程目标

由于信息技术发展迅速，社会需要大量既熟悉专业知识又掌握计算机应用技术的复合型人才，很多大学生毕业后所从事的工作已不是单一的专业工作，而往往是利用网络工作平台，进行信息传送和交换，而且处理的信息也已经由单一文字为主变为文字、声音、图形、图像等多种媒体信息相结合。因此，本课程以掌握计算机的基本知识概念（计算机硬件、计算机软件和程序设计）、基本应用技术（数据库应用技术、多媒体应用技术、计算机网络应用技术、计算机信息安全技术）和基本操作技能（Windows 7、Word 2010、Excel 2010、PowerPoint 2010、Access 2010 等）为目标，为以后工作或后续相关课程的学习打下良好基础。

3. 课程任务

为了实现上述目标，应建立课程的理论知识、操作技能、技术应用三维一体的教学体系，融"教、学、做"为一体，强化动手能力的培养。通过对本课程的学习，使学生能够掌握计算机系统结构组成和程序设计的基本概念；熟悉数据库技术、多媒体应用技术、计算机网络应用技术和计算机信息安全技术；熟练掌握 Windows 和 Office 的基本操作技能，基本具备运用数据库技术、多媒体技术、网络技术、信息安全技术等综合解决实际应用问题的能力。

二、课程设计思想

我们采用基于"基本概念、基本方法、基本技术"这一进阶式模块结构设计本课程。主教材分为 7 章，每一章以"问题引出"描述该章教学内容的背景和目的意义；"教学重点"是该章必须掌握的内容；"教学目标"是该章对能力培养的基本要求。基于进阶式模块结构的教学设计如图 0-1 所示。

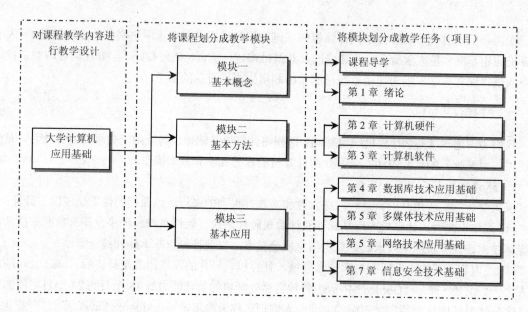

图 0-1　课程模块结构示意图

模块一　基本概念

这一模块设计主要有两个目的：一是阐明在当今信息社会，计算机已不再仅仅是一门计算工具，而已成为一种计算机文化。教学内容为：计算机的形成与发展；计算机的特点与应用等；计算机与信息（包括信息技术、信息社会、信息产业）；计算机文化与信息素养。

二是以计算机如何求解一元二次方程为例，说明计算机必须具备哪些条件才能完成解题任务，并以此引出模块二（计算机解决问题的基本方法）。

1. 基本任务

给出 $f(x) = ax^2 + bx + c$，求 x_1 和 x_2。

第 1 步：先将问题求解编成程序，并将原始数据（方程系数和常数项的值）a、b 和 c 从输入设备输入到存储设备予以保存。

第 2 步：启动计算设备，在控制部件的控制作用下，按照程序步骤自动地完成如下操作：

① 存储设备中取出原始数据 a、b 和 c 送到运算部件进行运算，求出中间结果值 $(\sqrt{b^2 - 4ac})/2a$，设其中间结果值用 g 表示。

② 将运算部件的中间结果值 g 送到寄存部件予以临时寄存。

③ 从存储器中取出 b，从寄存部件取出中间结果值 g，在运算部件中进行 $-b+g$，$-b-g$ 运算，即 $x_1 = -b + g$，$x_2 = -b - g$。

④ 将运算部件中的最终结果 x_1 和 x_2 送回到存储设备。

第 3 步：显示或打印存储设备中的最终结果 x_1 和 x_2。

第 4 步：停机。

2. 涉及的问题

从上述解题过程可知，用计算机解决实际问题涉及以下 4 个方面的问题。

（1）计算机硬件。要实现用计算机解题，必须具备以下设备和部件：

● 输入程序和原始数据的输入设备；

● 存放程序和原始数据的存储设备；

● 对数据进行数据处理的运算部件；

● 自动地完成各种操作的控制部件；

● 显示或打印最终结果的输出设备。

我们把构成计算机的所有部件称为硬件（Hardware），并将这些硬件的整体结合称为硬件系统（Hardware System）。

（2）数据的表示、转换与编码：组成现代计算机的电子器件只能识别电位的有、无，通常用 1 和 0 来表示这两种独特状态，而人类通常习惯使用十进制数来描述数据的大小，用语言和文字来实现信息沟通。如何解决"人－机"之间的这种"兼容性"问题呢？这就涉及三个方面的问题：

① 数据表示。由于计算机硬件系统只能识别 0 和 1，因此，必须把所提供给计算机的各种数据信息和指令信息用 0 和 1 来表示。

② 数据转换。人类日常习惯使用的是十进制数，即 0、1、2、3、4、5、6、7、8、9，在计算机中如何表示大于 1 的数据呢？必须要实行数据的转换。

③ 数据编码。提供计算机的信息不仅有数字，而且还有文字和符号，例如 A、B、C、…，a、b、c、…，+、－、±、×、÷、≥、≤、=、≠、≈、…，Computer、Internet、中国、美国…。计算机如何接收和显示这些符号和文字？必须对这些符号和文字用 0 和 1 来进行编码。

计算机中所有的数据信息都只能用由 1 和 0 组成的二进制代码来表示，并且所有的数据信息（数据、符号和文字）都只能以二进制代码形式进行存储、处理和传送。只有这样，才能使计算机结构简化、运算简单、存储简便、表述简捷。

数据的表示、转换和编码是本课程的重要理论基础，在各章中都要用到这些知识，如图 0-2 所示。

（3）计算机软件：仅有计算机硬件是无法完成给定任务的。因为计算机硬件只能识别电位的高低，没有人－机之间的语言交流工具，用户无法与硬件进行联系，即无法指挥机器做任何事情。要使计算机真正能发挥作用，必须有指挥硬件系统工作的一系列命令，这些命令的有机结合被称为程序。我们把计算机使用的各种程序称为软件（Software），并将所有程序的集合称为软件系统（Software System）。在计算机系统中必须要有如下软件的支持：

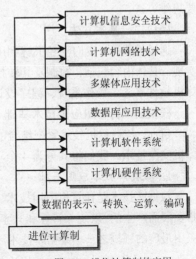

图 0-2　进位计算制的应用

● 能实现人－机之间的交流并能对其进行管理的系统程序（系统软件－操作系统）；

● 能使用户写入原始数据、文件和实现文字处理的编辑程序（应用软件）；

● 把用不同程序语言设计的程序翻译成机器能识别的代码的翻译程序（系统软件）；

● 具有为科学计算、自动控制一类而编制的应用程序（专用软件）。

计算机软件是为用户操作、管理和维护计算机而编制的各种程序的总和，计算机的启动以及计算机所进行的各项工作都是在软件的支持下完成的。现代计算机，如果没有软件的支持，硬件将变得毫无意义。因此，在计算机系统中软件和硬件具有同样的重要地位。

计算机中的软件系统分为系统软件和应用软件两大类。在软件系统中最为重要的是操作系统，它既是用户操作使用计算机的基础，也是应用软件与硬件的接口。操作系统在计算机系统中的作用地位如图0-3所示。

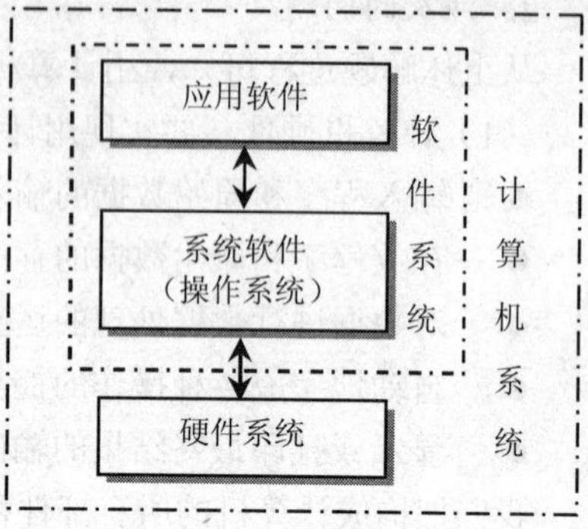

（4）程序设计：软件系统为用户操作使用计算机提供了支撑条件，但如何求得一元二次方程 $f(x) = ax^2 + bx + c$ 中的 x_1 和 x_2，这就是设计程序。

图0-3　计算机系统层次结构

程序设计涉及程序设计语言、程序设计方法、算法与数据结构等。其中，程序设计语言是描述完成具体操作和解决实际应用问题的语言工具；程序设计方法是利用程序设计语言描述解决实际问题的基本方法（如面向过程方法和面向对象方法）；算法与数据结构是为设计复杂、高效的程序的数学工具和方法步骤。

用程序设计语言编写的程序称为源程序，用文字和符号编写的任何源程序，计算机是不能识别的，必须通过翻译程序将源程序翻译成机器能识别的代码程序后，才能在计算机中执行。例如，用C语言编写出求 $f(x) = ax^2 + bx + c$ 的源程序后，必须通过C语言翻译程序翻译成可执行文件。运行该执行文件时，输入不同的a、b、c的值，便得到不同的 x_1 和 x_2。

通过上述对一元二次方程的求解，我们便把计算机的硬件系统、数据的表示和编码、软件系统、程序设计连成了一个整体。从而使学生对利用计算机解决实际应用问题所涉及的计算机基本知识有了一个比较全面的了解。这种求解问题的思维方式称为计算思维，计算思维是学好计算机课程的重要思维方式。

模块二　基本方法

通过模块一，我们已经了解到用计算机解决实际问题的基本方法。模块二就是这些方法的具体实现。具体内容包括：数制及其转换、硬件系统的结构组成和工作原理；计算机软件系统（包括计算机软件概念、操作系统、程序设计方法、程序设计语言、翻译程序）等。

模块三　计算机应用技术基础

目前，与计算机技术紧密结合的技术有数据库技术、计算机多媒体技术、计算机网络技术和计算机安全技术。我们将其分为4个项目，每个项目的案例背景和教学目标是不同的。

1. 数据库技术应用基础

数据库技术是计算机应用技术中的重要内容。数据库技术是随着使用计算机进行数据管理的不断发展而产生的、以统一管理和共享数据为主要特征的应用技术，也是计算机科学技术中发展最快、应用最广的领域之一。数据库技术涉及：数据库、数据库管理系统、数据库系统、结构化查询语言（Structured Query Language，SQL）等。

2. 多媒体应用技术应用基础

计算机多媒体技术是计算机技术和多媒体技术紧密结合的产物，也是当今最引人注目的新技术。它不仅极大地改变了计算机的使用方法，也促进了信息技术的发展，而且使计算机的应用深入到前所未有的领域，开创了计算机应用的新时代。计算机多媒体技术主要介绍：多媒体的技术特征和多媒体的数据特点、多媒体计算机、多媒体信息处理技术、多媒体技术的应用与发展等。

3. 计算机网络技术应用基础

计算机网络是计算机技术和通信技术紧密结合的产物。它的出现，不仅改变了人们的生产和生活方式，而且对人类社会的进步做出了巨大贡献。计算机网络的应用遍布于各个领域，并已成为人们社会生活中不可缺少的一个重要组成部分。计算机网络技术主要介绍：计算机网络的基本概念、网络的结构组成、计算机局域网、计算机因特网等。

4. 计算机信息安全技术应用基础

随着计算机及其网络技术在各个领域中作用和地位的不断提高，信息安全技术已成为人们日益关注和重视的焦点。由于计算机及其网络自身的脆弱性、人为的恶意攻击和破坏，给人类带来了不可估量的损失。因此，计算机及其网络的信息安全问题已成为重要的研究课题。计算机信息安全技术主要介绍：信息安全技术、防病毒技术、防黑客技术、防火墙技术和计算机密码技术。

三、课程学习指导

为了实现理论与实践教学的完美结合，将"教、学、做"融为一体，全面强化学生能力素质的培养，我们编写了与主教材相配套的《大学计算机应用基础学习辅导（第二版）》。辅助教材与主教材的教学内容一一对应，每章由习题解析、技能实训和知识拓展三部分组成，各部分都有明确的教学思想和教学目标。其中：

"习题解析"是对课程中基本概念和基本理论知识的补充。习题解析包括4种题型：选择题、判断题、问答题和思考题。通过习题解析，进一步加深对各知识点的理解，熟练掌握基本操作要领和应用方法，并提高学生的应试能力。

"技能实训"对各个实训项目进行了全面的介绍。Office的各个实训项目均以综合案例引入，有利于提高学生的综合应用能力。

"知识拓展"是对本课程基本理论知识深度和广度的延伸，是应用技术的发展背景。使学生对相关知识有一个更为全面的了解，在增强理论知识的同时，提高学生的学习兴趣，激发学生的钻研意识和创作热情，加速学生成长过程。

四、课程实施建议

为了使本课程取得良好的教学效果，在教学过程中应尽可能做好以下方面的工作。

1. 采用多种教学模式

基于"案例教学、任务驱动、模块结构"的教学模式是一种"目标牵引"的教学模式，在教学过程中，根据不同的教学内容，倡导采用现场教学、讨论式教学、探究式教学等多种教学方法，并积极引导和充分发挥学生自主学习的作用。

2. 实施项目驱动教学

在教学过程中，任课教师应尽量按项目展开，倡导以项目小组的形式组织教学活动，在项目组之间组织技术交流和沟通。这样，在培养专业技能的同时，也培养了学生的团队意识。

3. 强化动手能力培养

在教学实施过程中，应高度重视实验、实训等实践教学环节，力求做到理论教学与实践教学的完美结合，使学生能将所学理论知识和操作技能应用于工作实践。在教学过程中，我们倡导工学结合，将"教、学、做"融为一体，努力培养和提高学生综合应用的能力。

五、课程教学资源

为了提高教学效果，我们将《大学计算机应用基础》课程建成立体式、多元化、全方位的教学资源。教学资源结构组成如图 0-4 所示。

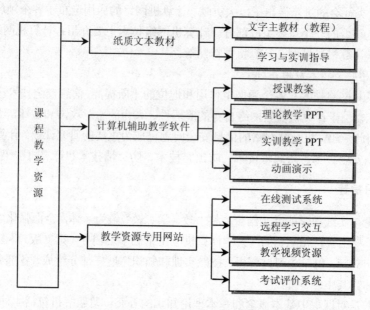

图 0-4   《大学计算机应用基础》课程立体式教学资源的组成

为了提高教和学的质量效果，我们设计了三张课程教学评价表：对课程学习能力测评、对实训项目的基本评价和对实训项目完成情况的基本评价，由学生根据在本课程学习过程中对各章理论知识和实际应用的掌握程度客观地进行能力评测。任课教师要认真分析评测结果，以便不断改进教和学的方法。

总之，无论是理论教学还是实践教学，无论是文字教材还是网络教学资源，都力求有特色风格、有创新性、先进性和示范性，有效地提高教学效果和教学质量。

第1章 绪论

【问题引出】当今社会是一个信息社会，其主要特征体现在微电子技术、计算机及计算机网络的广泛应用，已渗透到人类生活的各个方面，并改变了人们的生活和生产方式。利用计算机的高速运算、大容量存储及信息加工能力，使人们得以摆脱繁杂而冗长的手工计算和数据处理，以前使人望而生畏的数值计算以及各种信息处理可以在瞬息之间得出结果，而且许多工作如果离开了计算机就几乎无法完成。可以毫不夸张地说，没有计算机，就不会有科学技术的现代化。

那么，什么是计算机？计算机是怎样形成的？计算机具有哪些特点和应用？计算机与信息化有何关系？等等，这些都是本章所要讨论的问题。

【教学重点】围绕上述问题，本章主要介绍计算机的形成与发展；计算机的特点与应用；计算机与信息化；计算机文化与信息素养等。

【教学目标】了解计算机的形成；冯·诺依曼计算机的结构；计算机的发展过程与发展趋势；计算机的特点与应用；信息技术、信息社会和信息产业的概念；计算机文化和信息素养等。

§1.1 计算机的形成与发展

1.1.1 计算机的形成

计算机是一种能自动、高速、精确地进行数学运算和信息处理的现代化电子设备，所以又称为电子计算机（Electronic Computer）。它是人类在长期的生产和研究实践中为减轻繁重的手工劳动和加速计算过程而努力奋斗的结果，也是人类智慧的结晶。从原始的计算工具到现代电子计算机，人类在计算领域经历了漫长的发展阶段，并在各个历史时期发明和创造了多种计算工具。人类计算工具的进步概况如图1-1所示。

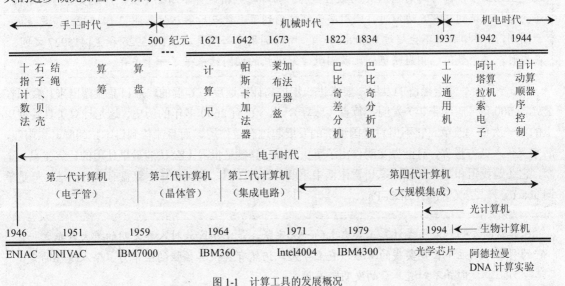

图1-1 计算工具的发展概况

1. 手工时代

（1）十指计算法：远古时代，人类没有文字。为了记载发生过的事件，使用最方便、最自然、最熟悉的十个手指来进行比较和量度，从而形成了"数"的概念和"十进制"计数法。当生产力进一步发展到用十个手指或算筹提供的运算量和精度已不能满足需要的时候，人类不得不开始寻求非自然的计算工具。为了表示更多的数，祖先们用石子、贝壳、结绳等，统计人数和猎物数目。最早，记事与记数是联系在一起的。为了要记住一件事，就在绳子上打一个结（knot），"事大，大结其绳；事小，小结其绳；结之多少，随物众寡。"

（2）算筹：随着人类社会活动范围的扩大，计算越来越复杂，要求数值计算的能力也越来越高。我国古代劳动人民最先创造和使用了简单的计算工具——算筹。算筹在当时是一种方便而先进的计算工具，筹算时，一边计算一边不断地重新布棍。我国古代数学家使用算筹这种计算工具，创造出了杰出的数学成果，使我国的计算数学在世界上处于遥遥领先的地位。

> 在《后汉书》和先秦诸子著作中，有不少关于"算"、"筹"的记载。算筹问世于商周时代，春秋战国以及后汉的书籍中已大量出现"筹"之说，《汉书·张良传》说张良"运筹帷幄之中，决策千里之外"所说的"筹"，就是算筹（筹棍）。用算筹进行计算称为筹算。

我国古代数学家使用算筹这种计算工具，使我国的计算数学在世界上处于遥遥领先的地位，创造出了杰出的数学成果。例如，祖冲之的圆周率、解方程和方程组的天元术、四元术、著名的中国剩余定理、秦九韶算法，以及我国精密的天文历法等都是借助算筹取得的。

> 祖冲之(公元 429～500 年)，36 岁时为古代数学名著《九章算术》作注。《九章算术》成书于公元 40 年，集我国古代数学之大成，历代曾有不少人为它作注，但都碰到一个难题——圆周率 π。远古时候，称"径一周三"，即指 π=3，三国时刘徽精确到 3.14。祖冲之采用的计算方法是割圆术，即将直径为一丈的圆内接一个 6 边形，然后再依次内接一个 12 边形、24 边形、48 边形……，每割一次都按勾股定理用算筹摆出乘方、开方等式，求出多边形的边长和周长。不断求出多边形的周长，也就不断逼近圆周了。接到 96 边形时遇到了难以想象的困难，当年刘徽就是至此止步，将得到的 3.14 定为最佳数据。祖冲之判断这样不断割下去，内接多边形的周长还会增加，接到 24576 边形时，圆周率已经精确到了小数点后第八位，即 3.14159261，更接近于圆周，若再增加也不会超过 0.0000001 丈，所以圆周率必然是在 3.1415926 和 3.1415927 之间。在当时，这个数值已相当精确，比欧洲数学家奥托的相同结果早了一千多年。

（3）算盘：随着经济的发展，要求进一步提高计算速度，筹棍的缺点日益显露出来。我国在公元前 500 年（唐朝末年）发明了算盘（珠算），迄今已有 2600 多年的历史，这是计算工具发展史上的第一次重大改革。它不但对我国经济的发展起过有益作用，而且流传到日本、朝鲜、东南亚，后来又传入西方世界，对世界文明作出了重大贡献。算盘是世界上公认的最早使用的计算工具。至今，它还是我国和某些亚洲国家日常生活中重要的计算工具。在英语中，算盘有两种拼法，一是单词 abacus，二是汉语拼音 Suan-Pan。

> 算盘的发明，是人类计算工具史上的一次飞跃，是中华民族对人类文明的重大贡献之一。它的科学性经住了长期实践的考验，直至今天，仍然有着极其顽强的生命力。令人遗憾的是，迄今为止，我们并不知道算盘的发明者是谁。

2. 机械时代

进入 17 世纪，西方国家进入工业时代。1621 年英国数学家威廉·奥特雷德根据对数原理发明了圆形计算尺，这是最早的模拟计算工具。

1642 年，著名的法国数学家帕斯卡设计了世界上的第一台机械式加法器——Pascal 加法器。

帕斯卡的父亲是一个收税员，帕斯卡为了帮助他父亲算账，研制了加法器，该加法器对他父亲的工作起了很大的帮助作用。帕斯卡发明的加法器在法国引起了轰动。这台机器在展出时，前往参观的人川流不息。Pascal 加法器向人们提示：用一种纯粹机械的装置去代替人们的思考和记忆是完全可以做到的。为了纪念帕斯卡在计算机领域开拓性的贡献，1971 年尼可莱斯·沃思（Niklaus Wirth）教授将自己发明的一种程序设计语言命名为"Pascal 语言"。

1673 年著名的德国哲学家、数学家莱布尼兹在 Pascal 加法器的基础上，增加了乘、除功能，研制了一台能进行四则运算的机械式计算器，称为莱布尼兹四则运算器。

1801 年法国工程师约瑟·雅克特（Joseph Marie Jacquard，1752～1834）发明了一种提花织布机。在织布过程中，由纸带上穿孔的方式控制执行步骤，这对后来计算机信息的输入输出和控制操作的研制起了重要作用，否则，机械计算机是无法实现的。

1822 年，巴贝奇受雅克特提花编织机的启发，研制出了第一台差分机（Difference Engine）。随后，研制出了分析机模型。巴贝奇对计算机的重要贡献在于它所研究的分析机包括了现代数字计算机所具有的 5 个基本组成部分：输入部件、存储部件、运算部件、控制部件和输出部件。

在巴贝奇分析机艰难的研制过程中，必然要提及到计算领域著名的女程序员——阿达·奥古斯塔·拜论。1842 年 27 岁的阿达，迷上了这项当时被认为是"怪诞"的研究。阿达负责为巴贝奇设想中的通用计算机编写软件，并建议用二进制存储取代原设计的十进制存储。还为某些计算开发了一些指令，开天辟地第一次为计算机编出了程序，包括三角函数计算程序、级数相乘程序、伯努利数计算程序等。她对分析机的潜在能力进行了最早的研究，预言这台机器总有一天会演奏音乐。由于阿达在程序设计上开创性的工作，被誉为是世界上第一位软件工程师、第一位程序员。1979 年美国国防部(Department of Defense)研制的通用高级语言就是以阿达命名的，称为 Ada 语言，以寄托人们对她的纪念。

3. 机电时代

20 世纪初，电子管的诞生，开辟了电子技术与计算技术相结合的道路。1919 年，W.H.Ecclers 和 F.W.Jordan 用两只三极电子管接成了 E-J 双稳态触发器。这一关键技术的研制成功，可用电子元件表示二进制数，以提高计算速度的可能性。1937 年美国贝尔实验室的 George Stibitz 和哈佛大学的 Howard Aiken 等人开发了工业通用的机电式计算机。随后，1938 年美国的 V.Bush 为解线性微分方程而设计了微分器，它是世界上第一台电子模拟计算机。

1939 年 12 月，美国爱荷华州立大学物理学教授阿塔纳索夫（J.V.Atanasoff）首次试用电子元件按二进制逻辑制造电子管数字计算机，主要用于解决一些线性方程的系统。这项工作因战争曾一度中断，直到 1942 年在研究生贝利的帮助下，研制成一台很小的电子管计算机（Atanasoff Berry Computer，ABC）。从此，拉开了用电子器件制作计算工具的序幕。

1944 年，美国青年霍华德·艾肯（Howard Aiken，1900～1973）他写了一篇《自动计算机的设想》的建议书，提出要用机电方式，而不是用纯机械方法来构造新的"分析机"。在 IBM 公司提供的 100 万美元资助下，艾肯研制出著名的"马克 1 号"（Mark1）机电式计算机。

4. 电子时代

1943 年 4 月，由于第二次世界大战急需高速、准确的计算工具来解决弹道问题，在美国陆军部的主持下，由美国宾夕法尼亚大学物理学家约翰·莫奇利（John W.Mauchly）博士和电气工程师普莱斯特·埃克特（J.Prester Eckert）带领下，设计和研制了电子数字积分计算机（Electronic Numerical Integrator And Calculator，ENIAC），并于 1945 年底竣工，1946 年 2 月 15 日举行了揭幕典礼。这是一台重 28 吨，占地面积 170 平方的庞然大物。它使用了 18000 多只电子管，70000 个电阻，10000 个电容，耗电量约 150 千瓦，每秒可进行 5000 次运算。

由于 ENIAC 是世界上最早问世的第一台电子计算机，所以被认为是电子计算机的始祖。它的诞生，是科学发展史上的一个里程碑，是 20 世纪最伟大的科技成就。

1.1.2 冯·诺依曼结构计算机

所谓"冯·诺依曼结构计算机"，是指由美藉匈牙利著名数学家约翰·冯·诺依曼（John Von Neumann）提出来的，采用二进制计算和"存储程序控制"原理构成的电子数字计算机。

1. 二进制原理

计算机虽然很复杂，但其基本元件都可看作是电子开关，而且每个电子开关只有"开"（高电位）、"关"（低电位）这两种状态。如果这两种状态分别用"1"和"0"来表示，则计算机中的所有信息，不论是数据还是命令，都可以统一由"1"和"0"的组合来表示。在计算机中采用二进制具有如下优点：

（1）电路简单：与十进制数相比，二进制数在电子元件中容易实现。因为制造仅有两种不同稳定状态的电子元件要比制造具有十种不同稳定状态的电子元件容易得多。例如开关的接通与断开、晶体管的导通与截止都恰好表示"1"和"0"两种状态。

（2）工作可靠：用两种状态表示两个代码，数字传输和处理不易出错，因此可靠性好。

（3）运算简单：二进制只有 4 种求和与求积运算规则：

求和：0+0=0；0+1=1；1+0=1；1+1=10

求积：0×0=0；0×1=0；1×0=0；1×1=1

而十进制数的求和运算从 0+0=0 到 9+9=18 共有加法规则 100 条，求积运算从 0×0=0 到 9×9=81 共有乘法规则也是 100 条。显然，二进制数比十进制数的运算要简单得多。

（4）逻辑性强：计算机的工作原理是建立在逻辑运算基础上的。二进制只有"1"和"0"两种状态，正好与逻辑命题中的"是"和"否"相对应。

二进制是德国数学家莱布尼茨在 18 世纪发明的，他的发明受中国八卦图的启迪。莱布尼茨曾写信给当时在康熙皇帝身边的法国传教士白晋，询问有关八卦的问题并进行了仔细研究，莱布尼茨把自己制造的一台手摇计算机托人送给康熙皇帝。

八卦由爻组成，爻分为阴爻（用"--"表示）和阳爻（用"—"表示），用三个这样的符号组成八种形式，叫做八卦。每一卦形代表自然界一定的事物，用乾、坤、坎、离、震、艮、巽、兑分别代表：天、地、水、火、雷、山、风、泽。如果用 1 表示阳爻，用 0 表示阴爻.用三个由阳爻和阴爻便可构成八种不同的组合，正如三个二进制位能表示八种不同的状态一样。八卦爻的组成如图 1-2 所示。

图 1-2　八卦图

2. 存储程序控制原理

存储程序控制是冯·诺依曼计算机体系结构的核心，其基本思想包括了 3 个方面的含义：

（1）编制程序：为了使计算机能快速求解问题，必须把要解决的问题按照处理步骤编成程序，使计算机把复杂的控制机制变得有"序"可循。

（2）存储程序：计算机要完成自动解题任务，必须能把事先设计的用以描述计算机解题过程的程序和数据存储起来。

（3）自动执行：启动计算机后，计算机能按照程序规定的顺序，自动、连续地执行。当然，在计算机运行过程中，允许人工干预。

计算机中的程序是用某种特定的符号（语言）系统对被处理的数据和实现算法的过程进行的描述，是各种基本操作命令的有机集合。

3. 基本功能

从"存储程序控制"概念不难想象出，要实现"存储程序控制"，Neumann 计算机必须具有以下 5 项基本功能：

（1）输入输出功能：计算机必须有能力把原始数据和解题步骤（程序）接受下来，并且把计算结果与计算过程中出现的情况告诉（输出）给使用者。

（2）记忆功能：计算机应能"记住"所提供的原始数据、解题步骤和解题过程的中间结果。

（3）计算功能：计算机应能进行一些简单、基本的运算，并能组成所需要的一切计算。

（4）判断功能：计算机必须具有从预先无法确定的几种方案中选择一种操作方案的能力。例如计算 $a+|b|$，在解题时应能够根据 b 的符号确定下一步进行的运算是"+"还是"-"。

（5）控制功能：计算机应能保证程序执行的正确性和各部件之间的协调关系。计算机的工作就是在程序的控制下完成数据的输入、存储、运算、输出等一系列操作。

4. 结构组成

从功能模拟的角度，Neumann 计算机应由与上述功能相对应的部件组成，这些部件主要包括：输入设备、输出设备、存储器、运算器、控制器等，其逻辑结构如图 1-3 所示。

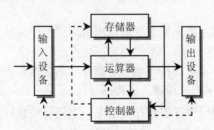

图 1-3　冯·诺依曼机逻辑结构框图

这种结构是典型的冯·诺依曼结构，基于这种结构的计算机具有以下特点：

● 整个机器以运算器为中心，输入/输出信息与存储器之间的数据传送都经过运算器；

● 控制信号由指令产生，指令由操作码和地址码组成；

● 采用存储程序控制，程序和数据放在同一存储器中；

● 指令和数据均以二进制编码表示、运算和存储，并可按地址访问；

● 指令在存储器内按顺序存放，并按顺序执行，但在特定条件下可以改变执行顺序。

冯·诺依曼结构计算机要求程序必须存储在存储器中，这和早期只有数据才存储在存储器中的计算机结构是完全不同的。当时完成某一任务的程序是通过操作一系列的开关或改变配线系统来实现的。冯·诺依曼结构计算机的存储器主要用来存储程序及其相应的数据，这意味着数据和程序应该具有相同的格式。实际上，它们都是以二进制模式存储在存储器中的。

5. 解题过程

按照 Neumann 原理，计算机的解题过程可概括为：给出数学模型、确定计算步骤、编写程序、存储程序和执行程序 5 个步骤。下面以 a+|b|计算为例说明解题过程，计算 a+|b|的程序流程如图 1-4 所示。

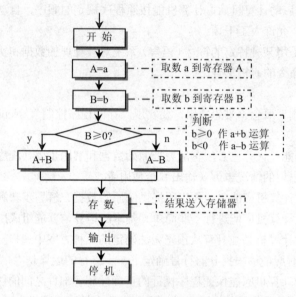

图 1-4　解题过程流程图

（1）给出数学模型：编程之前，需要先给出其相应的数学模型。

例如计算 a+|b|，其数学模型为：

$$a+|b|= \begin{cases} a+b & b \geq 0 \\ a-b & b<0 \end{cases}$$

（2）确定计算步骤：有了数学模型便可根据给定的模型来确定计算步骤，并且用程序流程图描述。

（3）编写程序：就是用某种特定的符号语言对被处理的数据和实现算法的过程进行的描述。根据流程图用计算机语言编写程序的过程称之为程序设计。

（4）存储程序：把编制好的程序存放到存储器中，以便自动执行。

（5）执行程序：启动可执行程序，输出运行结果。

计算机之所以能自动、高效地工作，其关键是冯·诺依曼的"存储程序控制"概念的提出和实现。这么多年来，虽然计算机以惊人的速度发展，在体系结构上有许多改进，但仍然是建立在存储程序概念的基础上，所以人们把基于冯·诺依曼结构的计算机称为现代计算机。

1.1.3　计算机的发展

1. 计算机的发展过程

推动计算机发展的因素很多，其中起决定作用的是电子器件，即构成计算机的基本逻辑部件。因此，计算机的发展与电子器件紧密相关。从第一台计算机的诞生到现在，如果按电子器件划分，计算机的发展经历了以下阶段，人们常称为代。

（1）第一代计算机（first generation，1946～1958）：为电子管计算机，其主要特点是：基本逻辑部件采用电子管，如图 1-5 所示；内存储器采用磁鼓（后来也采用磁芯）；外存储器采用磁鼓或磁带；数据表示主要用定点方式；体系结构以运算器为中心；软件方面主要采用机器语言编写程序，但只能通过按钮进行操作；应用方面以科学计算为主。这一时期的主要机型有 ENIAC、EDSAC、UNIVAC。这些机器速度慢（每秒数千次到数万次）、体积大、耗电多、可靠性差、价格昂贵。

（2）第二代计算机（second generation，1959～1964）：为晶体管计算机，其主要特点是：基本逻辑部件采用晶体管，如图 1-6 所示；内存储器采用磁芯；外存储器采用磁鼓和磁带，后期也使用磁盘；数据表示采用了定点和浮点方式；体系结构是以存储器为中心，从而使计算机的运算速度大大提高（每秒数十万到数百万次）；软件方面有很大进展，用管理程序替代手工操作，出现了汇编语言和多种高级语言（FORTRAN、COBOL、ALGOL 等）及其编译程序；在应用方面，除用作科学计算外还用于各种数据处理。与第一代计算机相比，提高了速度，减小了体积，降低了功耗，增强了可靠性，因而大大改善了性能/价格比。这一时期的主要机型有 IBM 7000 系列。

图 1-5　电子管

图 1-6　晶体管

（3）第三代计算机（third generation，1965～1971）：为集成电路计算机，其主要特点是：基本逻辑部件采用小规模集成电路（SSI）和中规模集成电路（MSI），如图 1-7 所示；内存储器除采用磁芯外，还出现了半导体存储器；外存储器有磁带、磁盘等；软件技术进一步成熟，出现了操作系统、编译系统等系统软件，并出现了网络和数据库。这一时期，计算机的速度可达每秒数百万到数千万次，可靠性进一步提高，价格明显下降，应用领域不断扩大。计算机的发展已开始形成通用化和系列化，标准化、模块化、系列化已成为计算机设计的基本指导思想。这一时期的主要机型有 IBM 360。

（4）第四代计算机（fourth generation，1971～至今）：为大规模和超大规模集成电路计算机，其主要特点是：基本逻辑部件采用大规模集成电路（LSI）或超大规模集成电路（VLSI），如图 1-8 所示。

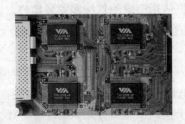

图 1-7　集成电路

图 1-8　超大规模集成电路

第四代计算机的主要成就表现在微处理器（Microprocessor）技术上。微处理器是一种超小型化电子产品，它把计算机的运算、控制等部件制作在一个集成电路芯片上，这不仅使计算机的体积进一步缩小，而且可靠性得到进一步提高。在微电子技术的推动下，计算机的体系结构和软件技术得到了飞速发展。微型计算机（Microcomputer）的问世，特别是个人计算机（Personal Computer，PC），以其体积小、功耗低、价格便宜、高性能为优势渗入到社会生活的各个方面，并得到了极其广泛的应用。

> 摩尔定律：Intel 公司的创始人之一，戈登·摩尔（Gordon Moore）曾预言微处理机的处理能力每 18 个月到 24 个月将增加一倍。实际情况证明这个预言是正确的，因而人们把它称为摩尔定律（Moore's Law）。信息产业几乎严格按照这个定律，以指数方式领导着整个经济发展步伐。事实表明：计算机更新换代的显著特点是体积缩小、重量减轻、速度提高、成本降低、可靠性增强。据统计，每隔 5～7 年，计算机的速度提高十倍，可靠性增强十倍，体积缩小到原来的十分之一，而成本却降低到原来的十分之一，这种发展速度是任何其他行业所不可比拟的。

2. 计算机的发展趋势

计算机的发展并不是孤立的，它取决于元器件的进步、体系结构的改进和软件的开发。其中最为重要的是元器件，它是决定硬件性能的根本因素。计算机从第一代发展到第四代，从根本上讲，就是源于元器件的更新换代。专家们普遍认为：当前计算机的发展趋势是微型化、巨型化、网络化、多媒体化和智能化。

（1）微型化：由于微电子技术的发展，大规模及超大规模集成电路技术水平的提高，使计算机的体积不断缩小，开始以台式微计算机发展到膝上型、笔记本型微型机等。由于微处理器的处理能力方面已与传统的大、中型机不相上下，再加上与众多技术的综合使用，因而计算机微型化的趋势将进一步加快。

（2）巨型化：现代科学技术，尤其是国防技术的发展，需要有很高运算速度，很大存储容量的计算机，而一般的大型机已不能满足要求。近年来微处理机的发展，为阵列结构的巨型机发展带来了希望。并行处理、多处理器系统是巨型机发展的一个重要方面。

（3）网络化：网络化是 20 世纪 90 年代计算机发展的一大趋势。通过使用网络，可以在任意地方、任意种类和任意数目的计算机上运行程序并可以在任意时刻相互通信。这样就极为方便地实现了网络中各系统间的信息交换，使信息和资源得到高效的共享。计算机网络已广泛应用于情报、金融、信息管理系统等各个领域。

（4）多媒体化：多媒体技术是集多种媒体信息的处理、调度、协调于一体，集微电子产品与计算机技术于一身的综合信息处理技术。由于计算机的智能化，使多媒体技术能把数值、文字、声音、图形、图像、动画等集成在一起，进行交互式处理，因而具有多维性、集成性和交互性的特点。这种信息表示的多元化和人机关系的自然化，正是计算机应用追求的目标和发展趋势。近几年来，数字多媒体技术在计算机工业、电信工业、家电工业等方面展示出令人瞩目的新成果，已无可争辩地显示出其广阔的应用前景。

（5）智能化：人工智能是计算机理论科学研究的一个重要领域，它用计算机系统模拟人类某些智能行为，其中最具代表性的两个领域是专家系统和机器人。智能化的特点主要体现在逻辑思维和推理方面，例如对文字、图像、声音的识别，就有赖于模式识别和对知识的理解。

§1.2　计算机的特点与应用

1.2.1　计算机的主要特点

计算机之所以从它诞生开始就得到迅猛异常的发展，这与电子数字计算机本身所具有的性能特点是分不开的。基于冯·诺依曼体系结构的数字计算机具有以下特点。

1. 运算速度快

计算机的运算速度，慢则每秒钟数万次，快则每秒钟上亿次。现在世界上最快的计算机每秒钟运算可达数千亿次，仅就每秒一百万次的计算机而言，它连续运行一小时所完成的工作量，一个人一生也做不完。

2. 计算精度高

数字计算机的计算精度随着字长的增加而提高。目前计算机表示有效数字的位数可达数十位、数百位，甚至千位以上，这是其他任何计算工具不可比拟的。

3. 存储容量大

采用半导体存储元件作主存储器的计算机，目前仅就微型计算机而言，主存储容量已达 GB，辅助存储容量可达 TB。

4. 判断能力强

由于计算机具有准确的逻辑判断能力和高超的记忆能力，所以计算机是计算能力、逻辑判断能力和记忆能力三者的结合，不仅使计算机能实现高度的自动化和灵活性，而且还可以模仿人的某些智能活动。因此，今天的计算机已经远远不只是计算工具，而是人类脑力延伸的重要助手，有时把计算机称为"电脑"就是这个原因。

5. 工作自动化

由于计算机采用存储程序控制方式，即计算机内部的操作运算都是按照事先编制的程序自动进行的。一经启动计算机后，不需要人工干预而自动、连续、高速、协调地完成各种运算和操作处理。这正是电子计算机最突出的特点，也是计算机与计算器之间本质的区别所在。

6. 可靠性能好

可靠性是衡量一台设备能否安全、稳定运行的重要指标，也是人们对设备的最基本要求。随着计算机技术与电子技术的发展，采用大规模及超大规模集成电路（VSLI），可靠性大大提高，比如装配在宇航机上的计算机能连续正常工作几万、几十万小时以上。

对微型计算机而言，除了具有上述特点外，还具有：体积小，重量轻；价格便宜，成本低；使用方便，运行可靠；系统软件升级快，应用软件种类多；对工作环境无特殊要求等一系列优特点。因而，使微型计算机得到极其广泛的应用。

1.2.2　计算机的主要应用

正是由于计算机具有一系列的优特点，所以在科学技术、国民经济、文化教育、社会生活等各个领域都得到了广泛的应用，成为人们处理各种复杂任务所不可缺少的现代工具，并取得了十分明显的社会效益和经济效益。电子数字计算机的应用归纳起来主要有以下几个方面。

1. 科学计算（Scientific Computing）

科学计算一直是电子计算机的重要应用领域之一。例如在天文学、量子化学、空气动力学、核物理学等领域中，都需要依靠计算机进行复杂的运算。在军事上，导弹的发射及飞行轨道的计算，飞行器的设计，人造卫星与运载火箭轨道的计算更是离不开计算机。用数字计算机解决科学计算问题的过程如图 1-9 所示。

图 1-9　数字计算机的解题过程

2. 信息管理（Information Management）

计算机在信息管理方面的应用是极为广泛的，如企业管理、库存管理、报表统计、账目计算、信息情报检索等。当今它在信息管理中的应用已形成一个完整的体系，即信息管理系统。按其功能和应用形态，可分为事务处理系统、管理信息系统、决策支持系统和办公自动化系统。计算机信息管理系统层次之间的关系如图1-10所示。

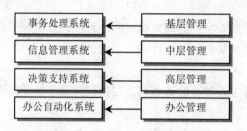

图1-10　计算机信息管理系统的层次关系图

（1）事务处理系统（Transaction Processing System，TPS）：是倾向于数据处理的系统，即使用计算机来处理基层管理中所涉及的大量数据。如工资结算、会计账目等。

（2）管理信息系统（Management Information System，MIS）：是以基层事务处理为基础，把企事业中各个子系统集中起来所形成的信息系统，它为中层管理的各项活动提供支持和作出决策信息。

（3）决策支持系统（Decision Support System，DSS）：是把数据处理功能、运筹学、人工智能和模拟技术结合起来，使系统具有推理和决策功能，即根据事务处理系统和管理信息系统提供的信息，为高层管理的决策者作出决策支持。

（4）办工自动化系统（Office Automation System，OA）：是一种以计算机为主体的多功能集成系统。它为管理和办公提供和创造更有价值的信息，并为信息的传递提供有效的支持。OA系统具备完善的文字处理功能，较强的资料、图书处理能力及网络通信能力，如文稿的起草，各种信息的收集、汇总、保存、检索与打印等。因此，OA系统不仅能促进人们正确地决策，还能改进人们的工作方式，提高工作效率。

3. 实时控制（Real-time control）

实时控制是指在信息或数据产生的同时进行处理，处理的结果又可立即用来控制进行中的现象或过程。实时控制的基本原理是基于一种反馈（feedback）机制，即通过被控对象的反馈信号与给定信号进行比较，以达到自动调节的控制技术。实时控制系统原理如图1-11所示。

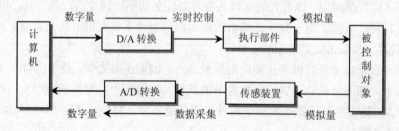

图1-11　实时控制原理框图

在该系统中，由计算机给定的数字量（Digital-value），经过D/A，转换成连续变化的模拟量（Analog-value）送给执行部件（将弱信号转成强信号）以驱动控制对象，此过程称为实时控制。

为了实行自动控制，必须把控制对象中的连续信号返回到输入端，以形成闭环系统。从被控制对象中取出的连续信号接入传感装置（将强信号转成弱信号），经过 A/D 将连续变化的模拟量转换成数字量送入计算机中，此过程称为数据采集。被采集到的数据经计算机进行处理、分析、判断和运算后输出数值控制量。

实时控制广泛地应用于过程控制、生产控制、参数测量等诸多领域。把计算机用于实时控制，是使用计算机及时地搜索检测被控对象的数据，然后按照某种最佳的控制规律来控制过程的进展。从而，可以大大提高生产过程的自动化水平，提高产品质量、生产效率、经济效益，降低成本。国防尖端科学技术更是离不开计算机的实时控制。

4. 计算机辅助系统（Computer Aided System）

计算机辅助系统是指以计算机作为辅助工具的各种应用系统。目前主要指使用计算机作为辅助设计、辅助制造、辅助测试和辅助教学这 4 个方面。

（1）计算机辅助设计（Computer Aided Design，CAD）：是使用计算机来帮助设计人员进行工程设计，以提高设计工作的自动化程度，节省人力和物力。它是利用计算机的高速运算、大容量存储和图形处理能力，辅助进行工程设计与分析的理论和方法，是综合了计算机科学与工程设计方法的最新发展而形成的一门新兴学科，并已获得广泛的应用。

（2）计算机辅助制造（Computer Aided Manufacturing，CAM）：是使用计算机进行生产设备的管理、控制和操作的过程，在生产过程中改善工作人员的工作条件。

（3）计算机辅助测试（Computer Aided Test，CAT）：是利用计算机运算速度快、计算精度高的特点，检测某些系统的技术性能指标。

（4）计算机辅助教学（Computer Aided Instruction，CAI）：是利用计算机辅助学生学习的自动系统，它将教学内容、教学方法以及学生的情况存储于计算机内，使学生能够轻松自如地从 CAI 系统中学到所需要的知识。

5. 系统仿真（System Simulation）

系统仿真是利用计算机模仿真实系统的技术。应用仿真技术，可以节省工程投资费用，降低成本消耗，避免损坏设备，缩短设计与调试周期等。在航空航天方面，利用计算机仿真技术，在导弹研制出来之前就可以让其"飞行"；飞机驾驶员不用上天就能进入"起飞"、"空战"和"着陆"状态；敌战双方不发一枪一弹能开展一场激烈的"战斗"等。目前，系统仿真已发展成与人工智能相结合的专家系统，并成为计算机辅助设计中的重要内容。

6. 人工智能（Artificial Intelligence）

人工智能是控制论、计算机科学、心理学等多学科综合的产物，是计算机应用研究最前沿的学科领域，也是探索计算机模拟人的感觉和思维规律的科学（如感知、推理、学习和理解方面的理论与技术）。机器人的大量出现，是人工智能研究取得重大进展的主要标志之一。

人工智能研究的应用领域包括：模式识别、自然语言的理解与生成、自动定理证明、联想与思维的机理、数据智能检索、博弈、专家系统、自动程序设计等。近几年发展起来的神经网络计算机技术是人工智能的前沿技术，它要解决人工感觉（包括计算机视觉、听觉、嗅觉），即解决大量需要相互协调动作的机器人，在复杂环境下的决策问题。

7. 文字处理（Word Processing）

随着计算机外部设备的不断丰富、完善，特别是打印机性能的提高，近年来计算机又广泛用于文字方面的处理。它具有比常规中文打字机字型变化多、字体的大小变化容易、编辑排版功能强等优点，因而颇受用户的欢迎，并在逐步取代常规中文打字机和铅字印刷。目前用于文字处理的有桌面排版印刷系统和电子出版系统，而且种类繁多，其中最具典型的有 Word、金山、北大方正和华光系统，北大方正已在国内出版印刷行业占统治地位。

当前，计算机的应用领域仍在不断拓展，特别是微型计算机的广泛应用，已渗透到社会的各个方面，并且日益发挥越来越重要的作用，已成为信息社会科学技术和社会发展的核心。

§1.3　计算机与信息化

人类在认识世界和改造世界的历史过程中，认识了信息，利用了信息，并且发展了信息，信息技术伴随着人类文明的发展而不断进步。与此同时，也对信息处理工具提出新的要求。其中，计算机的产生和发展，不仅极大地增强了人类认识世界、改造世界和处理信息的能力，而且促进了当今社会从工业化向信息化发展的进程，并已成为当今信息化社会中不可缺少的重要工具，人类正经历着以计算机为代表的信息革命。

1.3.1　信息的相关概念

1. 什么是信息

"信息（Information）"一词在西方源于拉丁语"Informatio"，表示传达的过程和内容。然而，什么是信息？目前尚无统一定义，人们常从不同的角度和不同的层次来理解和解释。

（1）控制论的观点：控制论的创始人——美国数学家维纳认为：信息是我们适应外部世界、感知外部世界的过程中与外部世界进行交换的内容。具体说，凡是通过感觉器官接受到的外部事物及其变化都含有信息，人们所表露的情感或表达的内容以及说、写、想、做的，也都含有丰富的信息。

（2）信息论的观点：信息论的创始人——美国数学家香农认为：信息是能够用来消除不确定的东西，信息的功能是消除不确定性。例如一个人在工作中遇到了问题，他到图书馆查阅了许多资料。如果仍不能解决问题，那么这个人就没有得到信息，因为他的不确定性问题没有被消除，反之，他就获得了信息。对人类而言，人的五官生来就是为了感受信息的。

广义地说，信息就是消息，一切事物都存在信息。因此，信息是对客观事物的反映，泛指那些通过各种方式传播的可被感受的声音、文字、图形、图像、符号等所表征的某一特定事物的消息、情报或知识。信息是经过加工后的数据，信息的表达式是以数据为依据的。我们可以把数据与信息之间的关系简单地表示为：

$$信息=数据+处理$$

2. 信息革命

在人类的整个历史发展中，信息处理工具与手段的每一次革命性的变革，都使人类利用信息的过程和效果带来了飞跃式的进步，从而对人类社会发展产生了巨大的推动力，这就是信息革命。推动和促进了信息技术和信息产业的飞速发展。迄今为止，信息革命经历了如下 6 个阶段。

（1）语言的形成和使用：在距今约 35000～50000 年前，人类第一次使用了语言。到目前为止，使用人口超过 100 万的语言有 140 多种，其中使用汉语的人口最多，约占世界人口的五分之一。所以，汉语是联合国指定的 6 种工作语言之一，另外 5 种语言分别是英语、俄语、德语、法语和西班牙语。

（2）文字的创造和使用：文字是在语言的基础上诞生的，是社会发展到一定阶段的产物。从人类最早的文字诞生到今天，最多也不过五六千年。其中，汉字的发展，大致可分为古文、篆书、隶书和楷书等 4 个阶段的演变过程。自从楷书形成以后，汉字已经基本定型。

（3）造纸术和印刷术的发明：我国是造纸术和印刷术的发源地，世界上许多国家的造纸术和印刷术都是在我国的影响下发展起来的。印刷术的发明，对人类文化的传播和发展起着极为重要的作用。

（4）电报、电话、广播和电视的发明：19 世纪中后期，随着电报、电话的发明以及电磁波的发现，人类的通信方式发生了本质性的改变。

1837 年，美国人莫尔斯（Samuel F.B.Morse）设计出了著名且简单的电码，称为莫尔斯（Morse Code），并研制出世界上第一台电磁式电报机，实现了超越视听距离的信息传递。1844 年 5 月 24 日，莫尔斯亲手操纵着电报机，随着一连串信号的发出，远在 64km 外的巴尔的摩城收到了世界上第一份长途电报。

1876 年，苏格兰人贝尔（Alexander Graham Bell）获得电话发明专利。1878 年，他首次进行了长途电话的实验，并获得了成功，后来成立了著名的贝尔电话公司。

1865 年，英国科学家麦克斯韦（James Clerk Maxwell）在电磁波理论的研究中提出了电磁波存在的设想。1888 年，德国物理学家赫兹通过实验论证了电磁波的存在，人们为了纪念他对科学上的贡献，把无线电波称为"赫兹波"，并以赫兹（Hz）作为频率单位。

1928 年，美国西屋电气（Westinghouse Electric）公司发明了光电显像管，实现了电视信号的发送和传输。1935 年，西屋电气公司在纽约帝国大厦设立了一座电视台，并于次年成功地将电视节目发送到 70km 以外的地方。

（5）电子计算机与现代通信技术的应用和发展：20 世纪 40 年代，电子计算机的出现以及通信技术的发展使得信息技术得到了空前的发展，电子计算机不仅成为了存储和处理信息的重要工具，而且是当代高新科技的重要标志。

（6）多媒体技术与计算机网络技术的应用和发展：20 世纪 80 年代，多媒体技术的迅速发展，使得计算机能够综合处理图像、声音、动画和视频等信息。互联网的兴起，让全世界的计算机用户通过计算机实现数据通信和信息共享，使得信息的交换和传递更加快捷方便。

进入 21 世纪以来，科学技术得到了空前的发展。随着计算机技术、通信技术和信息处理技术的飞速发展，尤其是计算机和互联网的全面普及，会使得信息资源的应用和共享越来越广泛。

1.3.2　信息技术

信息技术（Information Technology）是指在计算机和通信技术支持下，用以获取、处理、传递、存储、变换、显示和传输文字、数值、图像以及声音信息，包括提供设备和提供信息服务两大方面的方法与设备的总称。信息技术所研究的范畴主要包括传感技术、通信技术、计算机技术和微缩技术等。计算机技术与现代通信技术一起，构成了信息技术的核心内容。

1. 信息技术的进步

信息技术是人类社会进步的一个重要标志。远古时代，人类靠感觉器官获取信息，用语言和动作表达、传递信息。自人类发明了文字、造纸术和印刷术以后，人们用文字、纸张来传递信息。随着电报、电话、电视的发明，标志着人类进入了电信时代，信息传递方式越来越多。20 世纪无线电技术、计算机技术及其网络技术和通信技术的发展，信息技术进入了崭新的时代。21 世纪，人类社会已步入信息时代，并正在不断探索、研究、开发更先进的信息技术，本世纪信息技术的特征是以多媒体计算机技术和网络通信技术为主要标志，利用计算机技术和网络通信技术可以使我们更方便地获取信息、存储信息，更好地加工和再生信息。

2.　信息技术的发展

信息技术的研究与开发，极大地提高了人类的信息应用能力，使信息成为人类生存和发展不可缺少的一种资源。在第二次世界大战以及随后冷战时期的军备竞赛中，美国充分认识到技术的优势能够带来军事与政治战略的有效实施，因此加速了对信息技术的研究开发，导致了一系列突破性的进展，使信息技术从 20 世纪 50 年代开始进入一个飞速发展时期。根据信息技术研究开发和应用的发展历史，可以将它分为 3 个阶段（时期）。

（1）信息技术研究开发时期：从 20 世纪 50 年代初到 70 年代中期，信息技术在计算机（Computer）、通信（Communication）和控制（Control）领域有了突破，可简称为 3C 时期。

在计算机技术领域，随着半导体技术和微电子技术等基础技术和支撑技术的发展，计算机已经开始成为信息处理的工具，软件技术也从最初的操作系统发展到应用软件的开发；在通信领域，大规模使用同轴电缆和程控交换机，使通信能力有了较大提高；在控制领域，单片机的开发和内置芯片的自动机械已开始应用于生产过程。

（2）信息技术全面应用时期：从 20 世纪 70 年代中期到 80 年代末期，信息技术在办公自动化（Office Automation）、工厂自动化（Factory Automation）和家庭自动化（House Automation）领域有了很大的发展，可简称为 3A 时期。

由于集成软件的开发，计算机性能、通信能力的提高，特别是计算机和通信技术的结合，由此构成的计算机信息系统已全面应用到生产、工作和日常生活中。各组织开始根据自身的业务特点建立不同的计算机网络，如事业和管理机构建立了基于内部事务处理的局域网（LAN）、广域网（WAN）或城域网（CAN）；工厂企业为提高劳动生产率和产品质量开始使用计算机网络系统，实现工厂自动化；智能电器和信息设备大量进入家庭，家庭自动化水平迅速提高，因而使人们在日常生活中获取信息的能力大大增强，而且更快捷方便。

（3）数字信息技术发展时期：从 20 世纪 80 年代末至今的这个时期，主要以互联网技术的开发和应用为重点，其特点是互联网在全球得到飞速发展，特别是以美国为首的在 20 世纪 90 年代初发起的基于互联网络技术的信息基础设施的建设，在全球引发了信息基础设施（亦称信息高速公路）建设的浪潮，由此带动了信息技术全面的研究开发和信息技术应用的热潮。

在这个热潮中，信息技术在数字化通信（Digital Communication）、数字化交换（Digital Switching）、数字化处理（Digital Processing）技术领域有了重大突破，可以简称为 3D 时期。这种技术是解决在网络环境下对不同形式的信息进行压缩、处理、存储、传输和利用的关键，是提高人类信息利用能力质的飞跃。

信息技术的发展趋势是计算机与通信技术和控制技术相融合，形成信息的一个环境系统。而推动信息技术飞速发展的是微电子技术和光电子技术，它们是现代信息技术的基础。在微电子技术方面，自 20 世纪 40 年代晶体管问世以来，在几十年时间内，微电子技术从在一块芯片上集成 1000 只晶体管的"大规模"集成电路，发展到现在的"G 规模"时代，即在一块芯片上集成 10 亿（1G）只晶体管。在光电子技术方面，不断研制出各种高性能的激光器和其他光电子元件，有力地推动了光纤通信等技术的普及和发展。

1.3.3　信息社会

1.　"信息社会"概念的产生

信息技术的普及应用改变了人们的工作和生活方式，给人们的传统生活和工作方式带来了猛烈的冲击和震撼，使人们强烈感受到技术发展的脉搏和信息时代前进的步伐。计算机技术和网络通信技术的飞速发展将人类从工业社会带入了信息化社会（简称为信息社会）。

信息社会是脱离工业化社会以后，信息将起主要作用的社会。在农业社会和工业社会中，物质和能源是主要资源，所从事的是大规模的物质生产。而在信息社会中，信息成为比物质和能源更为重要的资源，以开发和利用信息资源为目的的信息经济活动迅速扩大，逐渐取代工农业生产活动而成为国民经济活动的主要内容。以计算机、微电子和通信技术为主的信息技术革命是社会信息化的动力源泉。信息技术在生产、科研教育、医疗保健、企业和政府管理以及家庭中的广泛应用，对经济和社会发展产生了巨大而深刻的影响，从根本上改变了人们的生活方式、行为方式和价值观念。因此，我们说：信息社会是以电子信息技术为基础，以信息资源为基本的发展资源，以信息服务性产业为基本的社会产业，以数字化和网络化为基本的社会交往方式的新型社会。

从工业社会到信息社会的根本变化是什么？美国未来学家约翰奈·斯比特认为：从工业社会到信息社会的变化主要体现在：第一，技术知识成为了新的财富，工业经济时代诞生的"劳动价值论"将被新的"知识价值论"所代替；第二，时间观念发生了重要变化，人们既不像农业社会习惯于面向过去的经验，也不像工业社会那样注重眼前和现在，而是更强调面向未来和如何预测未来；第三，生活目标的变化，使人与人之间的竞争更加激烈，而不仅仅是人与自然的各种竞争。

从 20 世纪中期开始的信息技术革命是迄今为止人类历史上最为壮观的科学技术革命，它以无比强劲的冲击力、扩散力和渗透力，在短短几十年里迅速改变了世界。随着信息采集、存储、处理、加工、传输等信息技术手段的更新换代，人类文明由工业时代进入了以"信息"为显著特征的信息时代。即便在我国这样一个发展中国家，信息技术革命的巨大推动力，使我国社会信息化的车轮飞速转动。

1976 年，法国的西蒙·诺拉受当时法国总统委托，在阿兰·孟克协助下撰写了一份题为"社会的信息化"的报告，后来公开出版，成为法国 1978 年的畅销书。1983 年，"信息化社会"一词正式在美国刊物《New Society》、《The Political Quarterly》上使用。

1988 年，美国学者马丁（WJ.Martin）的《信息化社会》一书问世，他认为："社会信息化"是一个生活质量、社会变化和经济发展越来越多地依赖于信息及其开发利用的社会。在这个社会里，人类生活的标准、工作和休闲的方式、教育系统和市场都明显地被信息和知识的进步所影响。马丁及其追随者详细地描述了因为技术的发展人类社会出现的种种变化，即国民经济和社会结构框架的重心从物理性空间向信息或知识性空间不断转移，也分析了产生这种变化的原因，并对未来人类社会做了许多非常有创造性的预见。

2. 信息社会的特征

关于"社会信息化"的研究、分析与总结已经非常深入。然而，关于信息社会的特征说法不一，目前影响最大、流行最广、比较公认的观点是："社会信息化"是国民经济和社会结构框架重心从物理性空间向知识性空间转移的过程。为此，可将信息社会的特征概括如下。

（1）信息化：是以现代电子信息技术为前提，从以传统工农业为主的社会向以信息产业为主的社会发展的过程。信息化包括信息资源、信息网络、信息技术、信息产业、信息化人才，信息化规则（政策、法规和标准）等六大要素。信息社会是信息化的必然结果。

（2）全球化：信息技术正在取消时间和距离的概念，信息技术的发展大大加速了全球化的进程。随着互联网的发展和全球通信卫星网的建立，国家概念将受到冲击，各网络之间可以不考虑地理上的联系而重新组合在一起。

（3）网络化：由于互联网的普及和"信息高速公路"的建设，网络信息服务得到了飞速的发展，网络化必将改变人类的工作和生活方式，推动整个社会的进步。

（4）虚拟化：随着世界的信息化、全球化和网络化，使得人与人之间的交流很大一部分借助于计算机网络来完成，因此出现了一个由互联网构成的虚拟现实的信息交互平台。

3. 信息社会的负面影响

在信息化社会给人类带来极大便利的同时，它也不可避免地造成了一些社会问题，特别是随着Internet 的日益普及，许多负面影响也出现了。例如通过网络进行"黑客"攻击、窃取情报；通过网络大肆传播反动和黄色淫秽内容；网上盗窃、诈骗、盗版、垃圾邮件以及计算机病毒等。这些问题不仅会使计算机用户，特别使政府部门、科研系统、军事领域等遭受巨大损失，而且已成为网上公害，使计算机安全问题日益突出。

4. 信息社会的道德规范

信息社会改变了人们生产和生活方式，同时也对我们提出了一些道德规范要求。当代大学生，要充分认识到计算机和网络在社会中所产生的负面影响。要树立正确的道德观念，自觉抵制一切不良行为。不从事各种侵权行为，不越权访问、窃听、攻击他人系统，不编制、传播计算机病毒及各种恶意程序。在网上，不发布无根据的消息，不阅读、复制、传播、制作妨碍社会治安和污染社会的有关反动、暴力、色情等有害信息，也不模仿"黑客"行为。另外，现代社会，人的生活和学习同计算机紧密相连，但长时间使用计算机和网络，如果不注意防范，会给人的心理造成一定的偏差。特别是青少年，正处在生长发育时期，一定要分清计算机和网络的虚拟世界与我们真实的现实世界之间的区别，不要迷失在计算机和网络的虚拟世界中。在网络上要养成良好的习惯，不要做违反公共道德和法律的事情，同时也要注意保护自己，不要被网络所伤害。

1.3.4　信息产业

人们把信息技术（Information Technology，IT）产业简称为信息产业或 IT 产业，它是信息社会的必然结果。以计算机技术为核心的 IT 产业的技术变化最快，创新性最强，涉及技术领域最多，具有较强的辐射和带动作用。这些特点决定了信息产业是一个人本产业，人才需求量大，涉及专业面宽，培养周期长，流动率较高。特别是对具有独立的不断获取和创新知识及信息能力的高级人才需求量更大，要求更高。所有这些，形成了 IT 产业的特征与特点。

1. IT 产业的基本特征

人类社会的发展过程实际上是依靠自然、适应自然、认识自然和适度改造自然的过程，在此基础上通过发展和提高生产力，逐步构建起现代人类社会，同时也形成了"科学→技术→工程→产业"链。对于 IT 产业来说，它是一个高智商性的产业，因而具有如下基本特征。

（1）高度智力性：传统产业是以物质为主要生产资料，依赖于体力劳动的机械化或自动化途径生产，而 IT 产业是主要依赖计算机脑力劳动及自动化途径进行生产、加工、存储、传递、开发人类智慧的产业。IT 产业的核心技术是 IT，始终是高新技术的主流并且处于尖端科学前沿的技术，代表着人类最新智慧的结晶。

（2）高度创新性：IT 产业技术进步快，信息产品的更新速度也大大加快，因此，IT 产业是一个高度创新型的行业。20 世纪以来 IT 领域的几项重大突破，如半导体、卫星通信、计算机、光导纤维等都体现了 IT 产业的这种高度创新性。IT 产业技术创新需要大量的知识储备和智力投入，而这一切依赖于大量高水平的、创造性的人才。

（3）高度倍增性：IT 的应用能显著提高资源利用率，提高劳动生产率与工作效率，从而取得巨大的经济效益。据国际电联的统计结果显示，一个国家对通信建设的投资每增加 1%，其人均国民经济收入可提高 3%，足见 IT 产业是一个高倍增的产业。

（4）高度渗透性：IT 技术既是针对特定工序的专业技术，又是适应于各种环境的通用技术，因而在国民经济的各个领域具有广泛的适用性和极强的渗透性。同时，IT 产业的发展还催生了一些新的"边缘产业"，如光学电子产业、汽车电子产业等，创造了大量产值与需求。信息产业要求从业人员队伍具有复合型的知识结构，既要掌握 IT 软、硬件基础知识和技能，又要对某一专业领域有深入的了解。

（5）高投资、高风险、高竞争性：IT 的发展、更新和普及应用都需要投资。现在 IT 领域的技术设计和制造越来越复杂，技术难度日益加大，信息网络覆盖的范围也越来越广。IT 产业的这种高投资、高风险、高竞争的特点，要求企业的经营者要有敏锐的市场洞察能力和高超的领导才能，企业的领军人物的作用将会越来越明显。

2．IT 产业的发展特点

正是由于 IT 产业的上述基本特征，因而使得 IT 产业的发展具有以下方面的特点。

（1）产品的更新换代速度继续加快：在 IT 产业自身发展规律的作用下，IT 产品更新换代速度越来越快，生命周期进一步缩短，市场竞争日趋激烈。

（2）人力成本的比重不断增加：IT 产业的投入以知识、技术和智力资源为主。因此，人力成本在总投入中占相当高的比例，这一特性在软件业方面表现更为突出。随着软技术和智力服务在 IT 产业中的比例逐步提高，IT 产业人力成本的比重呈现逐步增加的趋势。

（3）产业竞争格局发生转变：信息技术的高速发展，促使传统的产业模式发生重大变革。

① 由传统的产业规模型向技术拥有型转移。资金已经不再是信息行业的壁垒，知识、专利、标准、人才已经成为重要的行业壁垒。谁首先在市场上推出自己的产品，并使自己的技术成为实施标准，谁就成为行业的领先者。

② 由生产决定型向市场决定型转变。世界信息市场竞争方式和规模随着"信息高速公路"建设的发展正发生一场深刻的革命，旧的竞争观点必将被打破，信息市场的开放程度逐步扩大，未来的竞争将不再是单纯的互相排斥，而是具有彼此合作、依存和互补的广阔内涵。

③ 由单一产业型向多产业渗透型转变。IT 加快向传统产业渗透，机电、能源、交通、建筑、冶金等技术互相融合，形成新的技术领域和广阔的产品门类；电信网、电视网和计算机通信网相互渗透彼此融合交叉经营，资源高度共享；随着数字化技术的广泛应用和信息产品的共享，3C 融合化趋势将更为明显。多产业的渗透和融合，对产业人才的要求也逐步从单一型向复合型转化。

§1.4　计算机文化与信息素养

21 世纪是信息技术高度发展并得到广泛应用的时代，信息技术从多方面改变着人类的生活、工作和思维方式。在当今信息时代，每个人都应当学习信息技术、应用信息技术，不断提高信息素养，使自己具有信息时代所要求的科学素质。然而，无论是学习信息技术，还是运用信息技术，都离不开现代文化基础，这个"现代文化基础"就是"计算机文化"。

1.4.1　计算机文化

1．计算机文化的基本内涵

计算机文化（Computer Literacy）源出于 1981 年召开的第三届世界计算机教育会议。该会议提出了要树立计算机教育是文化教育的观念，呼吁人们要高度重视计算机文化的教育。"Literacy（文化）"一词的含义是指具有阅读和写作能力的人，所以这里"文化"是知识的代名词。然而，

"文化"的内涵又远比"知识"要深刻得多。

对计算机文化的理解可以有很多种方式，既可以把它理解为在信息化时代能够熟练应用计算机所必需的知识、能力和对计算机在现实中应用的理解；也可以把它理解为在计算机普遍应用的时代，人类所创造的有别于其他时代的崭新的文化。对计算机文化的前一种理解，它往往表现为计算机理论及其技术对自然科学、社会科学的广泛渗透；对计算机文化的后一种理解，它又表现为计算机应用介入人类社会的方方面面，从而对科学思想、科学方法、科学精神、价值标准等造成新的影响，如"电子银行"、"网虫"、"电子商务"、"博客"、"电子政务"、"电子货币"等诸多新生词语的出现，不时地改变着传统的文化观念。

2. 计算机文化的基本作用

我们可以把计算机文化理解为具有"计算机应用知识和应用能力"。因为计算机的应用，改变了人类社会的生存方式，从而产生了一种崭新文化形态。计算机文化代表一个新的时代文化，它已经将一个人经过文化教育后所具有的能力由传统的读、写、算上升到了一个新的高度，即除了能读、写、算以外，还要具有计算机运用能力（信息能力），而这种能力可通过计算机文化的普及得到实现。因此可以说，计算机文化是当今社会最具有活力的一种崭新的文化形态，加快了人类社会发展的步伐。其所产生的思想观念、所带来的物质基础条件以及计算机文化教育的普及都有利于人类社会的进步和发展。同时，计算机文化也带来了人类崭新的学习观念，面对浩瀚的知识海洋，人脑所能接受的知识是有限的，根本无法"背"完，计算机这种工具可以解放这些繁重的记忆性劳动，人脑可以更多地用来完成"创造"性的劳动。

计算机技术的发展，孕育并推动了计算机文化的产生和成长，而计算机文化的普及，又将促进计算机技术的进步与计算机应用的扩展。今天，计算机文化已成为信息社会交流的基础，不掌握计算机文化，就不能适应当今信息社会发展的要求。因此，计算机课程的"教"与"学"不应简单地归结于工具性、应用性，而应将它放在广阔的社会文化背景中加以研究。

1.4.2 信息素养

1. 信息素养的基本概念

信息素养（Information literacy）概念最早是由美国信息产业协会主席保罗·泽考斯基于1974年提出来的。由于计算机技术、网络技术的普及，其影响超过了历史上任何一种技术，而且已成为当今信息社会中必须具备的一种能力，但这种能力不仅是技术的，还有道德的和文化的。因此，信息素养作为一种非常重要的能力被提到了人才培养目标上来。信息素养包含三个层面：

（1）知识素养（文化层面）：指传统文化素养的延续和拓展，使受教育者达到独立自学及终身学习的水平。

（2）信息意识（意识层面）：指对信息源及信息工具的了解及运用。

（3）信息技能（技术层面）：指必须拥有各种信息技能，如对需求的了解及确认，对所需文献或信息的确定、检索，对检索到的信息进行评估、组织及处理并作出决策。

20世纪80年代，人们开始进一步讨论信息素养的内涵，信息素养的概念逐渐被广泛认可。1989年，美国图书馆协会下属的"信息素养总统委员会"对信息素养的定义是"要成为一个有信息素养的人，他必须能够确定何时需要信息，并已具有检索、评价和有效使用所需信息的能力"。因此，信息素养的内涵主要包括信息意识、信息知识、信息能力和信息品质。

2. 信息素养具备的能力

1998年美国图书馆协会和美国教育传播与技术协会制作了学生学习的信息素养标准：能有效

地和高效地获取信息；能熟练地、批判性地评价信息；能精确地、创造性地使用信息；能探求与个人兴趣有关的信息；能认识信息对民主化社会的重要性；能履行与信息和信息技术相关的符合伦理道德的行为规范；能积极参与活动来探求和创建信息。具体说，信息素养应该包括以下方面的能力。

（1）运用信息工具的能力：能熟练使用各种信息工具，如计算机、传呼机、传真机等，特别是计算机网络传播工具。

（2）获取信息的能力：能有效地收集各种信息资料，能熟练地运用阅读、访问、讨论、实验、检索等获取信息的各种方法。

（3）处理信息的能力：能对收集的信息进行归纳、分类、存储、鉴别、选择、分析、综合、抽象、概括、表达等。

（4）生成信息的能力：能准确地概述、综合、改造和表达所需的信息，使之简单明了，通顺流畅，富有特色。

（5）创造信息的能力：能从多角度、多方位，全面地收集信息，并观察、研究各种信息之间的交互作用；利用信息做出新预测、新设想，产生新信息的生长点，创造出新的信息。

（6）发挥信息效益的能力：能正确评价信息，掌握各种信息的各自特点、运用场合以及局限性；并善于运用接收的信息解决问题，让信息发挥最大效益。

（7）信息写作的能力：在跨越时空的交往和合作中，通过信息和信息工具同外界建立多边的和谐关系。

（8）信息免疫的能力：能自觉地抵制垃圾信息、有害信息的干扰和侵蚀；能从信息中看出事物的发展趋势、变化模式，进而制定相应的对策。

信息素养是信息时代人才培养模式中出现的一个新概念，已引起了世界各国越来越广泛的重视。现在，信息素养已成为评价人才综合素质的一项重要指标。开展信息教育、培养学习者的信息意识与信息获取和处理能力，已成为当前教育改革的必然趋势。

信息素养与计算机文化密切相关，当代大学生应努力学习和掌握计算机与信息技术基本知识，了解和掌握本学科的新动向，以新的知识信息开阔视野、启迪思维，不断增强自身的信息素养。大学生的信息素养如何，是信息时代衡量一个大学生是否合格的重要标志之一，信息素养的高低取决于信息意识和计算机文化的强弱。当代大学生要善于将网络上新的知识信息与课本上的知识信息有机地结合起来，只有这样，才能不断提高自身素质和能力。这里，我们将两句希望之词赠与当代大学生和计算机学习者：

打好现代文化基础，否则，你无法适应社会发展的要求；

不断提高信息素养，否则，你无法体会五彩斑斓的世界。

本章小结

（1）从原始计算工具到现代电子计算机的形成经历了 4 个阶段，通常也称为 4 代：手工时代、机械时代、机电时代、电子时代。

（2）现代计算机的特点主要有 6 个方面：运算速度快、计算精度高、存储容量大、判断能力强、自动化程度高、可靠性能好。

（3）现代计算机的主要应用可概括为 8 个方面：科学计算、信息管理、实时控制、计算机辅助系统、系统仿真、人工智能、文字处理、娱乐游戏等。

（4）现代电子计算机的发展趋势是 5 化：微型化、巨型化、网络化、智能化和多媒体化。

（5）在当今社会，信息技术与计算机技术两者密不可分，并且相互依存，相互促进。支撑信息社会的重要技术是计算机技术、数据通信技术、信息处理技术以及这三种技术的汇合。计算机技术的发展不再是计算工具的延伸，而是多种技术的综合应用。

（6）在当今信息时代，学习和掌握信息技术是每个大学生必备的基本技能，具备计算机文化和提高信息素养，是社会发展的必然要求。

习题一

一、选择题

1．计算机是接受命令、处理输入以及产生（　　）的系统。

 A．信息　　　　　　　　B．程序　　　　　　　　C．数据　　　　　　　　D．系统软件

2．冯•诺依曼的主要贡献是（　　）。

 A．发明了微型计算机　　　　　　　　　　B．提出了存储程序概念

 C．设计了第一台电子计算机　　　　　　　D．设计了高级程序设计语言

3．冯•诺依曼结构计算机中采用的数制是（　　）。

 A．十进制　　　　　　　B．八进制　　　　　　　C．十六进制　　　　　　D．二进制

4．计算机硬件由 5 个基本部分组成，下面（　　）不属于这 5 个基本组成部分。

 A．运算器和控制器　　　　　　　　　　　B．存储器

 C．总线　　　　　　　　　　　　　　　　D．输入设备和输出设备

5．冯•诺依曼结构计算机要求程序必须存储在（　　）中。

 A．运算器　　　　　　　B．控制器　　　　　　　C．存储器　　　　　　　D．光盘

6．微型计算机中的关键部件是（　　）。

 A．操作系统　　　　　　B．系统软件　　　　　　C．微处理器　　　　　　D．液晶显示器

7．一台完整的计算机系统包括（　　）。

 A．输入设备和输出设备　　　　　　　　　B．硬件系统和软件系统

 C．键盘和打印机　　　　　　　　　　　　D．外部设备和主机

8．典型冯•诺依曼结构计算机是以（　　）为中心。

 A．运算器　　　　　　　B．存储器　　　　　　　C．控制器　　　　　　　D．计算机网络

9．计算机实时控制的基本原理是基于一种（　　）机制。

 A．前向控制　　　　　　B．反馈控制　　　　　　C．无条件　　　　　　　D．按时间控制

10．人工智能的前沿技术是（　　）。

 A．科学计算　　　　　　B．系统仿真　　　　　　C．辅助设计　　　　　　D．神经网络计算机

二、判断题

1．EDVAC 是人类历史上的第一台电子数字计算机。（　　）

2．计算机是信息加工设备。（　　）

3．我们现在使用的计算机的代表器件是电子管。（　　）

4．二进制只有"1"和"0"两种状态。（　　）

5．Neumann 机的组成部件包括：输入设备、输出设备、存储器、运算器、控制器。（　　）

6. 现在普遍使用的计算机属于模拟计算机。 （ ）
7. 第四代计算机的代表器件是超大规模集成电路。 （ ）
8. 目前使用的通用计算机都是基于冯·诺依曼结构的计算机。 （ ）
9. 一台能操作使用的计算机必须具有硬件和软件，两者缺一不可。 （ ）
10. 信息素养的内涵包括信息意识、信息知识、信息能力和信息品质。 （ ）

三、问答题

1. 电子数字计算机与模拟计算机的主要区别是什么？
2. 存储程序控制的基本思想主要体现在哪些方面？
3. 计算机有哪些主要的特点？
4. 计算机有哪些主要的用途？
5. 计算机发展中各个阶段的主要特点是什么？
6. 计算机的发展趋势是什么？
7. 什么是信息技术？有何特征？
8. 什么是信息社会？有何特征？
9. 什么是信息产业？有何特征？
10. 什么是计算机文化？它与信息素养有何关系？

四、讨论题

1. 计算机形成与发展能给我们哪些启示？
2. 你是如何看待计算机在当今社会中的作用的？
3. 你是如何看待提高计算机文化和信息素养的？
4. 在校期间如何学好计算机基础知识，为今后工作打下良好基础？

第二篇　基本方法

第2章　计算机硬件

【问题引出】从课程导学可知，用计算机求解 $f(x) = ax^2 + bx + c$，必须具备4个基本条件：①具有输入数据、存放数据、数据运算、流程控制、数据输出的部件；②必须把解题任务转换成计算机硬件能识别的二进制代码；③为了方便操作计算机，必须具有计算机软件的支撑；④为了使计算机自动执行解题操作，必须把解题过程编制成程序，并翻译成可执行程序。本章讨论前两个问题——计算机硬件，后两个问题属于计算机软件，在下一章中讨论。

【教学重点】本章讨论计算机中的常用进位及计数制、数制的转换、数据的运算与编码、计算机硬件系统的结构组成、计算机的基本工作原理、计算机外部设备，以及各部件间的连接。

【教学目标】通过对本章的学习，掌握各种进位计数制的表示和转换方法、数据的运算与编码方法；熟悉计算机硬件系统的结构组成与工作原理、计算机外部设备。

§2.1　数制及其转换

组成现代计算机的电子器件只能识别电位的有、无，通常用1和0来表示这两种独特状态。因此，计算机中所有的数据信息都只能用由1和0组成的二进制代码来表示，并且所有的数据信息（数据、符号和文字）都是以二进制代码形式进行存储、处理和传送的。然而，人类通常习惯使用十进制数来描述数据的大小，用文字来描述语言，用符号来描述图形。那么，如何解决"人—机"之间的这种"兼容性"问题呢，这就是数制与数据表示所要研究的内容。

2.1.1　进位计数制

1. 数的位置表示法

人们对各种进位计数制的常用表示方法实际上是一种位置表示法。所谓位置表示法，就是当用一组数码（或字符）表示数值大小时，每一个数码所代表的数值大小不但决定于数码本身，而且还与它在一个数中所处的相对位置有关。例如十进制数789，其中9表示个位上的数，8表示十位上的数，7表示百位上的数，这里的个、十、百，在数学上叫做"权"（Weight）或"位权"。如果把这个十进制数展开，则可表示为：

$$789 = 7 \times 10^2 + 8 \times 10^1 + 9 \times 10^0$$

表达式中10的各次幂是各个数位的"位值"，称为各数位的"权"。因此，每个数码所表示的数值大小就等于该数码本身与该位"权"值的乘积；而一个数的值是其各位上的数码乘以该数位的权值之和。相邻两个数位中高位的权与低位的权之比如果是常数，则称为基数（Radix）或底数，通常简称为基（或基码）。

如果每一数位都具有相同的基，则称该数制为固定基数值（fixed radix number system），这是计算机内普遍采用的方案。基数是进位计数制中所采用的数码的个数，若用r来表示，那么它与系

数 a_{n-1}、a_{n-2}、$\cdots$、a_0、a_{-1}、$\cdots$、$a_{-(m-1)}$、a_{-m} 所表示的数值 N 为：

$$N = a_{n-1}r^{n-1} + a_{n-2}r^{n-2} + \cdots a_0 r^0 + a_{-1}r^{-1} + \cdots + a_{-(m-1)}r^{-(m-1)} + a_{-m}r^{-m}$$

$$= \sum_{i=-m}^{n-1} a_i r^i$$

式中，n 是整数部分的位数，m 是小数部分的位数，n 和 m 均为正整数。从 $a_0 r^0$ 起向左是数的整数部分，向右是数的小数部分。a_i 表示各数位上的数字，称为系数，它可以在 0、1、2、$\cdots$、r-1 共 r 种数中任意取值。一个 n 位 r 进制无符号数表示的范围是 $0 \sim r^n-1$。

2. 常用进位计数制

在计算机中常用的进位计数制有二进制、八进制、十六进制以及用于输入与输出的十进制。由位置表示法可知，根据基数 r 的取值不同，便可得到各种不同进位计数制的表达式，并且可分别用不同的下标表示。

（1）当 r=10 时，得十进制（Decimal System）计数的表达式为：

$$(N)_{10} = \sum_{i=-m}^{n-1} a_i 10^i$$

其特点是基为 10，系数只能在 $0 \sim 9$ 这十个数字中取值，每个数位上的权是 10 的某次幂。

【实例 2-1】将十进制数 4567.89 按权展开。

解：$(4567.89)_{10} = 4 \times 10^3 + 5 \times 10^2 + 6 \times 10^1 + 7 \times 10^0 + 8 \times 10^{-1} + 9 \times 10^{-2}$

在十进制的加、减法运算中，采用"逢十进一"和"借一当十"的运算规则。

（2）当 r=2 时，得二进制（Binary System）计数的表达式为：

$$(N)_2 = \sum_{i=-m}^{n-1} a_i 2^i$$

其特点是基为 2，系数只能在 0 和 1 这两个数字中取值，每个数位上的权是 2 的某次幂。

【实例 2-2】将二进制数 $(11011.101)_2$ 按权展开。

解：$(11011.101)_2 = 1 \times 2^4 + 1 \times 2^3 + 0 \times 2^2 + 1 \times 2^1 + 1 \times 2^0 + 1 \times 2^{-1} + 0 \times 2^{-2} + 1 \times 2^{-3}$

在二进制数的运算过程中，采用"逢二进一，借一当二"的运算规则。

【实例 2-3】求 11010.101+1001.11

```
   11010.101
+   1001.110
-----------
  100100.011
```

【实例 2-4】求 100100.011-11010.101

```
  100100.011
-  11010.101
-----------
    1001.110
```

（3）当 r=8 时，得八进制（Octave System）计数的表达式为：

$$(N)_8 = \sum_{i=-m}^{n-1} a_i 8^i$$

其特点是基为 8，系数只能在 $0 \sim 7$ 这 8 个数字中取值，每个数位上的权是 8 的某次幂。

【实例 2-5】将八进制数 $(4334.56)_8$ 按权展开。

解：$(4334.56)_8 = 4 \times 8^3 + 3 \times 8^2 + 3 \times 8^1 + 4 \times 8^0 + 5 \times 8^{-1} + 6 \times 8^{-2}$

在八进制数的运算过程中，采用"逢八进一，借一当八"的运算规则。

【实例 2-6】求 13450.567+7345.667

```
   13450.567
+   7345.667
-----------
   23016.456
```

【实例 2-7】求 23016.456-13450.567

```
   23016.456
-  13450.567
-----------
    7345.677
```

（4）当 r=16 时，得十六进制（Hexadecimal System）计数的表达式为：

$$(N)_{16} = \sum_{i=-m}^{n-1} a_i 16^i$$

其特点是基为 16，系数只能在 0～15 这 16 个数字中取值。其中 0～9 仍为十进制中的数码，10～15 这六个数通常用字符 A、B、C、D、E、F 表示，每个数位上的权是 16 的某次幂。

【实例 2-8】将十六进制数$(23AB.4C)_{16}$按权展开。

解：$(23AB.4C)_{16}=2\times16^3+3\times16^2+10\times16^1+11\times16^0+4\times16^{-1}+12\times16^{-2}$

在十六进制数的运算过程中，采用"逢十六进一"，"借一当十六"的运算规则。

【实例 2-9】求 05C3+3D25

```
   05C3
 + 3D25
 ──────
   42E8
```

【实例 2-10】求 3D25-05C3

```
   3D25
 - 05C3
 ──────
   3762
```

3. 常用进位制的比较

对于各种进位计数制，除了使用下标法外，还可以在数的末尾加一个英文字母以示区别。为了便于对照，在表 2-1 中列出了 4 种不同进位计数制的表示方法。

表 2-1   十进制、二进制、八进制、十六进制数的关系对照表

十进制	二进制	八进制	十六进制	十进制	二进制	八进制	十六进制
0	0000B	0Q	0H	8	1000B	10Q	8H
1	0001B	1Q	1H	9	1001B	11Q	9H
2	0010B	2Q	2H	10	1010B	12Q	AH
3	0011B	3Q	3H	11	1011B	13Q	BH
4	0100B	4Q	4H	12	1100B	14Q	CH
5	0101B	5Q	5H	13	1101B	15Q	DH
6	0110B	6Q	6H	14	1110B	16Q	EH
7	0111B	7Q	7H	15	1111B	17Q	FH

其中：B 是 Binary 的缩写，用来表示二进制数；O 是 Octal 的缩写，用来表示八进制数（为了避免与"0"混淆，则写成 Q）；H 是 Hexadecimal 的缩写，用来表示十六进制数；D 是 Decimal 的缩写，用来表示十进制数。十进制数的后缀可省略，但其他进位制数的后缀不可省略。例如：

$$(331.25)_{10}=331.25=(101001011.01)_2=(513.2)_8=(14B.4)_{16}$$
$$=101001011.01B=513.2Q=14B.4H$$

以上各种进位计数制的运算规则，其关键是掌握"逢 r 进一"与"借一当 r"的特点。

无论是二进制、八进制或十六进制，其进位的概念与十进制的概念是一样的。

2.1.2   数制之间的转换

计算机处理数据时使用的是二进制数，而人们习惯于十进制数，于是就带来了不同数制间的转换问题。常用的数制转换有：二进制、八进制、十六进制数和十进制之间的相互转换。

1. r 进制转换到十进制

一个用 r 进制表示的数，都可用通式 $\sum_{i=-m}^{n-1} a_i r^i$ 转换为十进制数，通常使用的转换方法是按"权"

相加法。转换时只要把各位数码与它们的权相乘，再把乘积相加，就得到了一个十进制数，这种方法称为按权展开相加法。

【实例 2-11】 $(100011.1011)_2=1\times 2^5+1\times 2^1+1\times 2^0+1\times 2^{-1}+1\times 2^{-3}+1\times 2^{-4}=(35.6875)_{10}$

【实例 2-12】 $(37.2)_8=3\times 8^1+7\times 8^0+2\times 8^{-1}=(31.25)_{10}$

【实例 2-13】 $(AF8.8)_{16}=10\times 16^2+15\times 16^1+8\times 16^0+8\times 16^{-1}=(2808.5)_{10}$

2. 十进制转换到 r 进制

将十进制转换为 r 进制的常用方法是把十进制整数和小数分别进行处理，称为基数乘除法。对于整数部分用除基取余法；对于小数部分用乘基取整法，最后把它们合起来。

（1）除基取余法：整数部分用基值重复相除的方法，即除基值取余数。设 r=2，则对被转换的十进制数逐次除 2，每除一次必然得到一个余数 0 或 1，一直除到商 0 为止。最先的余数是二进制数的低位，最后的余数是二进制的高位。

【实例 2-14】 $327=(?)_2$，求解过程如下：

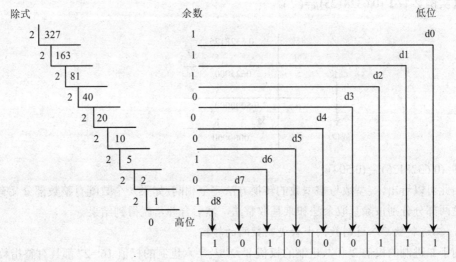

即 $(327)_{10}=(101000111)_2$

用与此类似的方法也可以进行十进制整数→八进制整数的转换，十进制整数→十六进制整数的转换，所不同的只是用 8 或 16 去除。

【实例 2-15】 $(1109)_{10}=(?)_8$

```
8  1109       5  低位
  8  138       2
    8  17       1
      8  2       2  高位
         0
```

$(1109)_{10}=(2125)_8$

（2）乘基取整法：用基数 2 去乘十进制纯小数，如整数部分为 1，则先得到所求二进制小数的最高位，然后去掉乘积的整数部分再用 2 去乘余下的纯小数部分，如此继续，直到乘积全部为整数或已满足要求的精度为止，所得各次整数就是所求二进制小数的各位值。

【实例2-16】$(0.5625)_{10}=(?)_2$

			0.5625
整数			
部分		×	2
高位	1		.1250
		×	2
	0		0.2500
		×	2
	0		0.5000
		×	2
低位	1		.0000

即　$(0.5625)_{10}=(0.1001)_2$

用与此类似的方法也可以进行十进制小数→八进制小数的转换或十进制小数→十六进制小数的转换，所不同的只是用8或16去乘。

【实例2-17】$(0.6328125)_{10}=(?)_8$

			0.6328125
整数			
部分		×	8
高位	5		.0625000
		×	8
	0		0.5000000
		×	8
低位	4		.0000000

即　$(0.6328125)_{10}=(0.504)_8$

由此可以看出，实型数与整型数的转换方法完全相同。如果一个数既有整数部分又有小数部分，则将这两部分分别按除基取余法和乘基取整法，然后合并，就得到结果。

3．二进制数、八进制数、十六进制数间的转换

由于二进制的权值2^i和八进制的权值$8^i=2^{3i}$及十六进制的权值$16^i=2^{4i}$都具有整指数倍数关系，即一位八进制数相当于三位二进制数；一位十六进制数相当于四位二进制数，故可按如下方法进行转换。

（1）二进制数转换成八进制数：将二进制数转换成八进制数，则按三位分组，整数不足在高位添0，凑足三位；小数不足在低位添0，凑足三位。例如：

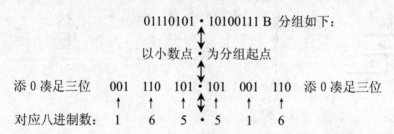

即　01110101.10100111 B=165.516Q

（2）二进制数转换成十六进制数：将二进制数转换成十六进制，则按四位分组，整数不足在高位添0，凑足四位；小数不足在低位添0，凑足四位。例如：

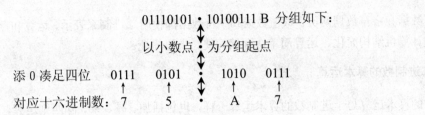

即 01110101.10100111B=165.516Q=75.A7H

从常用计数制中我们可以找到一种规律，那就是八进制数和十六进制数都可用二进制数来描述。因为二进制的权值是 2^i，八进制的权值是 $8^i=2^{3i}$，十六进制的权值 $16^i=2^{4i}$，它们之间具有整指数倍数关系，即一个八进制数恰好用三个二进制位来描述；一个十六进制数恰好用四个二进制位来描述。也正是因为这样，才能使电路器件得到充分利用。

以上转换，反之也成立。一位八进制数变成三位二进制数；一位十六进制数变成四位二进制数，将其排列起来，即为对应的二进制数。在计算机中，常用数制的转换有二进制、八进制、十进制、十六进制，它们之间的相互转换关系如图 2-1 所示。

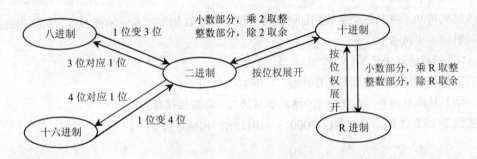

图 2-1　计算机中的数据转换关系

由于十进制数有 10 个数码（0、1、2、…、9），$2^3=8$，$2^4=16$，因而用二进制码表示十进制数 10 至少需要 4 位。4 位二进制码能表示 16 种状态，所以其中有 6 种数码是冗余状态。如何从 16 种状态中选取 10 种状态，便形成了多种不同的编码方法。用 4 位二进制码表示一位 10 进制数的编码方案很多，选择编码方案的原则是既要便于运算，又要便于与二进制转换，并便于校正错误等。通常的编码方式有 8-4-2-1 码、2-4-2-1 码、余 3 码、循环码和海明校验码等，而最基础也是最常用的是 8-4-2-1 码。就是取 4 位二进制数表示一位 10 进制数，这 4 位二进制数自左向右，每位的权分别是 8、4、2、1，这就是 8-4-2-1 码。这种编码最简单也最容易理解和记忆，每位的权和二进制数的位是一致的。例如十进制数 5016 用 8-4-2-1 码表示可写为：

0101	0000	0001	0110
↑	↑	↑	↑
5	0	1	6

【提示】4 位二进制码能表示 16 种状态，其中 1010，1011，1100，1101，1110，1111 这 6 种数码是不用的，此时 10~15 这 6 个数（A、B、C、D、E、F）是冗余状态。

§2.2　数据的运算与编码表示

为了便于计算机对数据信息进行处理，必须采用高效的运算方法和有效的编码。计算机中的数据可分为数值数据和字符数据两类。数值数据和字符数据都使用二进制来表示、运算和存储。只有这样，才能使计算机结构简化、运算简单、存储简便、表述简捷。

2.2.1　二进制数的算术运算

二进制数的算术运算与十进制数的算术运算一样，也包括加、减、乘、除四则运算，但运算规则更加简单，从而使计算机的结构大为简化。

1．二进制数的加法运算

二进制数的加法运算法则是：0+0=0，0+1=1，1+0=1，1+1=0。

【提示】被加数和加数为 1，结果本位为 0，按逢二进一向高位进位 1。

【实例 2-18】将两个二进制数$(1111)_2$和$(1011)_2$相加。相加过程如下：

```
进  位      1 1 1 1
被加数      1 1 1 1 …… (15)₁₀
加  数  +)  1 0 1 1 …… (11)₁₀
和  数    1 1 0 1 0 …… (26)₁₀
```

由该算式可知，两个二进制数相加时，每一位有 3 个数相加：本位的被加数、加数和来自低位的进位（进位为 1 或者 0）。

2．二进制数的减法运算

二进制数的减法运算法则是：0–0=0，1–0=1，0–1=1，1–1=0。

【提示】被减数为 0，减数为 1，结果本位为 1，向高位借位。

【实例 2-19】计算二进制数$(110000)_2 - (10111)_2$。相减过程如下：

```
借  位      1 1 1 1 1
被减数    1 1 0 0 0 0 …… (48)₁₀
减  数  -)  1 0 1 1 1 …… (23)₁₀
结  果    1 1 0 0 1 …… (25)₁₀
```

由该算式可知，两个二进制数相减时，每一位最多有 3 个数：本位被减数、减数和向高位的借位数。按照减法运算法则可得到本位相减的差数和向高位的借位。

3．二进制数的乘法运算

二进制数的乘法运算法则是：0×0=0，1×0=0，0×1=0，1×1=1。

【实例 2-20】求两个二进制数的乘积$(1111)_2×(0111)_2$。相乘过程如下：

```
被乘数      1 1 1 1 …… (15)₁₀
乘  数  ×)  0 1 1 1 …… (7)₁₀
            1 1 1 1
          1 1 1 1
        1 1 1 1
     +) 0 0 0 0
积  1 1 0 1 0 0 1 …… (105)₁₀
```

由该算式可知，两个二进制数相乘时，每一部分的乘积都取决于乘数相应位的值。若乘数相应位值为 1，则该次的部分乘积就是被乘数；若为 0，则部分乘积为 0。乘积有几位，就有几个部分乘积。每次的部分乘积左移 1 位，将各部分乘积累加，就得到最后积。

4．二进制数的除法运算

二进制数的除法运算法则是：0÷0=0，0÷1=0，1÷0（无意义），1÷1=1。

【实例 2-21】求二进制数$(1001110)_2 \div (110)_2$。相乘过程如下：

$$
\begin{array}{r}
1101 \quad \cdots\cdots \text{商}(13)_{10} \\
110\,\overline{)\,1001110} \quad \cdots\cdots \text{被除数}(78)_{10} \\
\underline{110} \\
0111 \\
\underline{110} \\
110 \\
\underline{110} \\
0 \quad \cdots\cdots \text{余数}(0)_{10}
\end{array}
$$

所以，最后求得结果为：$(1101)_2$。

2.2.2　二进制数的逻辑运算

计算机不仅能进行算术运算，而且还能进行逻辑运算。对逻辑变量的运算称为逻辑运算。逻辑运算没有数值大小的概念，只能表达事物内部的逻辑关系，即关系是"成立"还是"不成立"。二进制数的逻辑运算有"与"、"或"、"非"、"异或" 4 种。

1. 逻辑"与"

逻辑"与"运算产生两个逻辑变量的逻辑积。仅当两个参加"与"运算的逻辑变量都为"1"时，逻辑积才为"1"，否则为"0"。"与"运算用符号"∧"或"AND"表示。两个逻辑变量的逻辑积的真值表如表 2-2 所示，其对应的逻辑电路如图 2-2 所示。

表 2-2　A∧B 真值表

A　B	A∧B
0　0	0
0　1	0
1　0	0
1　1	1

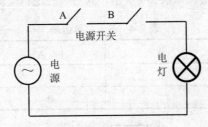

图 2-2　逻辑"与"电路

【实例 2-22】设 X = 10111001，Y = 11110011，求 X∧Y。

解：

$$
\begin{array}{r}
10111001 \\
\text{AND）} \underline{11110011} \\
10110001
\end{array}
$$

即　X∧Y = 10110001。

2. 逻辑"或"

逻辑"或"运算产生两个逻辑变量的逻辑和。仅当两个参加"或"运算的逻辑变量都为"0"

时，逻辑和才为"0"，否则为"1"。"或"运算用符号"∨"、"+"或"OR"表示。两个逻辑变量的逻辑和的真值表如表 2-3 所示，其对应的逻辑电路如图 2-3 所示。

表 2-3　F = A∨B 真值表

A　B	F = A∨B
0　0	0
0　1	1
1　0	1
1　1	1

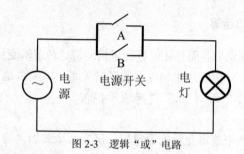

图 2-3　逻辑"或"电路

【实例 2-23】设 X = 10111001，Y = 11110011，求 X∨Y。

解：　　　　10111001
　　　OR）　11110011
　　　　　　11111011

即　X∨Y = 11111011。

3. 逻辑非

逻辑"非"（NOT）运算是对单一的逻辑变量进行求反运算。当逻辑变量为"1"时，"非"运算的结果为"0"；当逻辑变量为"0"时，"非"运算的结果为"1"。"非"运算是在逻辑变量上加符号"‾"表示。逻辑非的真值表如表 2-4 所示，其对应的逻辑电路如图 2-4 所示。

表 2-4　F = A̅ 真值表

A	F = A̅
0	1
1	0

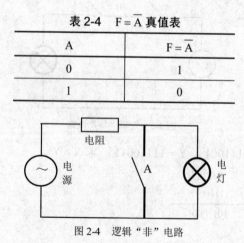

图 2-4　逻辑"非"电路

【实例 2-24】设 X = 10111001，求 X̅ = ？

解：X̅ = 01000110

因为是二值逻辑代数，所以不是 1 就是 0，不是 0 就是 1。与此对应的物理概念是开关断开的"非"就是"灯灭"；开关关闭的"非"就是"灯亮"。因为灯只有"亮"和"灭"两个状态。

4. 逻辑"异或"

逻辑"异或"（XOR）运算用于两个逻辑变量之间"不相等"的逻辑测试，如果两个逻辑变量相等，则"异或"运算结果为"0"，否则为"1"。异或运算用符号"⊕"表示。真值表如表 2-5 所示，其对应的逻辑电路如图 2-5 所示。

表 2-5　$F = A \oplus B$ 真值表

A　B	$F = A \oplus B$
0　0	0
0　1	1
1　0	1
1　1	0

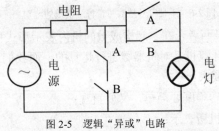

图 2-5　逻辑"异或"电路

"异或"由"与"和"或"电路组成。在给定的两个逻辑变量中，当两个逻辑变量的值相同时，"异或"运算的结果为 0；当两个逻辑变量的值不同时，"异或"运算的结果为 1。

【实例 2-25】设 $X = 10101101$，$Y = 00101011$，求 $X \oplus Y$。

解：
```
        10101101
XOR）   00101011
        10000110
```

即　$X \oplus Y = 10000110$。

【提示】逻辑变量只有两个值：真和假，在计算机内部表示两种状态：1 和 0。逻辑运算与算术运算的主要区别体现在：逻辑运算的操作数和操作结果都是单个数位的操作，位与位之间没有进位和借位的联系。

2.2.3　数值数据的编码表示

在计算机中，所有的信息都是以二进制的形式存储和运算（处理）的。由于二进制数只有 0 和 1 两种状态，那么计算机怎样表示数据中的"+"、"−"符号和实型数据中的小数点呢，这就是数值数据的编码表示所要讨论的问题。

1. 正负数的表示

为了使计算机能表示"+"、"−"符号，必须将其数码化。为此，在计算机中用"0"表示"+"号，用"1"表示"−"号。例如：

N1 = +0101011 和 N2 = −0101011

在机器中表示为：

N1＝00101011 和 N2＝10101011

这样，机器内部的数字和符号便都用二进制代码统一起来了。

由于计算机中字长是一定的，因此带符号数与不带符号数的数值范围是有区别的。如果表示的是不带符号的数，则机器字长的所有位数都可用于表示数值；如果表示的是带符号的数，则要留出机器字长的最高位做符号位，其余 n–1 位表示数值。例如，机器字长为 8 位的不带符号数与带符号数所表示的数值范围如图 2-6 所示。

图 2-6　不带符号整数与带符号整数的区别

通常，我们把由数值和符号两者合在一起构成数的机内表示形式称为机器数；把真正表示的数值被称为这个机器数的真值。计算机是对机器数进行运算的，而我们最终需要的又是真值，因此，总希望机器数尽可能满足下列要求：

● 机器数与真值之间的转换既要简单，又要直观；

● 机器数必须能为计算机所表示；

● 机器数的运算规则要简单。

显然，用"0"、"1"表示"＋"、"–"能满足前两个要求，但满足不了第 3 个要求。为此，必须从另一途径来找机器数，即认为计算机只能表示正数（无正负符号）。这样，对于为正的真值，机器数就取真值；对于为负的真值，则通过某种变换将负值变为正值，以得到对应的机器数。由于变换的公式不同，便可得到不同特点的机器数。机器数的常用代码表示形式有原码、反码和补码等。

（1）原码表示法：用原码表示一个带符号的二进制数，其最高位为符号位，用 0 表示正数，用 1 表示负数，有效值部分用二进制数绝对值表示。例如：

正数　x=+1001100　　则 $[x]_原$=01001100

负数　x= –1001100　　则 $[x]_原$=11001100

原码表示简单直观，但 0 的表示不唯一，有两种表示法（+0、–0）：

$[+0]_原$=00000000　　　$[-0]_原$=10000000

事实上，原码的表示与机器字长有密切关系。

若 x= –10110101，机器字长为 8 位，则$[x]_原$=11011010；若机器字长为 16 位，则

$[x]_原$=1000000001011010。因此，对于原码的定义如下：

设真值为 x，机器字长为 n 位，则整数和小数的原码为

整数形式：$[x]_原=\begin{cases} x & 0 \leq x < 2^{n-1} \\ 2^{n-1}-x & -2^{n-1} < x \leq 0 \end{cases}$

小数形式：$[x]_原=\begin{cases} x & 0 \leq x < 1 \\ 1-x & -1 < x \leq 0 \end{cases}$

例如：$x_1 = -1001000$，$x_2 = -0.0010001$，求其相应的原码（$n=8$）。

按定义：$[x_1]_原 = 2^7 - (-1001000) = 10000000 + 1001000 = 11001000$

$\qquad\quad [x_2]_原 = 1 - x = 1 - (-0.0010001) = 1.0010001$

原码具有如下性质：

① 在原码表示中，机器数的最高位是符号位，"0"代表"+"号，"1"代表"−"号，以下各位是数的绝对值，即 $[x]_原 = $ 符号位 $+|x|$。

② 在原码表示中，0 的表示不是唯一的，它有两种编码表示，即

$\qquad [+0.0]_原 = 00000$，$[-0.0]_原 = 1\,0000$

例如：$x = +0.0000$，则 $[x]_原 = 0000$，$y = -0.0000$，则 $[y]_原 = 1 - y = 1 + 0.0000 = 10000$。

原码表示的优点是简单易懂，相互转换容易，并且实现乘除运算的规则也简单。缺点是用原码进行两个异号数相加或两个同号数相减时很不方便，因为它涉及两个符号的比较。为了将减法运算转换为加法运算，因而对于负数的处理，引入了反码表示法与补码表示法。

（2）反码表示法：反码是一种过渡编码，目的是为了计算补码。反码表示的特点是电路实现和运算都很简单。对于正数，符号位为"0"，数值部分保持不变；对于负数来说，符号位用 1 表示，其数值部分的各位都取它相反的数码，即"0"变"1"、"1"变"0"。反码的定义如下：

设真值为 x，机器字长为 n 位，则

整数形式：$[x]_反 = \begin{cases} x & 0 \leq x < 2^{n-1} \\ (2^n - 1) + x & -2^{n-1} < x \leq 0 \end{cases}$ （mol 2^n）

小数形式：$[x]_反 = \begin{cases} x & 0 \leq x < 1 \\ 2 - 2^{-n+1} + x & -1 < x \leq 0 \end{cases}$

例如，$x_1 = 01000101$，$x_2 = -1000101$，$x_3 = 0.1100111$，$x_4 = -0.1100111$

则有：$[x_1]_反 = 01000101$，$[x_2]_反 = 1\,0111010$，$[x_3]_反 = 0.1100111$，$[x_4]_反 = 1.0011000$

反码具有如下性质：

① 用反码进行两数相加时，若最高位有进位，必须把该进位值加到结果的最低位才能得到真正的结果，称为"循环进位"。

例如，$x = +0.1011$，$y = -0.0100$

则有：$[x]_反 = 01011$，$[y]_反 = 11011$，$[x+y]_反 = [x]_反 + [y]_反 = 01011 + 11011 = 100110$

最高位有进位，加到结果的最低位，得到 $00110 + 00001 = 00111$，即 $+0.0111$。

又如，$x = +0.1011$，$y = +0.0100$，$[x+y]_反 = [x]_反 + [y]_反 = 01011 + 00100 = 01111$，最高位无进位，得到真正的结果 $[x+y]_反 = 01111$。

② 在反码中，0 的表示也不唯一的，它有两种编码表示，即

$\qquad [+0]_反 = 00000$，$[-0]_反 = 11111$

有人也称反码为 1 的补码（One's Complement）。

（3）补码表示法：在人们的计算概念中，零是没有正负之分的。但是用原码和反码表示就出现不唯一的问题，于是就引入了补码概念。

补码源于模的概念，模的典型实例是钟表的指针。假如钟表上所指的时间为 6 点正，若需要将它调到 3 点，可以用两种方法：一是将时针退回 3 格；或是将时针向前拨 9 格，两种方法都会使时针对准到 3 点。即

$\qquad 6 - 3 = 3$

$\qquad 6 + 9 = 3$（自动丢失了 12）

这里，–3 与+9 之所以具有同样的结果，是因为钟表最大只能表示 12，大于 12 时，12 会丢失。我们把这个被丢失的数值"12"称为模。用数学公式可表示为

$$-3=+9（mod\ 12）$$

mod 12 的含义是模数是 12，这个"模"表示被丢掉的数值。上式在数学上称为同余式。

那么，"模"与补码之间有何关系呢？对时钟而言，因为模数是 12，所以-3 与+9 是等价的。这里，把 9 称为–3 对 12 的补码。从这里可以得到一个启示，那就是在一定数值范围内，减法运算可以变为加法运算。这样，在计算机中实现起来就比较方便。

怎样求取一个数的补码呢？简单地说：负数的补码就是该负数反码加 1，而正数不变，即正数的原码、反码、补码都是一样的。补码的定义如下：

设真值为 x，机器字长为 n 位，则纯整数的模为 2^n，纯小数的模为 2。即：

整数形式：$[x]_{补}=\begin{cases} x & 0\leqslant x<2^{n-1} \\ 2^n+x & -2^{n-1}\leqslant x>0 \end{cases}$ （mol 2^n）

小数形式：$[x]_{补}=\begin{cases} x & 0\leqslant x<1 \\ 2+x & -1\leqslant x<0 \end{cases}$ （mol 2）

例如：$x_1=+105$，$x_2=-105$，$x_3=-0.1101B$，求其相应的补码（n=8）。

按定义：$x_1=+105=+1101001B$，则 $[X_1]_{补}=01101001B$

$x_2=-105=-1101001B$，则 $[X_2]_{补}=2^8+(-1101001)=10010111B$

$x_3=-0.1101B$，则 $[X_3]_{补}=2+(-0.1101)=00000010-0.1101=1.0011B$

补码具有如下性质：

① 正数的补码，在真值的最前面加一符号位"0"。例如：

x=+1010110 [x]补=01010110

② 负数的补码，在反码的最低位加"1"，即 $[x]_{补}=[x]_{反}+1$。例如：

x= –1011011 [x]补=10100100+1=10100101

③ 在补码表示中，零值有唯一的编码，即

$[+0]_{补}=[-0]_{补}=00000$

假设 x=+0.00000，y= –0.00000，根据补码的定义，则有

$[x]_{补}=[y]_{补}=00000$

$[x]_{补}=[y]_{补}=2+y=10.0000+0.0000=10.0000=00000$

此处最后一步实现按 2 取模，处在小数点右侧第二位上的 1 丢失掉了。

④ 补码表示的两个数在进行加法运算时，可以把符号位与数值位同等处理，只要结果不超出机器能表示的数值范围，运算后的结果按 2 取模后，所得到的新结果就是本次加法运算的结果。换句话说，机器数的符号位与数值位都是正确的补码表示，即：

$[x+y]_{补}=[x]_{补}+[y]_{补}$ (mol 2)

例如，x=+0.1010，y= –0.0101 则有 [x]补=01010，[y]补=11011

求得：[x+y]补=[x]补+[y]补=01010+11011=100101。

按 2 取模后，其结果为 00101，其真值为+0.0101。符号位与真值位均正确。

又如，$x_1=x_2= –0.1000$，则有 $[x_1]_{补}=[x_2]_{补}=11000$

那么，$[x_1+x_2]_{补}=[x_1]_{补}+[x_2]_{补}=11000+11000=110000$

按 2 取模后，其结果为 10000，其真值为–1。可见用补码表示小数时，能表示–1 的值。

【实例 2-26】 设 52−11=41，n=8，详细说明将减法运算变为加法运算的过程。

按二进制的运算规则：$(52)_{10}-(11)_{10}=(0110100)_2-(0001011)_2=(0101001)_2$

按求补码规则：$(-1011)_原=10001011$，$(-1011)_反=11110100$，$(-1011)_补=11110101$

```
  0 0110100        +52 的原码              0 0110100        52 的补码(正数的原码)
− 0 0001011        −11 的原码          +   1 1110101        −11 的补码
  0 0101001        原码相减的结果        1 0 0101001        补码相加的结果
```

00110100−00001011=00101001≌00110100+11110101 （两数相减变为两数相加）

=101001≌101001=41 （两数相减与两数相加的结果相等）

⑤ 补码运算结果与机器字长有关。因为符号位与普通数位一样参加运算，产生进位。如果运算的结果超出了数的表示范围，则有可能使两个正数相加或两个负数相加的结果为负数。例如，某计算机用 2 个字节表示整数，若进行 30000+20000 运算，计算过程如下：

```
  (30000)补=0 1110100100110000
+ (20000)补=0 0100111000100000
  ─────────────────────────────
  (结  果)补=1 1000011010100000    符号位为 1，使其结果变为负数。
  (结  果)反=1 0111100101011111    对运算结果求反
  (结  果)原=1 0111100101100000    原码 111110010110000 的对应值为−15536
```

在上述三个计算结果中，30000+20000=−15536 显然是错误的。若用 4 个字节来实现 30000+20000 加法运算，就不会出现这个问题了。

（4）原码、反码和补码的比较：综上所述，原码、反码和补码之间有以下关系。

① 对于同一个数，既可以用原码表示，也可用反码和补码表示。

② 对于正数，原码、反码和补码的表示形式完全相同，即$[x]_原=[x]_反=[x]_补$。

③ 对于负数，原码、反码和补码的表示形式如下：

$[x]_原$：符号为 1，数值部分与真值绝对值相同；

$[x]_反$：符号为 1，尾数部分为将真值的尾数按位取反。

$[x]_补$：符号为 1，数值部分未将真值尾数逐位取反，最低位加 1；

原码与反码的关系是除原码符号位外其他各数值位凡是 1 就转换为 0，凡是 0 就转换为 1，即取反；反码与补码间的关系是补码为反码的最低位加 1，即$[x]_补=[x]_反+1$。如图 2-7 所示。

+8 的原码	0	0	0	0	1	0	0	0	正数的原码
+8 的反码	0	0	0	0	1	0	0	0	反码和补码
+8 的补码	0	0	0	0	1	0	0	0	都是相同的
−8 的原码	1	0	0	0	1	0	0	0	负数的原码
−8 的反码	1	1	1	1	0	1	1	1	反码和补码
−8 的补码	1	1	1	1	1	0	0	0	各不是相同
+0 的反码	0	0	0	0	0	0	0	0	−0 的反码加
−0 的反码	1	1	1	1	1	1	1	1	1，可得到全
−0 的补码	0	0	0	0	0	0	0	0	0 的补码，
+0 的补码	0	0	0	0	0	0	0	0	此正好与+0

此正好与+0 的补码相同

图 2-7 原码、反吗和补码表示的比较

引入这三种编码的主要目的是为了使计算机的运算方便，特别是补码的引入，可以把减法运算变为加法运算。这不仅简化了计算机电路的实现，而且可以提高计算机的运算速度。

2．实型数的表示

由于二进制数只能显示 0 和 1 两种状态，所以通常采用把小数点的位置用隐含的方式表示。隐含的小数点位置可以是固定的，也可以是变动的。例如十进制数 236.74，可以表示成：

$$236.74 = 23674 \times 10^{-2} = 0.23674 \times 10^3 = 0.023674 \times 10^4$$

同样，对于一个二进制数也有不同的表示方法。例如 101101.011，可以表示成：

$$101101.011 = 101101011 \times 2^{-3} = 0.101101011 \times 2^6 = 0.0101101011 \times 2^7$$

又如：$-1010.0101 = 110100101 \times 2^{-4} = 1.10100101 \times 2^4 = 1.101001010 \times 2^5$

由此看出，对任一个 r 进位制实型数 N，它总可以写成下列形式

$$(N)_r = \pm M \times r^{\pm E}$$

式中：M（Mantissa）称为 N 的尾数；E（Exponent）称为数 N 的阶（阶码）；r 称为阶码的底；尾数 M 表示的是有效数字，阶码 E 表示的是数的范围，显然阶码 E 与小数点的位置有关。根据 M 和 E 取值规定不同，可将计算机中的数用两种方法表示，即定点表示法和浮点表示法。

（1）定点表示法：定点表示法是指在计算机中约定小数点在数据字中的位置是固定的。用定点表示法表示的数据称为定点数。定点数规定，参与运算的各个数其阶码是恒定的，即小数点位置是固定不变的。阶码 E 恒定，最简单的情况是 E=0，此时 N=M，在机器中只须表示尾数部分及其符号。如果将小数点的位置定在尾数的最高位之前，则尾数 M 成为纯小数，我们称之为定点小数。如果将小数点的位置定在尾数的最低位之后，则尾数 M 成为纯整数，我们称之为定点整数。因此，定点数的格式有以下两种形式。如图 2-8 所示。

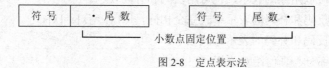

图 2-8　定点表示法

① 定点小数。小数点的位置固定在符号位之后，最高有效位之前。显然，这是一个纯小数。在定点小数表示中，小数点的位置是隐含约定的，它并不占用位置。

【实例 2-27】设计算机字长为 16 位，用定点小数表示 0.625。

因为 $0.625 = (0.101)_2$，设计算机字长为 16 位，则在计算机内的表示形式如图 2-9 所示。

图 2-9　计算机内的定点小数表示法

② 定点整数。小数点的位置隐含固定在最低有效位之后，显然，这是一个纯整数。

【实例 2-28】设计算机字长为 16 位，用定点整数表示 387。

因为 $387 = (110000011)_2$，则在计算机内的表示形式如图 2-10 所示。

图 2-10　计算机内的定点整数表示法

【提示】不同的计算机可以有不同的定点方法，但一旦采用某种定点方法，就作为约定固定下来不再变化。正因为小数点的位置是已约定（设计）好的，所以在实际的机器中并不出现小数点。在定点表示的计算机中，机器指令调用的所有操作数都是定点数。

（2）浮点表示法：浮点表示法是指在计算机中约定小数点在数据字中的位置是浮动的。用浮点表示法表示的数据称为浮点数。浮点数规定，参与运算的各个数其阶码是可变的，即小数的位置是变动的。阶码 E 可变，将小数点的位置规定在尾数最高位之前的数称为浮点小数，而将小数点的位置规定在尾数最低位之后的数称为浮点整数。同样地，小数点是隐含的，在机器中并不出现。浮点数的一般格式如图 2-11 所示。

图 2-11　浮点表示法

其中：阶符 e_s 为阶码 E 的符号，正号表示小数点右移，负号表示小数点左移；e 是阶码 E 的位数，即小数点移动的位数；数符 ms 为尾数 M 的符号，是整个浮点数的符号位，它表示该浮点数的正负；m 为尾数的长度。在大多数计算机中，尾数为纯小数，常用原码或补码表示；阶码为定点整数，常用移码或补码表示。

在浮点数中，基数 r 通常取 2、8、16，一旦计算机定义了基数值就不能再改变。数的浮点表示一般使用 16 位以上的二进制位。设定字长为 16 位，前 5 位表示阶码的符号及其数值，后 11 位表示尾数的符号及其数值，那么，其一般格式如图 2-12 所示。

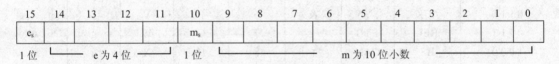

图 2-12　浮点数的数据表示格式

按此表示格式，数 101.1 和 10.11 在机器中的实际表示形式分别如图 2-13 所示。

e_s	0	0	1	1	m_s	1	0	1	1	0	0	0	0	0	0
e_s	0	0	1	0	m_s	1	0	1	1	0	0	0	0	0	0

图 2-13　数 101.1 和 10.11 在机器中的表示形式

由此看出，浮点数的表示范围主要由阶码决定，有效数字的精度主要由尾数决定。

（3）定点表示与浮点表示的比较。

① 浮点数的表示范围比定点数大，定点整数比浮点整数表示范围大。

② 定点数运算比浮点数运算简单，并且比浮点数运算精度高。

从以上讨论可知：计算机中对于小数点的表示方法有两种，即定点表示法和浮点表示法。根据处理方法的不同，相应地把用定点表示和用浮点表示的机器分别称为定点机和浮点机。由于使用浮点数的运算方法比较复杂，所以浮点数的运算器及其控制线路也较复杂，因而使得浮点数的机器比定点数机器的成本高。通常小型机或专用机多用定点制，而一般大型通用机多用浮点制或浮点、定点两种类型。

2.2.4 字符数据的编码表示

字符数据是指字母、数码、运算符号以及汉字字符。由于计算机只能识别 0 和 1 两种数码，所以字符也必须采用二进制编码表示，即用一连串二进制数码代表一位数字、一个符号或字符。目前，字母、数码、运算符号采用 ASCII 码，而汉字则采用汉字编码。

1. ASCII 码

ASCII 码是目前计算机中广泛使用的编码，即美国标准信息交换码（American Standard Code for Information Interchange）。该编码被国际标准化组织（International Standards Organization，ISO）采纳而成为国际通用的信息交换标准代码。我国 1980 年颁布的国家标准《GB1988-80 信息处理交换用七位编码字符集》也是根据 ASCII 码制来制定的，它们之间只有在极个别地方存在差别。ASCII 编码和 128 个字符的对应关系如表 2-6 所示。

表 2-6 ASCII 字符编码表

$b_3 b_2 b_1 b_0$ \ $b_6 b_5 b_4$	高 三 位 代 码							
	000	001	010	011	100	101	110	111
0 0 0 0	NUL	DLE	SP	0	@	P	`	p
0 0 0 1	SOH	DC1	!	1	A	Q	a	q
0 0 1 0	STX	DC2	"	2	B	R	b	r
0 0 1 1	ETX	DC3	#	3	C	S	c	s
0 1 0 0	EOT	DC4	¥	4	D	T	d	t
0 1 0 1	ENQ	NAK	%	5	E	U	e	u
0 1 1 0	ACK	SYN	&	6	F	V	f	v
0 1 1 1	BEL	ETB	'	7	G	W	g	w
1 0 0 0	BS	CAN	(	8	H	X	h	x
1 0 0 1	HT	EM	)	9	I	Y	i	y
1 0 1 0	LF	SUB	*	:;	J	Z	j	z
1 0 1 1	VT	ESC	+	<	K	[	k	{
1 1 0 0	FE	FS	,	=	L	\	l	|
1 1 0 1	CR	CS	-	>	M	]	m	}
1 1 1 0	SO	RS	·	?	N	↑	n	~
1 1 1 1	SI	US	/	O	O	—	o	DEL

ASCII 字符编码中有如下两个规律：

① 字符 0～9 这 10 个数字符的高 3 位编码为 011，低 4 位为 0000～1001。当去掉高 3 位的值时，低 4 位正好是二进制形式的 0～9。这既满足正常的排序关系，又有利于完成 ASCII 码与二进制码之间的类型转换。

由于计算机存取数据的基本单位是字节，所以一个字符在计算机内实际上是用一个字节来表示，其排列顺序为 $d_7 d_6 d_5 d_4 d_3 d_2 d_1 d_0$，并规定 8 个二进制位的最高位 d_7 为 0。在计算机通信中，最高位 d_7 常用作奇偶校验位。

标准 ASCII 码采用 7 位二进制编码来表示各种常用符号，因而有 $2^7=128$ 个不同的编码，可表示 128 个不同的字符。其中，95 个编码对应着计算机终端上能输入、显示和打印的 95 个字符。这 95 个字符是：26 个英文字母大、小写，0～9 这 10 个数字符，通用的运算符和标点符号。另外的

33 个字符，其编码值为 0～31 和 127，但不对应任何一个可以显示或打印的实际字符，它们被用作控制码，即控制计算机的某些外围设备的工作特性和某些计算机软件的运行情况。

②　英文字母的编码值满足正常的字母排序关系，且大、小写英文字母编码的对应关系相当简便，差别仅表现在 b_5 一位的值为 0 或 1，有利于大、小写英文字母之间的编码变换。

【实例 2-29】英文单词 Computer 的二进制书写形式的 ASCII 编码为：

01000011 01101111 01101101 01110000 01110101 01110100 01100101 01110010

在计算机中占 8 个字节，即一个字符占用一个字节。如果写成十六进制数形式，则为：

43 6F 6D 70 75 74 65 72

2. 汉字的编码表示

ASCII 码只对英文字母、数字和标点符号等作了编码。汉字属于象形文字（实际上是一种特殊的图形符号信息），不仅字的数目很多，而且形状和笔画多少差异也很大，尚不能用少数确定的符号把它们完全表示出来。因此，在计算机中使用汉字，需要对它进行特殊的编码，并且要求这种编码容易与西文字母和其他字符相区别。

汉字的编码主要包括：汉字输入码、汉字信息交换码、汉字内码、汉字字形码、汉字地址码等，尽管名称可能不统一，但它们所表示的含义和具体功能却是明确的。

（1）汉字输入码：又称为外码，它是为了能直接使用西文标准键盘把汉字输入到计算机中而设计的代码。设计输入代码的方案可分为 4 类。

①　汉字数字码。用数字串来代表一个汉字输入，如电报码和区位码。在计算机中最常用的编码方法是区位码，它是将国家标准局公布的 6763 个两级汉字分为 94 个区，每个区 94 位，实际上是把汉字表示成二维数组，每个汉字在数组中的下标就是区位码。区位和码位各用两位十进制数字，因此，输入一个汉字需要键入 4 个数字，即按键 4 次。例如"中"字位于 54 区 48 位，区位码为 5448，在区位码输入方式下键入 5448，便输入了一个"中"字。数字编码输入的优点是无重码，而且与内部编码的转换比较方便，缺点是代码难以记忆。

②　汉字拼音码。是以汉字拼音为基础的输入方法，如全拼码、双拼码、简拼码等。拼音码输入法的优点是不需要记忆，缺点是因为汉字中的同音字太多，输入重码率太高。

③　汉字字形码。是用汉字的形状来进行编码的输入方法，如五笔字型、表形码等。这类编码对使用者来说需要掌握字根表及部首顺序表，输入重码率比拼音编码低。

④　汉字音形码。是以音为主，音形相结合的方式来进行编码的输入，如自然码等。这种编码的重码率比字音编码低。

（2）汉字信息交换码：是用于汉字信息处理系统之间或通信系统之间进行信息交换的汉字代码，简称为交换码。它是为使系统、设备之间信息交换时采用统一的形式而制定的。我国从 20 世纪 70 年代开始，将发展汉字信息处理技术列为国家重点工程，组织我国中文信息专家和学者进行研究，并于 1981 年 5 月正式推出了第一个计算机汉字编码系统，即信息交换用汉字编码字符集（基本集）（GB2312-80 标准，简称 GB2312 标准），并已获得国际标准协会的认可，因而这个编码标准又被简称为"国标码"。国标码的编码规则如下：

①　汉字与符号的分级。国标码规定了进行一般汉字信息处理时所用的 7445 个字符编码，其中 682 个非汉字图形字符（如序号、数字、罗马数字、英文字母、日文假名、俄文字母、汉语注音等）和 6763 个汉字的代码。其中：一级常用字 3755 个，二级（次）常用字 3008 个。一级常用汉字按汉语拼音字母顺序排列，二级常用汉字按偏旁部首排列，部首顺序依笔画多少排序。国标码汉字与符号的存放区域如图 2-14 所示。

汉字和符号（7445个）
- 汉字（6763）
  - 一级汉字 3755 个，按拼音字母排列，放在 16～55 区
  - 二级汉字 3008 个，按偏旁部首排列，放在 56～87 区
- 其他符号（682 个），放在 1～9 区

图 2-14 汉字与符号的存放区域

② 国标码的表示。由于一个字节只能表示 256 种编码，显然一个字节不可能表示汉字的国标码，所以一个国标码必须用两个字节来表示。

③ 国标码的编码范围。为了中英文兼容，国际 GB2312-80 中规定，国标码中的所有汉字和字符的每个字节的编码范围与 ASCII 码表中的 94 个字符编码一致。所以，其编码范围是 2121H～7E7EH。国标码与区位码之间的转换关系可表示为：

国标码=区位码的十六进制区号位号数+2020H

例如，汉字"中"的区位码是 5448，表示成十六进制数为 3630H。因此，汉字"中"的国标码为 3630H+2020H=5650H。同理，汉字"国"的区位码是 2590，表示成十六进制数为 195AH。因此，汉字"国"的国标码为 195AH+2020H=397AH。

（3）汉字机内码：简称内码，是指汉字信息处理系统内部存储、交换、检索等操作统一使用的二进制编码。西文字符的机内码是 7 位的 ASCII 码，编码值为 0～127，当用一个字节存放一个字符时，字节最高一个二进制位的值为 0。可以设想，当这一位的值为 1 时，该字节中的内容被理解为汉字编码，但这时最多也只有 128 个编码。为此，可用两个连续的字节表示一个汉字，最多能表示出 128×128=16384 个汉字。在 GB2312-80 规定的汉字国标码中，将每个汉字的两个字节的最高位都设置为 1，这种方案通常被称为二字节汉字表示，目前被泛使用。汉字的区位码、国标码与机内码之间的转换关系如图 2-15 所示。

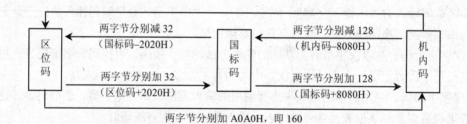

图 2-15 区位码、国标码与机内码之间的转换关系

国标码=区位码+2020H（即把区位码的区号和位号分别加上十进制数 32）

机内码=国标码+8080H（即把国标码的高位字节和低位字节分别加上十进制数 128）

机内码=区位码+A0A0H（即把区位码的区号与位号分别加上十进制数 160）

例如：汉字"中"的国标码为 5650H，那么它的机内码应该是：5650H+8080H=D6D0H

汉字"国"的国标码为 397AH，那么它的机内码应该是：397AH+8080H=B9FAH

汉字"啊"的国标码为 3021H，那么它的机内码应该是：3021H+8080H=B0A1H

（4）汉字字形码：是用点阵表示的汉字字模代码，所以也称为汉字字模。由于该编码是用来显示和打印汉字，因而又称为汉字输出码。英文字符由 8×8=64 个小点（即横向和纵向都用 8 个小点）就可以显示出来。汉字是方块字，字型复杂，所以将方块等分成有 n 行 n 列的格子，简称为点阵。凡笔划所到的格子为黑点，用二进制数"1"表示，否则为白点，用二进制数"0"表示。这样，一个汉字的字形就可以用一串二进制数表示了。例如用 16×16 汉字点阵有 256 个点，需要

256 位二进制位来表示一个汉字的字形码，称为汉字点阵的二进制数字化。若以 16×16 点阵"中"字为例，字形点阵与字形码如图 2-16 所示。

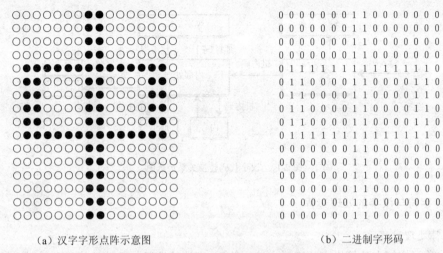

（a）汉字字形点阵示意图　　　　　　　　　　（b）二进制字形码

图 2-16　汉字字形点阵与汉字字形码

根据汉字输出的要求不同，点阵的多少也不同。简易型汉字为 16×16 点阵，普通型汉字为 24×24 点阵，提高型汉字为 32×32 点阵，甚至更高。因此，字模点阵的信息量是很大的，所占存储空间也很大。以 16×16 点阵为例，需要 16×16=256 二进制位。由于 8 位二进制位组成一个字节，所以需要 256/8=32 字节，即每个汉字要占用 32 个字节的存储空间。同理，24×24 点阵的字形码需要 24×24/8=72 字节的存储空间；32×32 点阵的字形码需要 32×32/8=128 字节的存储空间。

显然，点阵越高，字形的质量越好，但存储汉字字形码占用的存储空间也相应越多。用于排版的精密型汉字字形点阵一般在 96×96 点阵以上，由于存储的信息量大，所以通常采用信息压缩技术。字模点阵只用来构成汉字库，而不用于机内存储。字库中存储了每个汉字的点阵代码，并且仅当显示输出或打印输出时才检索字库，输出字模点阵得到字形。为了满足不同的需要，出现了各式各样的字库，例如宋体、仿宋体、楷体、简体和繁体等字库。

【提示】汉字点阵字形的缺点是放大后会出现锯齿现象，中文 Windows 下广泛采用了用数学方法描述的 TrueType 类型的字形码，这种字形码可以实现无级放大而不产生锯齿现象。

（5）汉字地址码：是指汉字库中存储汉字字型信息的逻辑地址码。汉字库中，字型信息是按一定顺序（按标准汉字交换码中的排列顺序）连续存放在存储介质上，所以汉字地址码大多是连续有序的，而且与汉字内码间有着简单的对应关系，以简化汉字内码到汉字地址码的转换。

3. 汉字代码之间的关系

汉字的输入、处理和输出的过程是各种代码之间的转换过程，即汉字代码在系统有关部件之间流动的过程。这些代码在汉字信息处理系统中的位置以及它们之间的关系如图 2-17 所示。

汉字输入码向机内码的转换，是通过使用输入字典（或称索引表，即外码与内码的对照表）实现的。一般的系统具有多种输入方法，每种输入方法都有各自的索引表。在计算机的内部处理过程中，汉字信息的存储和各种必要的加工以及向软盘、硬盘或磁带存储汉字信息都是以汉字机内码形式进行的。而在汉字通信过程中，处理机将汉字内码转换为适合于通信用的交换码以实现通信处理。在汉字的显示和打印输出过程中，处理机根据汉字机内码计算出地址码，按地址码从字库中取出汉字字形码，实现汉字的显示或打印输出。有的汉字打印机，只要送出汉字机内码就可以自行将汉字印出，汉字机内码到字形码的转换由打印机本身完成。

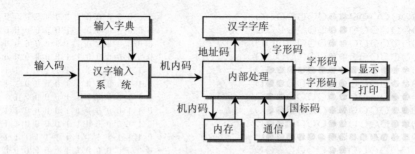

图 2-17　汉字代码转换关系示意图

2.2.5　字符与汉字的处理过程

1. 字符处理过程

上面讨论了字符在计算机中的表示方法，那么，字符的编码与字符的输入和显示有何联系呢？这就是字符在计算机中的处理过程。当在键盘上按下一个键、输入一个字符或汉字的输入码时，计算机是怎样识别输入的字符的呢？比如当按下字母"B"时，在显示器上马上就会出现"B"，但这个"B"并不是从键盘直接送到显示器上的，计算机对"B"的输入、显示过程如图 2-18 所示。

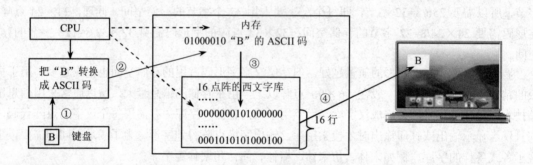

图 2-18　字符"B"的输入和显示过程

从图中可看出，从输入"B"到显示"B"的过程如下（虚线表示在 CPU 控制下进行）：

① 当"B"被按下时，键盘就会把"B"的键盘编码（键盘扫描码）送到一个程序；

② 键盘扫描码转换程序被执行（图 2-16 中的虚线表示 CPU 控制执行），它把"B"的键盘扫描码转换成"B"的 ASCII 码 01000010（即 66）并送到内存（被存放在显示缓冲区）中；

③ CPU 利用"01000010"（"B"的 ASCII 码）在 16×16 点阵的字库中找到"B"的字形码（16 行、16 列的二进制码）首地址；

④ 从首地址开始把连续的 256 位二进制数送到显示器，显示器把"0"表示成黑色，把"1"表示成白色，这样就得到黑底白字的"B"。

2. 汉字的处理过程

汉字的显示过程与此相似，在这个处理过程中会用到汉字的各种编码。假设"人"为 16 点阵的宋体字，"民"是 16 点阵的"隶书"，则"人民"两字的处理过程如图 2-19 所示。

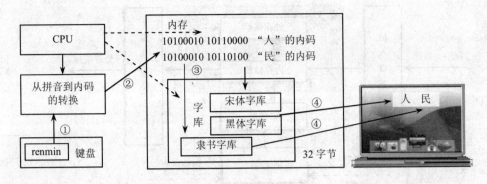

图 2-19　汉字的输入和显示过程

① 键盘把用户输入的拼音"renmin"送到输入法处理程序；

② 汉字输入法程序把"renmin"转换成"人民"的内码，并把这两个编码存储在内存中。

③ 根据汉字的内部码，计算出它的点阵字形码在字库中的地址（即"人"的字形码在字库中的起始位置）。汉字有各种不同的字体，如宋体、楷体、行书、黑体等，每种不同的字体都有相应的字库，它们都是独立的。因为"人"被设置为 16 点阵宋体字，所以计算机就根据"人"的内码在 16 点阵的宋体字库中找到"人"的字形码的第 1 字节；

④ 从"人"的字形码首地址开始，把连续的 256 位（32 字节）的二进制信息送到显示器，显示器把"0"表示为黑色，把"1"显示成白色，这样显示器上就出现了黑底白字的"人"字。"人"显示之后，再显示"民"字，由于"民"被设置为 16 点阵的"隶书"，所以计算机会利用"民"的内部码在 16 点阵的隶书字库中去找"民"的字形码。

除了以上所述的字符编码和汉字编码之外，还有音频编码、图像编码、视频编码等，它们在计算机多媒体技术中有着重要的应用。这些内容将在第 8 章中介绍。

§2.3　计算机组成原理

要实现用计算机进行解题运算和信息处理，不仅要将用户提供的数据信息转换成计算机硬件系统能识别的，由 0 和 1 所组成的二进制代码送到计算机硬件系统中，而且硬件系统本身也必须具有科学、合理的结构，才能高效地进行数值运算和数据处理。

2.3.1　基本结构组成

1. 基本结构

到目前为止，计算机硬件系统的基本结构仍遵循冯·诺依曼结构，但是，经过几十年的发展，在技术实现上有了重大改进，例如采用微处理器，然后又在微处理器中采用流水线技术、并行运算技术、阵列处理机技术、精简指令技术等。在体系结构上由以运算器为中心演变成以存储器为中心的结构形式。图 2-20 为以存储器为中心的计算机结构，代表了当代数字计算机的典型结构。

2. 基本组成

现代计算机硬件系统不仅在冯·诺依曼结构基础上具有重大改进，而且硬件系统的基本组成也有重大改进，包括控制部件、存储系统、输入/输出系统、多总线系统等。现代计算机硬件系统的基本组成如图 2-21 所示。

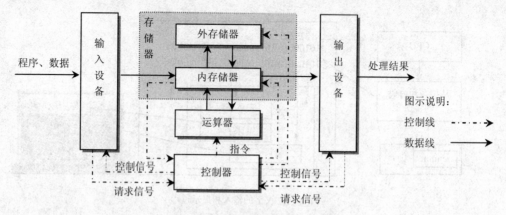

图 2-20　以存储器为中心的逻辑结构框图

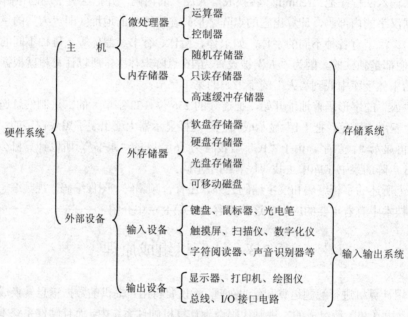

图 2-21　计算机硬件系统的组成

2.3.2　计算机主机

1. 微处理器

由于微电子技术（超大规模集成电路）的高速发展，通常将运算器和控制器做在一块集成芯片内，称为微处理器（Microprocessor），也称中央处理器（Central Processor）或中央处理单元（Central Processing Unit，CPU），它是实现指令系统的核心电路，是计算机的核心部位。

（1）运算器（Arithmetical Unit）：用来完成算术运算和逻辑运算的部件。计算机指令功能的实现，就是通过运算器完成的。运算器的主要功能是能够快速地对数据进行加、减、乘、除（包括变更数据的符号）等基本算术运算；"与"、"或"、"非"等逻辑运算；逻辑左移、逻辑右移、算术左移、算术右移等移位操作；及时存放参与运算的数据（由存储器所提供）以及数术与逻辑运算过程中的中间结果（通常由通用寄存器组实现）；实现挑选参与运算的数据、选中执行的运算功能，并且把运算结果送到指定的部件（通常送回到存储器存放）。

　　运算器由多功能算术逻辑运算部件（Arithmetic Logical Unit，ALU）、累加寄存器（Accumulator，AC）、地址寄存器（Address Register，AR）、数据缓冲寄存器（Data Register，DR）、标志寄存器（Flag Register，FR）及其控制线路组成。整个运算过程是在控制器的统一指挥下，对取自内存储器的数据按照程序的编排进行算术或逻辑运算，然后将运算结果送到内存储器。

　　（2）控制器（Control Unit）：是计算机系统发布操作命令的部件，它如人脑的神经中枢一样，是计算机的指挥中心。它根据指令提供的信息，实现对系统各部件（包括 CPU 内和 CPU 以外）的操作和控制。例如计算机程序和原始数据的输入、CPU 内部的信息处理、处理结果的输出、外部设备与主机之间的信息交换等，都是在控制器的控制下实现的。

2．内存储器

　　存储器（Memory）是计算机中保存信息的场所，即用来存放程序、数据和指令等信息的功能部件。计算机进行数值运算或信息处理之前，均需把参加运算的数据及解题步骤或进行处理的信息送到存储器中保存起来。因此，它是计算机的重要组成部分。根据存储器的作用和性质的不同，通常分为内存储器和外存储器。内存储器主要用来存放当前参加运行的程序和数据；外存储器用来存放当前不参加运行的程序和数据。它们之间相互协调和控制，并且已构成一个完整的存储系统。内存储器包括只读存储器、随机存储器和高速缓冲存储器。

　　（1）只读存储器（Read Only Memory，ROM）：是一种只能读出存储器内的信息，而不能把信息写入的存储器，故称为只读存储器。ROM 中的内容是在系统中预先设定好的，机器启动时自动读取 ROM 中的内容。ROM 内的信息是一次性固化得到，而且永远不会丢失。ROM 主要用来存放系统的引导、检测、诊断、设置等程序。

　　（2）随机存储器（Random Access Memory，RAM）：是一种可以随时地写入（改变 RAM 中的内容）和读出其内容的存储器，故称为随机存储器。RAM 主要用来存放当前要使用的操作系统、应用软件、计算程序、输入输出数据、中间结果以及与外存交换的信息等。与 ROM 相比，RAM 的读写有三个特点：一是可以随机读/写，且读/写操作所需时间相同；二是读出时原存内容不会被破坏，在写入时被写单元原存内容被所写内容替代；三是只能临时存储信息，一旦断电，RAM 中所存信息便立即丢失。这些，也是 RAM 与 ROM 的重要区别。

　　通常，人们把 RAM 和 ROM 合为主存储器。对于用户而言，只有 RAM 才是可用的存储空间，因而通常所说的主存容量，实际上就是指 RAM 的容量。

　　（3）高速缓冲存储器（Cache）：是一种在 RAM 与 CPU 间起缓冲作用的存储器，所以称为高速缓冲存储器。从理论上讲，RAM 的读、写速度与 CPU 的工作速度不仅越快越好，而且两者的速度应该一致。然而，随着 CPU 性能不断地提高，其时钟频率早已超过了 RAM 的响应速度，所以在 CPU 的运行速度与 RAM 的存取速度之间存在着较大的时间差异。为了协调其速度差，目前解决这个问题的最有效办法是采用 Cache 技术，即在 CPU 与 RAM 两者之间增加一级在速度上与 CPU 相等，在功能上与 RAM 相同的高速缓冲存储器。所以，高速缓冲存储器的作用是在两个不同工作速度的部件之间，在交换信息的过程中起缓冲作用。现在一般微型机中都含有内部 Cache。否则，其速度难以真正实现。

　　在计算机中使用的存储单位有：位、字节和字。

　　① 位（bit）。是计算机中存储数据的最小单位，用来存放一位二进制数（0 或 1）。一个二进制位只能表示 $2^1=2$ 种状态，要想表示更多的信息，就得组合多个二进制位。

　　② 字节（Byte）。ASCII 码中的英文字母、阿拉伯数字、特殊符号和专用符号大约有 128～256 个，需要用 8 位二进制数，所以人们选用 8 个二进制位作为一个字节（Byte），简记为 B。

在表示计算机的存储容量时，通常用 KB、MB、GB、TB、PB、EB 等计量单位，其换算关系如下：

$$1KB=1024B=2^{10}B \qquad 1MB=1024KB=2^{20}B \qquad 1GB=1024MB=2^{30}B$$

$$1TB=1024GB=2^{40}B \qquad 1PB=1024TB=2^{50}B \qquad 1EB=1024PB=2^{60}B$$

③ 字（Word）。计算机在存储、传送或操作时，作为一个数据单位的一组二进制位称为一个计算机字（简称为"字"），每个字所包含的位数称为字长。在存储器中是以字节为单位存储信息的，一个字由若干个字节组成，所以"字长"通常是"字节"的整数倍。

2.3.3 基本工作原理

现代计算机的基本工作原理仍然是遵循冯·诺依曼的"存储程序控制"理论，根据存放在存储器中的程序，由控制器发出控制命令，指挥各有关部件有条不紊地执行各项操作。

1. 计算机指令系统

计算机之所以能自动地工作，实际上是因为能顺序地执行存放在存储器中的一系列命令。我们把指示计算机执行各种基本操作的命令称为指令（Instruction），把计算机中所有指令的集合称为该机的指令系统（Instruction Set）。指令系统涉及以下基本概念。

（1）指令格式：指令由一串二进制代码表示的操作码和地址码所组成，如图 2-22 所示。

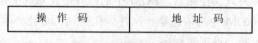

操 作 码	地 址 码

图 2-22 指令的基本格式

其中：操作码（Operating code）用来表示进行何种操作，如加、减、乘、除等；地址码（Address code）用来指明从哪个地址中取出操作数据以及操作的结果存放到哪个地址中去。

由于指令系统是与 CPU（由运算器和控制器组成的中央处理器）同时研制开发的，所以指令系统与计算机硬件结构有着一一的对应关系。不同的硬件结构，其指令系统也不相同，即指令的格式、字长和寻址方式等均有所不同。就指令格式而言，有单地址指令、二地址指令和三地址指令，如图 2-23 所示。

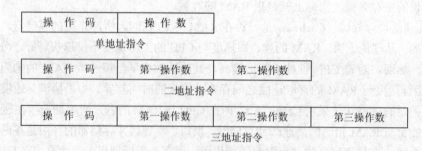

图 2-23 微机指令格式

在设计指令系统时，每一条指令都是用二进制数来表示的。例如有如下一条单地址指令：

00	11	11	10	00	00	01	11

其中：操作码是 00111110，表示向累加器 A 送数操作，操作数是 00000111（十进制数 7），这条指令的含义就是"把 7 送到累加器 A 中"。计算机中的指令都是用二进制数来表示的。

在计算机中，机器语言是计算机唯一能识别的语言。但机器语言不便记忆，而且容易出错，给编程带来很大困难。为此，常采用类似于英文单词的符号来表示指令操作码，其目的是为了便于记忆，所以称为助记符。用助记符来表示操作码的例子如表 2-7 所示。

表 2-7 8 种指令操作的一种简单操作编码

操作码	000	001	010	011	100	101	110	111
助记符	ADD（加法）	SUB（减法）	MUL（乘法）	DIV（除法）	AND（逻辑与）	LD（取数）	MOV（存数）	STOP（停机）

表 2-7 中的操作码为 3 位，可执行 8 种操作。由此可见，操作码的位数越长，其操作功能越强。一般地说，一个包括 n 位的操作码，最多能够表示 2^n 条指令。

（2）指令字长：机器字长是指计算机能直接处理的二进制数据的位数，它通常与主存单元的位数一致，因而它决定了计算机的运算精度。机器指令对应二进制代码，指令字长是一条指令所占二进制代码的位数。一条指令字长如果与机器字长相等，则称为单字长指令；如果是机器字长的两倍，则称为双字长指令。通常，指令字越长，访问存储器的空间越大，但访问时间越长。

（3）指令类型：不同的指令系统，指令的数目和种类有所不同。按照指令的功能划分，可分为如下 4 类：

① 数据处理指令。用于对数据进行算术运算、逻辑运算、移位和比较。包括：算术运算指令、逻辑运算指令、移位指令、比较指令、其他专用指令等。

② 数据传送指令。用于把数据从计算机的某一部件传送到另一部件，但数据内容不变。这类指令包括存储器传送指令、内部传送指令、输入输出传送指令、堆栈指令等。

③ 程序控制指令。用于控制程序执行的次序，改变指令计数器的内容，改变指令执行的正常顺序。包括无条件转移指令、条件转移指令、转子程序指令、暂停指令、空操作指令等。

④ 状态管理指令。用于改变计算机中表示其工作状态的状态字或标志，但不改变程序执行的次序。它不执行数据处理，而只进行状态管理，例如允许中断指令、屏蔽中断指令等。

2. 指令的控制执行

指令的控制执行是由控制器来实现的。控制器的主要功能和任务是取指令、分析指令、执行指令、控制程序和数据的输入与结果输出、对异常情况和某些请求的处理。指令的执行流程如图 2-24 所示。

① PC 计数器。为了使计算机能自动地工作，在控制器中设置了一个程序指令计数器 PC，用来存放程序地址，并且自动递增，使得自动取出和自动执行地址指令。这样，不仅可连续顺序执行，而且可根据需要实现转移。

② 取指令。以 PC 计数器中的内容作为指令地址。并且每取出一条指令后，PC 计数器中的内容自动加 1，作为下一条指令的地址。

③ 分析指令。对取出的指令进行译码，分析功能。

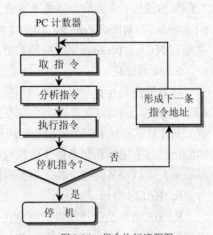

图 2-24 指令执行流程图

④ 执行指令。以指令的地址码部分作为内存地址（指向数据区），取出操作数进行运算操作；如果是转移指令，将用指令的地址码部分去取代 PC 寄存器的内容，从而实现按地址转移。

步骤②～④周而复始直至停机，这就实现了自动、连续、灵活地执行程序。以"存储程序控制"为核心，以"PC 程序计数器"为关键部件而自动连续执行的存储程序原理，决定了 CPU 的体系结构，这就是纵贯四代计算机而一直沿用至今的著名的冯·诺依曼体系结构。

2.3.4　计算机的性能指标

计算机系统的主要性能指标一般以字长、内存容量、存取周期、主频、运算速度、外围设备的配置、系统软件和应用软件的配置等几个方面来衡量。

1. 字长

字长是指参与运算的数的基本位数，是每个存储单元所包含的二进制位数，也是计算机一次所能处理的实际位数的多少，它决定了计算机数据处理的速率，是衡量计算机性能的一个重要标志。字长越长，在同样时间内传送的信息越多，从而使计算速度更快；字长越长，计算机有更大的寻址空间，从而使计算机内存容量更大；字长越长，计算机支持的指令数量越多，功能越强。概括地说，计算机的字长越长，档次越高，性能越好。字长不仅决定着寄存器、加法器、数据总线等部件的位数，而且直接影响着硬件代价，标志着计算精度。

2. 内存容量

内存容量通常是指随机存储器（RAM）中能存储的信息总字节数，反映计算机记忆信息的能力。内存容量的确定，取决于 CPU 处理数据的能力和寻址能力，并常用字数乘以字长来表示内存容量的大小。

3. 存取周期

存取周期是指存储器进行一次完整的读写操作所需要的全部时间，即从存储器中连续存（写）、取（读）两个字所用的最小时间间隔称为存取周期。存取周期越短，则存取速度越快，所以存取周期是计算机中的一项重要性能指标。

4. 主频

主频是指 CPU 在单位时间内发出的脉冲数。计算机中采用主时钟产生固有频率的脉冲信号来控制 CPU 工作的节拍，因此主时钟频率就是 CPU 的主频率，简称为主频。主频率越高，CPU 的工作节拍越快。主频的单位是兆赫兹（MHz），例如 Pentium/100 的主频为 100MHz，Pentium II /233 的主频为 233MHz，Pentium III 的主频有 450MHz、500MHz、733MHz、800MHz、而 Pentium IV 的主频有 2GHz，Pentium V 的主频则更高。

5. 运算速度

运算速度是指计算机每秒钟所能执行的指令条数，单位是次/秒。由于不同类型的指令所需时间长短不同，因而对运算速度存在不同的计算方法。通常采用：以最短指令执行的时间（如加法指令）来计算；根据不同类型指令出现的频度乘上不同的系数，求得平均值，得到平均运算速度；具体给出机器的主频和每条指令的执行所需的机器周期或执行时间，如定点加、减、乘、除，浮点加、减、乘、除以及其他指令各需多少时间。

6. RASIS 特性

RASIS 特性是指计算机的可靠性（Reliability）、可用性（Availability）、可维护性（Serviceability）、完整性（Integrality）和安全性（Security）的统称，是衡量现代计算机系统性能的五大功能特性。如果只强调前三项，则称为 RAS 特性。

7. 兼容性（Compatibility）

兼容性是指系统软件（或硬件）之间所具有的并存性，它意味着两个系统间存在着一定程度的通用性。因此，兼容性的好坏标志着计算机系统承前启后，便于推广的程度。

8. 数据输入、输出最大速率

主机与外部设备之间交换数据的速率也是影响计算机系统工作速度的重要因素。由于各种外部设备本身工作的速度不同，常用主机所能支持的数据用输入、输出最大速率来表示。

§2.4 计算机外部设备

在计算机硬件系统中，除计算机主机以外的设备统称为外部设备，通常包括外存储器、输入设备、输出设备。外部设备通过接口电路与系统总线相连，构成一个完整的硬件系统。

2.4.1 外存储器

外存储器（External Storage）又称为辅助存储器。相对内存而言，它的速度较慢，容量较大，价格较低。目前常用的外存储器主要有硬盘存储器、光盘存储器、闪烁存储器、可移动磁盘存储器等。软盘存储器和磁带存储器现已基本退出"历史舞台"。

1. 软盘存储器（Soft Disk Storage）

软盘存储器简称软盘，其盘片是用类似于薄膜唱片的柔性材料制成的，如图 2-25 所示。

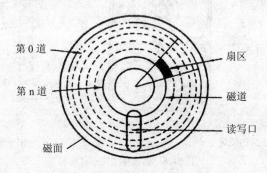

图 2-25　磁盘片结构示意图

在 U 盘和可移动硬盘出现之前，软盘曾经是最广泛应用的外存设备，现在已基本淘汰，但盘片概念是硬盘存储器的基础，这里介绍在硬磁盘存储器中有参考价值的相关内容。

（1）磁道（Track）：是以盘片中心为圆心的一组同心圆，每一圆周为一个磁道，各磁道距中心的距离不等，数据存储在软盘盘片的磁道内。通常软盘的磁道数为 40 或 80，磁道的编号从 0 开始，即 0～39 或 0～79。

（2）扇区（Sector）：将每个磁道分成若干个区域，每一个区域称为一个扇区。扇区是软盘的基本存储单位，计算机进行数据读、写时，无论数据多少总是读、写一个完整的扇区或几个扇区。因此，一个扇区又称一个记录。每个磁道上的扇区数可为 8、9、15 或 18，扇区的编号从 1 开始，每个扇区为 512 字节。信息写在软盘上各磁道的扇区内，存放在软盘上的信息可通过它所在软盘的面号、磁道号和扇区号唯一地确定其位置。对软盘进行格式化时就会划分扇区和刻写各扇区的头标。

（3）存储密度：存储密度有道密度和位密度两种，道密度是指沿磁盘半径方向单位长度的磁道数，单位为磁道数/英寸（Track Per Inch，TPI）或磁道数/毫米（Track Per Mm，TPM）；位密度是每一磁道内，单位长度所能记录二进制数的位数，单位为 BPI（Bit Per Inch）或 BPM（Bit Per Mm）。软盘通常都注有密度，如双面双密度（DS，DD）和双面高密度（DD，HD）。

（4）容量（Capacity）：存储容量指软盘所能存储的数据字节总数，它分为非格式化容量和格式化容量两种，格式化容量是指软盘经格式化后的容量。所谓格式化，就是对软盘按一定的磁道数和扇区数进行划分，并写入地址码、识别码等。因此，格式化容量低于非格式化容量。格式化容量可用下式计算：

格式化容量=字节数/扇区×扇区数/磁道×磁道数/磁面×盘面数

【实例 2-30】若一片 80 个磁道，18 扇区/道的双面软盘，求其格式化容量。

解：512×18×80×2=1474560B=1.44MB

2. 硬盘存储器（Hard disk storage）

硬盘存储器通常简称为硬盘，它在微机外部设备中占有相当重要的地位。硬盘存储系统由硬盘机、硬盘控制器两部分组成。由于硬盘存储器通常采用温彻斯特技术（Winchester Technology），故称之为温氏硬盘。它是以一个或多个不可更换的硬盘片作为存储介质，所以有时也称之为固定盘（Fixed Disk），也有可更换盘片的硬盘。硬盘机又称作硬盘驱动器（Hard Disk Drive，HDD）。为了完成读/写功能，硬盘存储器由主轴系统、磁头驱动定位系统、数据转换系统、空气净化系统、接口和控制系统组成。硬盘结构如图 2-26 所示。

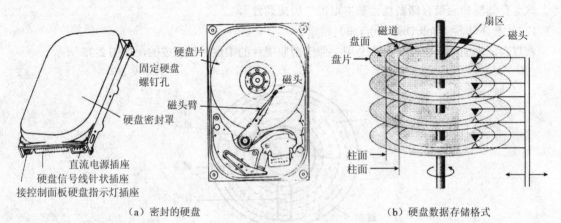

（a）密封的硬盘　　　　　　　　　　　（b）硬盘数据存储格式

图 2-26　硬磁盘结构示意图

随着磁盘记录技术的迅速发展，硬盘的存储容量、位密度、道密度、面密度、平均寻道时间和数据传输率等主要技术指标均得到了大幅度提高。硬盘机的性能指标有盘径（有 5.25 英寸、3.5 英寸、2.5 英寸及 1.8 英寸等数种）、接口类型、磁头数、柱面数、每磁道扇区数、数据传输率、磁盘转速、电源和重量等。硬盘容量的计算公式如下：

硬盘容量=512 字节/扇区×扇区数/磁道×磁道数/磁面×盘面数

【实例 2-31】某硬盘 26481 个柱面，16 个磁头，63 个扇区/磁道，512 字节/扇区，求其容量。

解：硬盘容量=512×63×26481×16≈13GB

硬盘存储器的存储特性与软盘存储器的存储特性相似，同属于磁表面存储器，只是容量不同而已。与软磁盘相比，硬磁盘具有存储容量大、存储速度快等优点。

3. 光盘存储器（Compact Disk Storage）

光盘存储器是一种新型存储设备，由于它是利用激光在磁性介质上存储信息，所以又称为光存储器。它是一种记录密度高、存储容量大的新型外存储设备，广泛用于大量文字、图形图像以及语音组合的多元信息的存储。根据性能和用途的不同，光盘存储器可分为：

（1）只读型光盘（Compact Disk ROM，CD-ROM）：CD 是指高密度，这是一种由生产厂家预先写入数据或程序，用户只能读取，而不能写入和修改的光盘。

（2）数字多用途光盘（Digital Versatile Disk，DVD）：是一种比 CD 容量更大的光存储器。

（3）追记型光盘（Direct Read After Write，DRAW）：由用户写入信息，可多次读出。由于只能一次型写入而不能重写，故称为只写一次型光盘（Write Once Read Many Times，WORM）。

（4）可改写型光盘（CD-RW）：这种光盘类似于磁盘，即可以重复读、写，故又称可擦除型或可重写型光盘，所以这是一种很有发展前途的辅助存储器，但目前使用较多的是前两种。

光盘存储器的最大优点是记录密度高，存储容量大，信息保存时间长，环境要求低，工作稳定性和可靠性好，是一种很有前途的新型外存储器。由于光盘的存储容量远远高于软盘或硬盘的存储容量，所以在需要特大容量的多媒体新技术中备受青睐。

4. 可移动存储器

可移动存储器是近年来发展起来的便携式存储器，由于它可以随身携带，并且容量大，因而已广泛应用。目前，常用的可移动存储器有 U 盘存储器、可移动硬盘存储器等。

（1）U 盘存储器：U 盘是通用串行总线（Universal Serial Bus，USB）的简称，是一个外部总线标准，用于规范个人计算机与外部设备的连接和通信，通过 USB 接口与计算机相连。

U 盘是一种基于闪烁存储器（Flash Memory）技术的移动存储设备，它不需要特殊设备和特殊操作方式即可实现实时读写，像软盘一样使用。U 盘的特点是体积小、重量轻、容量大、抗震性能好、携带方便，部分 U 盘产品支持启动和加密功能。正是这些优特点，现在已替代软磁盘，成为使用广泛的移动存储设备。近年来，各种式样的 U 盘如雨后春笋般地出现，外形结构多样，尺寸越来越小，容量越来越大。现在的微机都配置有 U 盘插口，即插即用。

（2）可移动硬盘存储器：也称 USB 硬盘，是近几年才开始使用的新型存储器，与 U 盘相比，其特点是容量更大，使用方便。使用时只要使用一根 USB 接口线便可连接在 USB 接口上，并且即插即用。现在，市面上的 USB 硬盘容量通常在 10GB 以上。

5. 存储系统

在计算机中，不同的存储器具有不同的职能。Cache 主要强调存取速度，以便与 CPU 中的寄存器速度相匹配；RAM 要求具有适当的存储容量和存储速度，以便容纳系统核心软件和用户程序；硬磁盘主要强调存储容量，以满足计算机大容量存储的需要。其中，Cache 的速度最快，价格最贵；RAM 的速度稍慢，价格稍低；硬磁盘存储器容量最大，价格最便宜，但速度最慢。为了既能满足速度、容量要求，又具有良好的性能/价格比，采用了"Cache-RAM-硬磁盘"三级存储结构，通常将三级存储结构称为存储系统，其层次结构如图 2-27 所示。

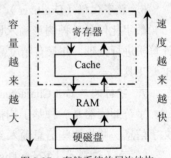

图 2-27　存储系统的层次结构

计算机存储器的设计有 3 个关键指标：容量、速度和单位存储容量的价格。

2.4.2　输入设备

输入设备（Input Device）是用来向计算机输入各种信息的设备，通常输入的信息有数字数据、字符数据、图形或图像等。目前常用的输入设备有键盘、鼠标器、光电笔、扫描仪、数字化仪、字符阅读器、扫描仪及智能输入设备等，它们的作用是将数据、程序和某些信息直接转换成计算机所能接收的电信号，然后输入给计算机。

1. 键盘（Keyboard）

键盘是人与计算机沟通的桥梁，也是操作使用计算机的第一步。用按键输入数据，是靠键盘开关米实现的，即通过两个端点间的通断把机械信号转变为电信号。键盘上的字符由键盘按键的位置来确定。所有的命令、程序和数据都要通过键盘编码器把字符变为二进制代码，再由键盘输入接口电路送入计算机中。

2. 鼠标器（Mouse）

通常简称为鼠标，因其"长相"像一只长尾巴的老鼠而得名。它是一种新型输入设备，也称为指点设备（Pointing device）。利用它，可以快速地移动和控制光标，并且在应用软件的支持下，通过鼠标器上的按钮可以完成某些特定的功能（菜单选择和绘图）。

鼠标器可分为光学的和机械的两大类。光学鼠标具有一系列优点，这主要是因为光学鼠标没有活动部件，所以可靠性和精度都比较高。机械鼠标价格便宜，但准确性较差。

3. 光电笔（Photoelectric Pen）

光电笔是利用光信号来完成信息输入的标准输入设备。光电笔能实现选择显示屏幕上的清单，在屏幕上作图、改图，将图形放大、移位及旋转等多种功能，它既能指定显示屏上图形的位置，又能往计算机里输入新的数据。

4. 触摸屏（Touch Screen）

触摸屏是在光笔功能和原理的基础上发明的一种屏幕触摸技术，是使用更方便、功能更完善的输入技术。它利用红外线等对屏幕进行监测，而操作员可以直接用手指来完成光笔的功能。该技术在多媒体技术和手机中被广泛使用，在画面和菜单选择中让人感到人—机界面更亲切、更直接。

5. 扫描仪（Scanner）

扫描仪是一种图像输入设备，由于它可以迅速地将图像（黑白或彩色）输入到计算机，因而成为图文通信、图像处理、模式识别、出版系统等方面的重要输入设备。扫描仪可分为黑白和彩色两大类。同种颜色的不同深度称为色彩的灰度，如红色分为深红、洋红、桃红、粉红、淡红。扫描仪有不同的灰度级别，允许最高灰度为 256 级。

6. 数字化仪（Digitizer）

数字化仪是一种图形输入设备，由于它可以把图形转换成相应的计算机可识别的数字信号送入计算机进行处理，并具有精度高、使用方便、工作幅面大等优点，因此成为各种计算机辅助设计的重要工具之一。

7. 字符阅读器（Character Read）

字符阅读器是一种基于扫描原理的字符识别设备。它利用光学扫描的方法识别出普通纸页上的文字信息，并将这些信息输入到计算机中，所以常称为光学字符阅读器。

8. 声音识别器（Voice Discriminate）

声音识别器是一种很有发展前途的输入设备，利用人的自然语音实现人—机对话是新一代计算机的重要标志之一。声音识别器可以把人的声音转变为计算机能够接受的信息，并将这些信息送到计算机中。语音输入的构成原理如图 2-28 所示。

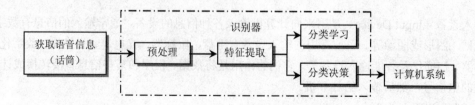

图 2-28　语音输入设备系统构成示意图

　　计算机处理的结果可以通过声音合成器变成声音，以实现真正的"人机对话"。通常把声音识别器和声音合成器合在一起，称为声音输入/输出设备。

　　9. 数码相机（Digital Camera，DC）

　　数码相机是近几年才流行的一种新式视频输入专用设备。它不同胶卷记录图像，而是把图像信息转化为数字信息保存在存储器中。因此，图像的取得不是冲洗照片，而只需把存储在数码照相机中的信号输入计算机，经过计算机处理后，就能通过打印机打印出来。

2.4.3　输出设备

　　输出设备（Output Device）是用来输出计算机的运行结果的设备。通常输出的信息有数字、文字、表格、图形、图像、语音等。目前，最常使用的输出设备有显示器、打印机、绘图仪等。

　　1. 显示器（Displayer）

　　显示器是微机的标准输出设备，其作用是将电信号转换为可以直接观察到的字符、图形或图像等视觉信号。它与键盘一起成为人－机对话的主要工具，所以也可看作输入监视设备。显示器由监视器（Monitor）和显示控制适配器（Adapter）两部分组成，如图 2-29 所示。

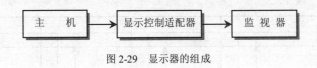

图 2-29　显示器的组成

　　2. 打印机（Printer）

　　打印机是计算机的重要输出设备。打印机的种类很多，目前最常使用的是点阵打印机、喷墨打印机和激光打印机。随着电子器件的快速发展，电子器件产品大幅度降价，因而使得激光打印机得到广泛使用，现在无论是单位办公还是家庭使用的微机，大都配置了激光打印机。

　　3. 绘图仪（Plotter）

　　绘图仪是一种输出图形硬复制的输出设备。它是为克服打印机不能打印出复杂、精确的图形而设计的一种标准输出设备。自 20 世纪 50 年代末发明至今，经过不断地改进，现在的绘图仪已具有智能化功能，即本身带有微处理器，在绘图软件的支持下可以绘出各种复杂、精确的图形，已经成为各种计算机辅助设计（CAD）必不可少的设备。

2.4.4　系统总线与接口电路

　　一台完整的计算机硬件系统，是由主机、外部设备和相应的插件组成的。计算机中的所有不同部件是通过总线、I/O 接口电路以及主机板进行连接的，构成一个完整的硬件系统。

　　1. 系统总线（System Bus）

　　在计算机硬件系统中，各部件是通过一组导线按照某种连接方式组织起来的，我们把这组导线称为系统总线，简称为总线（Bus）。它是计算机各部件之间进行信息传送的公共通道，也是整个计算机系统的"中枢神经"，所有的地址、数据、控制信号都是经由这组总线传输的。

　　采用总线传输方式，可以大大减少信息传送线的数量，增强系统的灵活性。

　　（1）总线结构：利用总线来实现计算机内部各部件以及内部与外部各部件之间信息传送的结构称为总线结构。根据总线传输的信号类型，可以把总线分为三大类：数据总线、地址总线和控制总线。

　　① 数据总线（Data Bus，DB）。是 CPU 与存储器或 I/O 接口传送地址信息的双向通路，用于

在 CPU 与内存或输入、输出设备之间传送数据，数据总线的宽度对 CPU 的速度有着极其重要的，甚至是决定性的作用。总线的宽度用二进制位来衡量，例如 16 位微机，是指它的数据总线的宽度为 16 个二进制位。总线宽度决定了计算机可以同时处理的二进制位数。这一"宽度"也就是计算机中的"字长"，16 位计算机的字长为 16，64 位计算机的字长为 64。

② 地址总线（Address Bus，AB）。是 CPU 向存储器或 I/O 接口传送地址信息的单向通路，用来传送存储单元或输入、输出接口的地址信息。

③ 控制总线（Control Bus，CB）。是 CPU 向存储器或 I/O 传送命令或 CPU 接收信息的通路，用来传送控制器的各种控制信号。控制信号可分为两类：一类是由 CPU 向内存或外设发送的控制信号；另一类是由外设或有关接口电路向 CPU 送回的信号，包括内存的应答信号。

AB、DB、CB 在物理上是做在一起的，工作时它们则各司其职。总线可以双向传送数据或信号，可以在多个部件之间选择出唯一的源地址或目的地址。

（2）总线组织方式：总线的组织方式很多，按照总线的组织结构不同，可分为单总线结构、双总线结构和三总线结构。微型计算机通常采用单总线结构和双总线结构。

① 单总线结构。是指计算机中的所有部件、设备都连接到这组导线上，如图 2-30 所示。

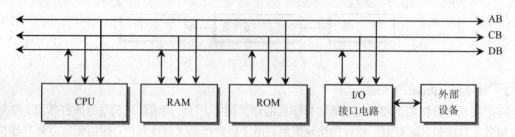

图 2-30　单总线结构计算机系统

由图可知，单总线结构中的所有部件都、设备都连接到这组导线上。单总线结构的特点是结构简单，成本低，易于实现与控制，设备扩展方便灵活，工作可靠；缺点是由于在同一时刻只能传送一个信息，则多个部件之间传输信息必须等待，因而降低了系统工作效率。

② 双总线结构。是指在系统中设置两条总线：一条为内部总线，用于连接 CPU、主存、通道三大部分；另一条是 I/O 总线，用于连接通道与各外部设备的接口，如图 2-31 所示。

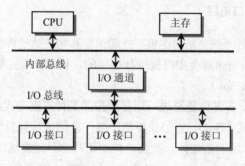

图 2-31　双总线结构

显然，双总线结构有利于多个部件之间信息的传输，有利于 I/O 系统与主机系统并行工作，因而使速度得到提高，适用于中、大型计算机系统。

（3）数据传输类型：总线是用来传送信息的，如果按照二进制数码的传送方式不同，可分为串行总线和并行总线。串行总线是指二进制的各位在一条线上是按位传送的，例如 CRT、远程网络传输等采用串行传输方式；并行总线是指一次能传送多个二进制的位，通常分为 8 位总线、16 位总线、32 位总线和 64 位总线等。现在高档微机系统各部件间多采用 64 位的并行总线。

2. 接口电路（Input/Output Interface）

在一个计算机系统中，往往要连接多种类型的外部设备（键盘、鼠标、扫描仪、显示器、打印机、绘图仪、软盘驱动器、光盘驱动器、Modem 和音响等）。然而，在主机与各外部设备之间不仅各自的特性可能不同，而且与主机信息交换方式也可能不同。这主要是因为主机是由集成电路芯片连接而成的，而外部设备通常是由机、电结合的装置，它们之间存在着一定程度的差异（不匹配），这些差异主要体现在以下方面：

（1）速度不匹配：I/O 设备的工作速度比主机慢得多，各种 I/O 设备之间的速度差异也很大，有每秒钟能输几兆位的硬盘驱动器，也有每秒钟只能输几百个字符的打印机。

（2）时序不匹配：因为 I/O 设备与主机的工作速度不同，所以一般 I/O 设备都有自己的时序控制电路（时钟），以自己规定的速率传输数据，它无法与 CPU 的时序取得同步。

（3）信息格式不匹配：不同的 I/O 设备，信息的储存和处理格式不同，既有并行和串行之分，也有二进制位、ASCII 码、BCD 码之分等等。

（4）信息类型不匹配：不同的 I/O 设备，其信号类型有可能不同（可能是数字电压，也可能是连续电流或其他电模拟信号），而且信号量的幅值也可能不同。

由于外部设备的数据形式、数据的传送方式以及传递速率等的差异很大，所以外部设备与主机之间不能直接进行信息交换，在它们之间必须有一个信息交换界面（Interface），这个界面就是输入/输出（Input/Output Interface，I/O）接口电路，主机与外部设备必须通过 I/O 接口电路进行"协调"，方能实现主机与外部设备之间的连接。

本章小结

（1）数制的转换与编码表示，都是因为计算机硬件只能识别和处理由 0 和 1 组成的二进制代码而必须进行的准备工作。当然，这些工作都是在计算机设计过程中完成的。

（2）除了本章所讨论的字符编码和汉字编码之外，还有音频编码、图像编码、视频编码等，它们在计算机多媒体技术中有着重要的应用，因此将这些编码放在第 5 章中介绍。

（3）现代通常使用的计算机都是基于冯·诺依曼结构计算机。随着计算机科学技术的飞速发展和实际复杂问题对计算机性能要求的不断提高，人们在不断改进冯·诺依曼结构的同时，也一直在研究、探索超越冯·诺依曼结构（非冯·诺依曼结构）计算机和非电子器件的计算机。

习题二

一、选择题

1. 在计算机中，度量存储容量的基本单位是（　　）。

   A. 字长　　　　　　B. 字节　　　　　　C. 字　　　　　　D. 二进制位

2. 下列数中最大的是（　　）。

   A. $(54.2)_8$　　　　B. $(11000000)_2$　　C. $(B.C)_{16}$　　　D. $(191)_{10}$

3．下列存储器中存取速度最快的是（　　）。

    A．硬盘　　　　　　　　B．U 盘　　　　　　　C．Cache　　　　　　D．内存

4．ASCII 是（　　）位码。

    A．8　　　　　　　　　B．16　　　　　　　　C．7　　　　　　　　D．32

5．设 x=10111001，则 $\bar{x}$ 的值为（　　）。

    A．01000110　　　　　B．01010110　　　　　C．10111000　　　　　D．11000110

6．以下（　　）是易失存储器。

    A．ROM　　　　　　　B．RAM　　　　　　　C．PROM　　　　　　D．EPROM

7．当谈及计算机的内存时，通常指的是（　　）。

    A．ROM　　　　　　　B．RAM　　　　　　　C．虚拟存储器　　　　D．Cache

8．ALU 完成算术操作和（　　）。

    A．存储数据　　　　　B．奇偶校验　　　　　C．逻辑操作　　　　　D．二进制计算

9．计算机的主机通常是指（　　）。

    A．CPU 与 RAM　　　　B．中央处理器　　　　C．CPU 和存储设备　　D．机箱的设备

10．计算机性能主要取决于（　　）。

    A．字长、运算速度和内存容量　　　　　　B．磁盘容量、显示器分辨率和打印机质量

    C．计算机语言、操作系统和外部设备　　　D．计算机价格、操作系统和磁盘类型

二、判断题

1．数据计算机中的原码、反码和补码主要用来解决正负数的表示这一问题。　　　（　　）

2．数据和指令在计算机内部都是以十进制形式表示的。　　　　　　　　　　　（　　）

3．一个汉字在计算机内部占两个字节。　　　　　　　　　　　　　　　　　　（　　）

4．内存是主机的一部分，可与 CPU 直接交换信息。　　　　　　　　　　　　（　　）

5．运算器只能运算，不能存储结果信息。　　　　　　　　　　　　　　　　　（　　）

6．主频越高，机器的运行速度越慢。　　　　　　　　　　　　　　　　　　　（　　）

7．控制器的主要功能是自动产生控制命令。　　　　　　　　　　　　　　　　（　　）

8．断电后无论 RAM 还是 ROM 中的信息都不会丢失。　　　　　　　　　　　（　　）

9．微型计算机的主要特点是体积小、价格低。　　　　　　　　　　　　　　　（　　）

10．内存较外存而言存取速度快，但容量一般比外存小，价格相对较贵。　　　（　　）

三、问答题

1．计算机中为什么要采用二进制？

2．数值型数据的符号在计算机中如何表示？

3．小数点在计算机中如何表示？

4．冯·诺依曼计算机的结构特点是什么？由哪些部分组成？

5．I/O 接口电路的功能作用是什么？与哪些设备相连？

6．目前，微机中常用的总线标准有哪几种，各有何特点？

7．计算机的存储系统都包括哪些部分？内存与外存的主要区别是什么？

8．微型计算机具有哪些功能特点？具有哪些主要技术指标？

9．计算机的主频与速度有什么区别？决定速度的因素是什么？

10．计算机的发展趋势主要体现在哪些方面？

四、讨论题

1．人们习惯使用十进制，为什么在计算机内部采用二进制？如果在计算机内采用十进制，会有哪些优缺点？

2．在冯·诺依曼结构计算机中，运算器是整个计算机的核心，但随着计算机的发展，存储器逐渐成为提高计算机性能的瓶颈，存储器逐渐成为整个系统的核心，请分析具体的原因。

3．现在计算机的存储器、CPU、输入/输出等部件的发展趋势如何？

4．计算机的发展对人类生产和生活方式带来了什么样的变化？对社会发展带来什么影响？

第3章 计算机软件

【问题引出】一个完整的计算机系统是由硬件和软件组成的,一台计算机如果没有软件的支持,硬件将变得毫无意义。那么,什么是计算机软件,它有哪些功能、特点和类型,计算机软件与计算机硬件有何关系,计算机软件是怎样形成的,等等,这些都是本章所要讨论的内容。

【教学重点】计算机软件的基本概念、操作系统的作用与类型、操作系统的功能与特点、典型操作系统、计算机软件是怎样形成的,等等。

【教学目标】了解计算机软件的功能特点,计算机软件与硬件的关系,翻译程序的翻译方式和编译原理;熟悉操作系统的基本功能、基本特征、基本类型以及主流操作系统。

§3.1　软件的基本概念

3.1.1　什么是软件

计算机软件是相对硬件而言的,是为使计算机高效地工作所配置的各种程序及相关的文档资料的总称。其中:程序是经过组织的计算机指令序列,指令是组成计算机程序的基本单位;文档资料包括软件开发过程中的需求分析、方案设计、编程方法等的文档及使用说明书、用户手册、维护手册等。为了便于与硬件相区分,我们将计算机中使用的各种程序称为软件(Software),它是对事先编制好了具有特殊功能和用途的程序系统及其说明文件的统称,并将计算机中所有程序的集合称为软件系统(Software System),它为计算机完成各项工作及用户操作使用计算机提供支撑。

软件一词源于程序,早期软件和程序(或程序集合)几乎是同义词。到了 20 世纪 60 年代初期,人们逐渐认识到和程序有关的文档的重要性,从而出现了软件一词。随着软件开发中各种方法和技术的出现,以及软件开发中程序及其开发工作量所占比重的降低,软件的概念在程序的基础上得到了延伸。1983 年,IEEE 对软件给出了一个较为新颖的定义:软件是计算机程序、方法、规范及其相应的文稿以及在计算机上运行时所必需的数据。

这个定义在学术上有重要参考价值,它将程序与软件开发方法、程序设计规范及其相应的文档联系在一起,将程序与其在计算机上运行时所必需的数据联系在一起,实际上是在考虑了软件生存周期中的各项主要因素之后提出的。但是,当一些程序运行所必需的数据只能动态地获得时,特别是针对人工智能程序和实时程序时,这一定义在实际工作中会引出问题。这是因为,完全认可 IEEE 的定义,意味着软件的销售允许出现不完整的软件,对软件及其质量的评价可以通过对不完整的软件的评价进行。

3.1.2　软件的功能特点

1. 软件的功能

软件在用户和计算机之间架起了联系的桥梁,用户只有通过软件才能使用计算机。同时,计算机软件是对硬件功能的扩充与完善。软件的基本功能是使用户能根据自己的意图来指挥计算机工作,并使得计算机硬件系统能高效发挥作用。在各种不同的软件的支持下,计算机能完成各种应用任务，从事各种信息处理。具体说，计算机软件的功能可概括为 5 个方面。

（1）管理功能：是管理计算机系统，提高系统资源的利用率，协调计算机各组成部件之间的合作关系。换句话说，就是对硬件资源进行管理与协调，帮助用户管理磁盘上的目录与文件等。

（2）扩展功能：是在硬件提供的设施与体系结构的基础上，不断扩展计算机的功能，提高计算机实现和运行各类应用任务的能力。

（3）服务功能：是面向用户服务，向用户提供尽可能方便、合适的计算机使用界面与工作环境，为用户运行各类作业和完成各种任务提供相应的软件支持。

（4）开发功能：开发功能是为软件开发人员提供开发工具和开发环境。

（5）维护功能：是为用户提供维护、诊断、调试计算机的工具。

正是因为软件具有上述功能，使得硬件资源得到充分发挥，并使得管理与维护方便有效。

2. 软件的特点

软件是相对硬件而言的，与硬件比较，软件具有许多特点，主要体现在以下 6 个方面。

（1）软件是一种逻辑实体：软件是程序的集合体，它是一种逻辑实体而不是具体的物理实体，因而它具有抽象性，这个特点使它与计算机硬件或其他工程对象有着明显的差别。软件是看不见、摸不着的无形产品，它以程序和文档的形式存放在存储器中，只有通过计算机才能体现出它的功能和作用。

（2）软件是纯智力产品：软件是把知识与技术转化成信息的一种产品，是在研制、开发中被创造出来的，是脑力劳动的结晶。所以，软件的开发费用越来越高。软件的研制工作需要投入大量的、复杂的、高强度的脑力劳动，需要较高的成本。

（3）软件可以无限复制：软件一旦研制成功，以后就可以大量地复制同一内容的副本。因此，其研制成本远远大于其生产成本。

（4）软件没有老化问题：在软件的运行和使用期间，没有硬件那样的机械磨损、老化问题。但是，软件的维护比硬件维护要复杂得多，与硬件的维修有着本质的差别。软件故障往往是在开发时产生的，所以要保证软件的质量，必须重视软件开发过程。

（5）软件开发有依赖性：软件的开发和运行经常受到计算机系统的限制，对计算机系统有着不同程度的依赖性。在软件的开发和运行中，必须以硬件提供的条件为基础。为了解除这种依赖性，在软件开发中提出了软件移植问题，并且把软件的可移植性作为衡量软件质量的因素之一。

（6）软件开发是手工方式：软件的开发至今尚未完全摆脱手工的开发方式，传统的手工开发方式仍然占据统治地位，致使软件开发效率受到很大限制。因此，应促进软件技术进展，提出和采用新的开发方法。例如近年来出现的充分利用现有软件的复用技术、自动生成技术和其他一些有效的软件开发工具或软件开发环境，既方便了软件开发的质量控制，还提高了软件的开发效率。

3.1.3　软件的分类

如同硬件一样，计算机软件也是在不断发展的。从 Neumann 计算机开始，软件的发展过程经历了计算机语言、翻译程序、操作系统、服务程序、数据库管理系统、应用程序等。据软件的功能作用，可分别为两大类：一类称为系统软件，一类称为应用软件。此外，随着计算机软件的发展，出现了中间件（Middleware）。中间件是位于计算机网络客户/服务器结构的操作系统之上，管理计算资源和网络通信，为应用软件提供运行与开发环境，帮助用户灵活、高效地开发和集成复杂的应用软件，是一种独立的系统软件或服务程序。因此，中间件不列入通用软件之类。目前，计算机软件的分类如图 3-1 所示。

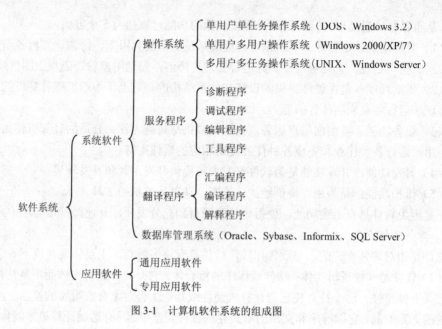

图 3-1　计算机软件系统的组成图

1．系统软件（System Software）

所谓系统软件，是指那些参与构成计算机系统，提供给计算机用户使用，用于扩展计算机硬件功能，维护整个计算机硬件和软件系统，沟通用户思维方式、操作习惯与计算机硬件设备之间关系的软件。系统软件的特点是与具体应用领域无关。系统软件的功能作用主要是进行命令解释、操作管理、系统维护、网络通信、软件开发、输入/输出管理等，如操作系统、服务程序、翻译程序、数据库管理系统等。

（1）操作系统（Operating System）：是系统软件的核心，它既是软硬件的交界面，也是用户操作使用计算机的界面。

（2）翻译程序（Translator Program）：用来编译或解释高级语言源程序。自从高级语言的出现，就有了翻译程序。因此，翻译程序是最早出现的系统软件之一。

（3）服务程序（Serve Program）：是随着操作系统的出现和发展形成的、为方便用户使用、管理和维护计算机的实用程序（Utility Program），包括诊断程序、调试程序、文本编辑程序、工具程序等。

① 诊断程序（Diagnostic Program）。用来诊断计算机各部件能否正常工作，如果发现是软故障并在一定范围内，还能进行修复。

② 调试程序（Debug Program）。是系统提供给用户的能监督和控制用户程序的一种工具，它可以装入、修改、显示或逐条执行一个程序。在 PC 系列微机上，简单的汇编程序可以通过 Debug 来建立、修改和执行。利用该程序，能跟踪被调试程序的执行过程。

③ 文本编辑程序（Text Editor）。是指由字母、数字、符号等组成的信息，它可以是一个用各种语言编写的源程序，也可以是一组数据或一份报告。文本编辑程序用来建立或修改文本文件，并具有删除、插入、编辑、显示或打印等功能。

④ 工具程序（Tools Program）。是指用来帮助用户使用、管理与维护计算机的一种软件工具。常用的工具程序有数据压缩与解压软件（WinRAR）、媒体播放软件（Winamp）、图片浏览与处理软件（ACDScc）、计算机病毒检测软件（瑞星、360）、翻译工具软件（金山）、数据加密软件（PGP）等。

【提示】翻译程序和服务程序（也称为实用程序）虽然与操作系统都是由计算机厂商提供的系统软件，但在使用时却与操作系统不同。系统启动时操作系统即由外存储器调入内存，而翻译程序和服务程序则是在需要时才由外存储器装入内存的。

（4）数据库管理系统（Data Base Management System）：是一种有组织地、动态存储有密切联系的数据集合并对其进行统一管理的系统，是数据库系统的核心。

【提示】对数据库管理系统的类属划分存在不同认识。有人认为它应该属于系统软件，也有人认为它应该属于应用软件（例如 Office 中包含了 Access）。其实，类属划分并不重要，将来一旦大家更深入地掌握了计算科学知识，就完全有能力作出准确的判断。由于数据库技术是计算机应用的一个重要分支，而且已形成一门学科，因此在下一章单独介绍。

2．应用软件（Application Software）

应用软件是相对于系统软件而言的，是用户针对各种具体应用问题开发的一类专用程序或软件的总称。应用软件包括通用应用软件和专用应用软件。

（1）通用应用软件：是在计算机的应用普及进程中产生的，为广大计算机用户提供的应用软件。在微机中最广泛使用的应用软件是 Office，它包括文字处理软件（Word）、表格处理软件（Excel）、演示文稿软件（PowerPoint）、桌面数据库管理系统（Access）等。

（2）专用应用软件：是用户在各自的应用领域中，为解决某种应用问题而编制的一些程序（软件），用来帮助人们完成特定领域的工作，例如科学计算程序、自动控制程序、工程设计程序、数据（或文字、图像）处理程序、情报检索程序等。例如 MATLAB，是近年来最为典型、功能强大且广泛应用的专用应用软件。

随着计算机的广泛应用，应用软件的种类越来越多。特别是近几年来应用软件发展极为迅速，并且十分引人注目。例如计算机辅助设计（CAD）、计算机辅助制造（CAM）、计算机辅助教学（CAI）、系统仿真（System Simulation）、专家系统（Expert System）。这些应用软件在各有关领域大显神通，给传统的产业部门注入了新的活力，也给我们带来了惊人的生产效率和巨大的经济效益。

3.1.4　软件与硬件的关系

一台能操作使用的计算机必须具有硬件和软件，两者相辅相成，缺一不可，从而构成一个不可分割的整体。硬件与软件既相互支持，又相互制约。只有在取得"共识"的前提下，"齐心协力"地工作，才能完成用户给定的工作任务。计算机的运行就是硬件和软件相互配合、共同作用的结果。硬件与软件之间的关系主要体现在以下 3 个方面。

1．层次结构关系

一个完整的计算机系统，如果从系统的层次结构来看，可把整个系统分成硬件系统、系统软件、应用软件和程序设计语言 4 个层次，其层次结构如图 3-2 所示。

图 3-2　计算机系统层次结构

其中："硬件系统"是计算机系统的物理实现，它位于计算机系统的最底层；"系统软件"向用户提供基本操作界面，并向应用软件提供基本功能的支持；"应用软件"建立在系统软件之上，为用户提供应用系统界面，使用户能够方便地利用计算机来解决具体问题；"程序设计语言"是用户与计算机之间进行信息交换的"公用"语言，人们利用这种"语言"把要解决的问题以命令的形式进行有序的描述。

在系统软件中，最为重要的是操作系统。它是系统软件的核心，为利用硬件资源提供使用环境；

它是软件与硬件的交界面，也是用户使用计算机的操作界面。

2. 相互依赖关系

计算机系统中的硬件和软件两者相互依赖和支持。有了软件的支持，硬件才能正常运转和高效率工作。如果把硬件比作计算机系统的躯体，那么软件就是计算机系统的灵魂。

（1）硬件是系统的躯体：硬件是构成计算机的物理装置或物理实现。硬件为软件提供物理支撑，任何软件都是建立在硬件基础之上的，如果离开了硬件，软件则无法栖身。

（2）软件是系统的灵魂：软件是为运行、管理和维护计算机而编制的各种程序的总和。软件为硬件提供使用环境，如果没有软件的支持，硬件将变得毫无意义。

3. 功能等价关系

计算机的硬件和软件在逻辑功能上是等价的，即计算机系统的许多功能既可用硬件实现，也可用软件实现。例如在早期的计算机设计中，由于硬件成本高，可靠性较差，为了取得较高的性能价格比，常用软件来实现更高一级的性能，这种做法称为硬件软化。

随着集成电路技术的发展，硬件价格逐渐降低，可靠性逐渐提高，因而出现了用硬件替代软件来实现较强的功能的做法，这种做法称为软件硬化。一般地说，用硬件实现往往可提高速度和简化程序，但将使结构复杂，造价提高；用软件实现，可降低硬件的造价，但使程序变得复杂，运行速度降低。例如计算机处理汉字时，既可使用硬字库，也可使用软字库。前者造价高，但运行速度快，后者造价低，但运行速度慢。

正是由于软、硬件在功能上的等价关系，因而促进了软硬件技术的发展。一方面，许多生产厂家为实现某一功能或达到某一技术指标，分别用软件或硬件的办法来实现，并各自评价其优、特点。这种激烈的竞争，是推动软硬件技术不断向前发展的强大动力。另一方面，硬件技术的发展及性能的改善，为软件的应用提供了广阔的前景，并为新软件的诞生奠定了基础。同时，软件技术的发展给硬件技术提出了新的要求，从而又促进新的硬件产生与发展。

§3.2　计算机操作系统

3.2.1　操作系统的基本概念

1. 什么是操作系统

一台没有任何软件支持的计算机称之为裸机，用户直接使用裸机来编制和运行程序是相当困难的，几乎是不可能的。因为计算机硬件系统只能识别由 0 和 1 组成的二进制代码信息，所以用户直接操作、使用、管理和维护计算机时都很困难，总是觉得机器"太硬"了，而机器总是觉得用户"太笨"了。因此，迫切需要解决人的操作速度慢，致使机器显得无事可做，可在等待过程中又不能去进行其他工作等问题。为了摆脱人的这种"高智低能"和发挥机器的"低智高能"，必须要让计算机来管理自己和用户。于是，人们创造出了一类程序，称为操作系统（Operating System，OS）。操作系统是有效地组织和管理计算机系统中的硬件和软件资源，合理地组织计算机工作流程，控制程序的执行，并提供多种服务功能及友好界面，方便用户使用计算机的系统软件。操作系统是随着硬件和软件不断发展而逐渐形成的一套大型程序，它为用户操作和使用计算机提供了一个良好的操作与管理环境，使计算机的使用效率成倍地提高，并且为用户提供了方便的使用手段和令人满意的服务质量；操作系统是计算机系统的核心；是用户和其他软件与计算机硬件之间的桥梁；是用户与计算机硬件之间的接口。

2. 操作系统的作用地位

现在实际呈现在用户面前的计算机已是经过若干层次软件改造的计算机系统。我们可以把整个计算机系统按功能划分为四个层次，即硬件、操作系统、系统实用软件和应用软件。这四个层次表现为一种单向服务关系，即外层可以使用内层提供的服务，反之则不行。计算机系统的层次结构如图 3-3 所示。

在计算机系统层次结构中，包围着系统硬件的一层就是操作系统。一方面，它控制和管理着系统硬件（处理器、内存和外围设备），向上层的实用程序和用户应用程序提供一个屏蔽硬件工作细节的良好使用环境，把一个裸机变成了可"操作"的、方便灵活的计算机系统。另一方面，因为计算机中的程序、数据大多以文件形式存放在外存储器中而构成文件系统，接受操作系统的管理。所以，尽管操作系统处于系统软件的最底层，但却是其他所有软件的管理者。因此，操作系统层在计算机系统层次结构中是特殊的、极为重要的一层。它密切地依赖于硬件系统，并且是对硬件系统功能的第一次扩充。它不仅接受硬件层提供的服务，并向上层的系统实用程序层、应用软件层提供服务，而且还管理着整个系统的硬件和软件资源。

3. 操作系统的体系结构

操作系统本身是如何组织的，这就是操作系统的体系结构问题。从操作系统的发展来看，操作系统有 4 种基本结构形式：单块式结构、层次式结构、微内核式结构、虚拟式结构。

（1）单块式结构：操作系统由大量的模块组成，模块是完成一定功能的程序，它是构成软件的基本单位。早期的操作系统多数都采用这种体系结构，各组成单位密切联系。由于这种模块好像"铁板一块"，故名单块式结构。

（2）层次式结构：这种结构的设计思想是按照操作系统各模块的功能和相互依存关系，把系统中的模块分为若干层，其中任一层模块（除底层模块外）都建立在它下面一层的基础上。因而，任一层模块只能调用比它低的层中的模块，而不能调用高层的模块。UNIX 系统的核心就是采用层次结构。近年来，大型软件都是采用层次式结构，将一个软件分为若干个逻辑层次。从计算机的系统结构看，操作系统是一种层次模块结构的程序集合，属于有序分层法，是无序模块的有序层次调用。操作系统的分层结构如图 3-4 所示。

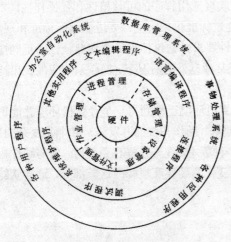

图 3-3　计算机系统层次结构

| 用户接口 |
| （命令接口、程序接口、图形用户接口） |
| 对象操纵和管理的软件集合 |
| （处理机管理软件、存储管理软件、 |
| 设备管理软件、文件管理软件） |
| 操作系统对象 |
| （处理机、内存、设备、文件） |

图 3-4　操作系统的分层结构

（3）微内核式结构：这是新一代操作系统采用的结构，其基本思想是把所有操作系统基本上都具有的那些基本操作放在内核中，而操作系统的其他功能由内核之外的服务器实现。这样的系统具有更好的可扩展性、可移植性、可靠性及灵活性。

（4）虚拟机式结构：这种结构倾向于虚拟机技术，它以运行在裸机上的核心软件（虚拟机监控软件或某一操作系统）为基础，向上提供虚拟机的功能，每个虚拟机都像是裸机的复制。在不同的虚拟机上可以安装不同的操作系统，这样的系统可以有更好的兼容性及安全性。例如在网络应用中，只要在机器上安装了 Java 虚拟机，就可以方便地运行 Java 的字节代码。

4. 操作系统的特性

计算机性能的高低是由计算机硬件所决定的，而能否充分发挥计算机硬件系统的性能，操作系统起着决定性的作用。如果操作系统的功能不强，计算机硬件、支撑软件和应用软件的功能很难充分体现。操作系统位于系统软件的最底层，是最靠近硬件的软件。操作系统的功能作用是管理计算机资源、控制程序执行、提供多种服务、方便用户使用的系统软件。为此，操作系统必须具备以下特性。

（1）方便性：如果没有操作系统，用户只能通过控制台输入控制命令，这种使用方式是极为困难的。有了操作系统，特别是像有了 Windows 这类功能强大、界面友好的操作系统，使计算机的操作使用变得非常容易和方便，轻点鼠标和键盘就能实现很多功能。Windows 系列操作系统之所以广受欢迎，一个重要因素就是其学习和使用的方便性。

（2）有效性：在未配置操作系统的计算机系统中，中央处理器等资源，会经常处于空闲状态而得不到充分利用，存储器中存放的数据由于无序而浪费了存储空间。配置了操作系统后，可使中央处理器等设备由于减少等待时间而得到更为有效的利用，使存储器中存放的数据有序而节省存储空间。此外，操作系统还可以通过合理地组织计算机的工作流程，进一步改善系统的资源利用率及提高系统的输入和输出效率。

（3）可扩充性：随着大规模集成电路技术和计算机技术的迅速发展，计算机硬件和体系结构也随之得到迅速发展，它们对操作系统提出了更高的功能和性能要求。因此，操作系统在软件结构上必须具有很好的可扩充性才能适应发展的要求，不断扩充其功能。在各种操作系统的系列版本中，新版本就是对旧版本的扩充。

（4）开放性：20 世纪末出现了各种类型的计算机硬件系统，为了使不同类型的计算机系统能够通过网络加以集成，并能正确、有效地协同工作，实现应用程序的可移植性和互操作性，要求操作系统具有统一的开放环境。操作系统的开放性要通过标准化来实现，要遵循国际标准和规范。

（5）可靠性：可靠性是操作系统中最重要的特性要求，它包括正确性和健壮性。正确性是指能正确实现各种功能，健壮性是指在硬件发生故障或某种意外的情况下，操作系统应能做出适当的应对处理，而不至于导致整个系统的崩溃。

（6）可移植性：是指把操作系统软件从一个计算机环境迁移到另一个计算机环境并能正常执行的特性。迁移过程中，软件修改越少，可移植性就越好。操作系统的开发是一项非常复杂的工作，良好的可移植性可方便开发出在不同机型上运行的多种版本。在开发操作系统时，使与硬件相关的部分相对独立，并位于软件的底层，移植时只需根据变化的硬件环境修改这一部分，这样就能提高可移植性。

3.2.2　操作系统的功能

一个计算机系统非常复杂，包括处理器、存储器、外部设备、各种数据、文件、信息等。那么如何有效地协调、管理以及如何给用户提供方便的操作手段与环境，这些都是操作系统的工作任务。因此，操作系统的主要目标有两项：首先，操作系统要能方便用户使用，给用户提供一个清晰、简洁、易于使用的用户界面；其次，操作系统应尽可能地使系统中的各种资源得到最充分的利用。围绕上述两个主要目标，操作系统的任务主要体现在以下 5 个方面。

1. CPU 管理

CPU 是完成运算和控制的部件，它在同一时刻只能对一个作业程序进行处理。为了提高 CPU 的利用率，可采用多道程序技术，即在一个程序因等待某一条件（如启动外部设备和等待外部设备传输信息）时就应把 CPU 占用权转交给另一个可运行的程序，或出现了一个比当前正在运行的程序更为重要的可运行程序时，后者应能抢占 CPU。这一过程的实现，必须依靠操作系统实行统一管理和调度。由于在多任务环境中，CPU 的分配、调度都是以进程（Process）为基本单位的，因此，对 CPU 的管理可归结为对进程的管理，所以又常把 CPU 管理称为进程管理。它是操作系统最核心的概念，也是操作系统中最重要而且是最复杂的管理。CPU 管理的主要任务就是对 CPU 使用与控制的统筹，即对 CPU 的分配、调度进行最有效的管理，使 CPU 资源得到最充分的利用。CPU 管理主要包括：作业调度、进程调度、进程控制、进程通信等。

（1）作业调度：作业是指用户在运行程序和处理数据过程中，用户要求计算机所做工作的集合。作业包含了从输入设备接收数据、执行指令，给输出设备发出信息，以及把程序和数据从外存传送到内存，或从内存传送到外存。例如，用户要求计算机把编好的程序进行编译、连接并执行就是一个作业。

在多道程序情况下，一般有大批作业存放在外存储器上，形成一个作业队列。作业调度是指确定处理作业的先后顺序，因为计算机并不总是按作业下达的顺序来处理作业的。有时，某项作业可能比其他作业拥有更高的优先权，这时，操作系统就必须调整作业的处理顺序。

作业调度和控制作业的执行是由作业管理来实现的，作业管理为用户提供一个良好的人—机交互"界面"。作业调度从等待处理的作业中选择可以装入内存的作业，对已经装入内存中的作业按用户的意图控制其运行。作业管理的功能是使用户能够方便地运行自己的作业，并对进入系统的所有用户作业进行管理和组织，以提高整个系统的运行效率。

（2）进程调度：进程是一个程序在一个数据集上的一次执行。一个作业通常要经过两级调度才能得以在 CPU 上执行。首先是作业调度，它把选中的一批作业放入内存，并分配其他必要资源，为这些作业建立相应的进程。然后进程调度按一定的算法从就绪进程中选出一个合适进程，使之在 CPU 上运行。

（3）进程控制：任何一个程序都必须被装入内存并且占有 CPU 后才能运行，程序运行时通常要请求调用外部设备。如果程序只能顺序执行，则不能发挥 CPU 与外部设备并行工作的能力。如果把一个程序分成若干个可并行执行的部分，每一部分都可以独立运行，这样就能利用 CPU 与外部设备并行工作的能力，从而提高 CPU 的效率。

进程控制包括创建进程、撤销进程、封锁进程、分配进程、唤醒进程等。进程在执行过程中有 3 种基本状态：就绪状态、执行状态和挂起（阻塞）状态。

① 就绪状态。是指进程已获得所需资源并被调入内存在等待运行。在一个系统中处于就绪状态的进程可能有多个，通常将它们排成一个队列，称为就绪列队。

② 执行状态。是指进程占有 CPU 且正在执行的状态。在单处理机中只有一个进程处于执行状态；在多处理机中，则有多个进程处于执行状态。

③ 挂起状态。是指进程正在等待系统为其分配所需资源或某个原因暂停，在等待运行。

在运行期间，进程不断从一个状态转换到另一个状态。三者之间的关系如图 3-5 所示。

一个程序被加载到内存，系统就创建了一个进程，程序执行完毕，该进程也就结束了。当一个程序同时被执行多次时，系统就创建多个进程。一个程序可以被多个进程执行，一个进程也可以同时执行一个或几个程序。

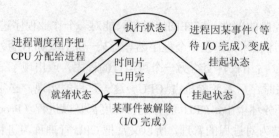

图 3-5　进程的状态及其转换

进程进入就绪状态后，一般都会在进程的三种状态之间反复若干次，才能真正执行完毕。处于执行状态中的进程，会因为资源不足或等待某些事件的发生而转入挂起状态，以便 CPU 能够为其他处于就绪状态的进程服务，从而提高 CPU 的利用率。

通过进程管理、协调多道程序之间的关系，使 CPU 有条不紊地工作，并使 CPU 资源得到最充分利用。在 Windows 中，按[Ctrl]+[Alt]+[Del]组合键，即可看到当前执行的进程。

（4）进程间通信：多个进程在活动过程中彼此间存在相互依赖或者相互制约的关系。

1965 年，荷兰计算机科学家戴克斯特拉（E.W.Dijkstra）发表了著名论文"协同顺序进程"（Cooperating Sequential Processes）。在该文中他提出了所谓的"生产者消费者问题（Producer Consumer Problem）"。所谓消费者是指使用某一软硬件资源时的进程，而生产者是指提供或释放某一软硬件资源时的进程。该文对多进程提供、释放及使用计算机系统中的软硬件资源（如数据、I/O 设备等）进行了抽象的描述，并借用了火车信号系统中的信号灯来表示进程之间的互斥，解决了并发程序设计中进程同步的最基本问题。后来，戴克斯特拉针对多进程互斥地访问有限资源（如 I/O 设备）的情况，提出了一个被人称之为"哲学家进餐（Dining Philosopher）"的多进程同步问题。人们在研究过程中提出了解决这类问题的不少方法和工具，例如 Petri 网、并发程序语言等。

2.　内存管理

从使用者来说，希望计算机的内存容量越大越好，但由于硬件的限制，内存容量毕竟是有限的。所以，内存是计算机硬件中除 CPU 之外的另一宝贵资源，必须对内存进行统一管理，合理地利用内存空间，以及方便用户。此外，如果有多个用户程序共享内存，它们彼此之间不能相互冲突和干扰。内存管理就是按一定的策略为用户作业和进程分配存储空间和实现重定位，记录内存的使用情况。同时，还要保护用户存放在内存储器中的程序和数据不被破坏，必要时提供虚拟存储技术，逻辑扩展内存空间，为用户提供比实际容量大的虚拟存储空间，并进行存储空间的优化管理。内存管理主要包括内存分配、地址映射、内存保护和内存扩充。

（1）内存分配：其主要任务是为每道正在处理的程序或数据分配内存空间。为此，操作系统必须记录整个内存的使用情况，处理用户或程序提出的申请，按照某种策略实施分配，接收系统或用户释放的内存空间。

（2）地址映射：当程序员使用高级语言编程时，没有必要也无法知道程序将存放在内存中什么位置，一般用符号来代表地址。编译程序将源程序编译成目标程序时将符号地址转换为逻辑地址，而逻辑地址也不是真正的内存地址。在程序进入内存时，由操作系统把程序中的逻辑地址转换为真正的内存地址，这就是物理地址。这种把逻辑地址转换为物理地址的过程称为地址映射。

（3）内存保护：不同用户的程序都存放在内存中，必须保证它们在各自的内存空间活动，不能相互干扰，不能侵犯操作系统的空间。为此，需要建立内存保护机制，即设置两个界限寄存器，分别存放正在执行的程序在内存中的上界地址值和下界地址值。在程序运行时，对所产生的访问内存的地址进行合法性检查。该地址必须大于或等于下界寄存器的值，并且小于上界寄存器的值。否则，属于地址越界，将被拒绝访问，引起程序中断并进行相应处理。

（4）内存扩充：用户程序对内存的需求越来越大，而系统内存容量毕竟是有限的，因此，用户对内存的要求往往超过实际内存容量。由于物理上扩充内存受到某些限制，则采用逻辑上扩充内存的方法，即虚拟内存技术。它使外存空间成为内存空间的延伸，从而增加了运行程序可用的存储容量，使计算机系统似乎有一个比实际内存容量大得多的内存空间。

虚拟内存的最大容量与 CPU 的寻址能力有关。如果 CPU 的地址线是 20 位的，因此虚拟内存最多是 1MB，而 Pentium 芯片的地址线是 32 位的，所以虚拟内存可达 4GB。

Windows 在安装时就创建了虚拟内存页面文件（pagefile.sys），默认大于计算机上 RAM 容量的 1.5 倍，以后会根据实际情况自动调整。

3. 设备管理

现代计算机系统能支持各种各样的外部设备，如显示器、键盘、鼠标、硬盘、光盘驱动器、网卡、打印机等。这些外部设备的运行速度、功能特性、工作原理和操作方式等都不一样。因此，如何有效地分配和使用外部设备、协调处理器与外部设备操作之间的时间差异、提高系统总体性能，是操作系统设备管理模块的主要任务。设备管理主要包括缓冲区管理、设备分配、设备驱动和设备无关性。

（1）缓冲区管理：在计算机系统中，CPU 的速度最快，而外设的处理速度相对缓慢，因而不得不时时中断 CPU 的运行。这就大大降低了 CPU 的使用效率，进而影响到整个计算机系统的运行效率。为了解决 CPU 与外设之间速度不匹配的矛盾，常采用存储缓冲技术，并对缓冲区进行管理，以提高外设与 CPU 之间的并行性，从而提高整个系统性能。

（2）设备分配：在使用计算机的过程中，有时多道作业对设备的需要量会超过系统的实际设备拥有量。为了解决供需矛盾，必须合理地分配外部设备，并且不仅要提高外设的利用率，而且要有利于提高整个计算机系统的工作效率。设备管理根据用户的 I/O 请求和相应的分配策略，为用户分配外部设备及通道、控制器等。

（3）设备驱动：为了实现对外部设备的操作控制，各外部设备必须有一个实现 CPU 与通道和外设之间通信的程序，称为设备驱动程序，操作系统通过驱动程序指挥该设备的操作。设备驱动程序直接与硬件设备打交道，告诉系统如何与设备进行通信，完成具体的输入输出任务。在计算机中，诸如键盘、鼠标、显示器、打印机等设备都有自己专门的命令集，因而需要自己的驱动程序。如果没有正确的驱动程序，设备就无法工作。

（4）设备无关性：是指用户编写的程序与实际使用的物理设备无关，由操作系统把用户程序中使用的逻辑设备映射到物理设备，实现逻辑设备与物理设备的对接。

4. 文件管理

我们把逻辑上具有完整意义的信息集合称为文件。计算机系统中的信息，如系统程序、标准子程序、应用程序和各种类型的数据，通常都以文件的形式存放在外存储器中。这些文件都由操作系统中的文件管理模块（文件管理系统）负责对文件进行存储、检索、更新、修改、保护和共享，以确保用户能方便、安全地访问它们。因此，文件管理必须具备以下功能。

（1）文件存储空间管理：建立一个新的文件时，系统要为其分配相应的存储空间；删除一个文件时，系统要及时收回其所占用的空间。为了实现对文件存储空间的管理，系统应设置相应的数据结构，用于记录存储空间的使用情况，作为为新建文件分配存储空间的依据。为了提高存储空间的利用率和空间分配效率，对存储空间的分配通常是采用非连续分配方式，并以块为基本分配单位，块的大小通常为 512B～4KB。一个文件的内容可能存放在多段物理存储区域中，系统要有一种良好的机制把它们从逻辑上连接起来。

（2）目录管理：外存上可能存放有成千上万个文件，为了有效管理文件并方便用户查找文件，文件的存放分目录区和数据区。目录区用于存放文件的目录项，每个文件有一个目录项，包含文件名、文件属性、文件大小、建立或修改日期、文件在外存上的开始位置等信息；数据区用于存放文件的实际内容。目录管理的主要任务是为每个文件建立目录项，并对由目录项组成的目录区进行管理，能有效提高文件操作效率。例如，只检索目录区就能知道某个特定的文件是否存在；删除一个文件只在该文件的目录项上做一个标记即可，这也正是一个文件删除后还有可能恢复的原因。

（3）文件的读写管理：文件读写也称为文件存取，它是根据用户的请求，从文件中读出数据或将数据写入文件。在进行文件读写时，首先根据用户给出的文件名，去查看文件目录区，找到该文件在外存中的开始存放位置，然后对文件进行相应的读写操作。

（4）文件的安全保护：为了防止文件内容被非法读取和篡改，保证文件的安全，文件系统需要提供有效的安全保护机制。一般采取多级安全控制措施，一是系统级控制，没有合法账号和密码的用户不能进入计算机系统，自然也就无法访问系统中的文件；二是用户级控制，对有合法账号和密码的用户分配适当的文件存取权限，使其只能访问有访问权限的文件；三是文件级控制，通过设置文件属性（如只读）、密码保护、文件加密等措施来进一步限制用户对文件的存取。

由此可以看出，文件管理作为信息管理机制，它负责对存放在计算机中的文件进行逻辑组织和物理组织；面向用户实现按文件名存储，实现从逻辑文件到物理文件的转换；统一管理文件存储空间（外存），提供一组文件操作，实施分配与回收；建立文件目录；提供合适的存取方法；实现文件共享、保护和保密。

5．用户接口

用户接口是为方便用户操作使用计算机而提供的人-机交互接口。操作系统为用户提供了 3 类使用接口：命令接口、程序接口和图形接口。

（1）命令接口：是用户在程序之外请求操作系统提供服务。为了便于用户直接或间接地控制自己的程序，操作系统向用户提供了命令接口，用户可通过该接口向计算机发出命令以实现相应的功能。这类接口主要用于作业控制，它包括联机用户接口和脱机用户接口。

① 联机用户接口。由一组键盘操作命令及对应的命令解释程序所组成。当用户在终端或控制台上输入一条命令后，系统便立即转入命令解释程序，对该命令进行解释并执行该命令。在完成指定功能后，控制又返回到终端或控制台上，等待用户输入下一条命令。DOS 和 UNIX 操作系统提供的就是联机用户接口。

② 脱机用户接口。该接口是为批处理作业的用户提供的，也称为批处理用户接口。它由一组作业控制语言组成。批处理作业的用户不能直接与自己的作业交互作用，只能委托系统代替用户对作业进行控制和干预。早期使用的批处理操作系统提供脱机用户接口。

（2）程序接口：是用户在程序中使用操作系统提供的系统调用命令请求操作系统服务。它是为用户程序访问系统资源而设置的，也是用户程序取得操作系统服务的唯一途径。现在的操作系统都提供程序接口，如 DOS 操作系统是以系统功能调用的方式提供程序接口，为用户提供的常用于程序有 80 多个，可以在编写汇编语言程序时直接调用。Windows 操作系统是以应用程序编程接口（Application Programming Interface，API）的方式提供程序接口，WIN API 提供了大量的具有各种功能的函数,直接调用这些函数就能编写出各种界面友好、功能强大的应用程序。在可视化编程环境(VB、VC++、Delphi 等)中,提供了大量的类库和各种控件,如微软基础类(Microsoft Foundation Classes,MFC),这些类库和控件都是构建在 WIN API 函数之上的,并提供了方便的调用方法,极大地简化了 Windows 应用程序的开发。

(3)图形用户接口:虽然用户可以通过联机用户接口来取得操作系统的服务,并控制自己的应用程序运行,但要求用户严格按照规定的格式输入命令。显然,这不便于操作使用。于是,图形用户接口(Graphical User Interface,GUI)应运而生。

图形用户接口采用了图形化的操作界面,用户利用非常容易识别的各种图标将系统的各项功能、各种应用程序和文件直观、逼真地表示出来。在 Windows 一类操作系统中,通过鼠标、菜单和对话框来完成对各种应用程序和文件的操作。此时用户不必像使用命令接口那样去记住命令名及格式,只要轻点鼠标就能实现很多功能,从而使用户从繁琐且单调的操作中解放出来,能够为更多的非专业人员使用。这也是 Windows 类操作系统被受到用户欢迎并得以迅速发展的原因。

3.2.3　操作系统的特征

操作系统不但具有强大功能,而且具有并发性、共享性、虚拟性和异步性等共同的基本特征。

1. 并发性

并发(Concurrence)指在计算机系统中同时存在有多个程序。并发和并行是有区别的,并发指两个或多个事件在同一时间段内发生,而并行指两个或多个事件在同一时刻发生。在多处理器系统中,可以有多个进程并行执行,一个处理器执行一个进程。在单处理器系统中,多个进程是不可能并行执行的,但可以并发执行,即多个进程在一段时间内同时运行,但在每一时刻,只能有一个进程在运行,多个并发的进程在交替地使用处理器运行,操作系统负责这些进程之间的执行切换。简单地说,进程就是指处于运行状态的程序。

并发性改进了在一段时间内一个进程对 CPU 的独占,可以让多个进程交替地使用 CPU,从而有效提高系统资源的利用率,提高系统的处理能力,但也使系统管理变得复杂,操作系统要具备控制和管理各种并发活动的能力。

2. 共享性

共享(Sharing)指系统中的资源可供多个并发执行的进程共同使用,因此共享可以提高系统资源的利用率。由于资源的特性不同,多个进程对资源的共享方式可分为如下两种。

(1)互斥共享方式:是指系统中的资源在某一特定的时间段内只允许一个程序访问和使用,当一个进程正在访问该资源时,其他欲访问该资源的进程必须等待,仅当该进程访问完并释放后,才允许另一进程对该资源进行访问。

互斥共享资源也称为临界资源,例如系统中的打印机、绘图仪等资源属于临界资源。

(2)同时共享方式:指资源允许在一段时间内由多个进程同时对它进行访问。这里所谓的"同时"往往是宏观上的,而在微观上,这些进程可能是交替地对该资源进行访问。典型的可供多个进程同时访问的资源是磁盘,不同进程在某一时间段内可以交替访问同一磁盘。

3. 虚拟性

操作系统中的虚拟(Virtual)指通过某种技术把一个物理实体变成若干个逻辑上的对应物。物理实体是实际存在的,对应物是虚的,是用户感觉到的。例如在分时系统中虽然只有一个 CPU,但每个终端用户都认为有一个 CPU 在专门为自己服务,即利用分时技术可以把物理上的一个 CPU 虚拟为逻辑上的多个 CPU,逻辑上的 CPU 称为虚拟处理器。类似地,也可以把一台物理输入输出设备虚拟为多台逻辑上的输入输出设备（虚拟设备），把一条物理信道虚拟为多条逻辑信道（虚拟信道）。在操作系统中，虚拟主要是通过分时使用的方式实现的。

4. 异步性

在多道程序环境下，允许多个进程并发执行，但由于资源及控制方式等因素的限制，进程的执行并非一次性地连续执行完，通常是以"断断续续"的方式进行。内存中的每个进程在何时执行，何时暂停，以怎样的速度向前推进，每个进程总共需要多长时间才能完成，都是不可预知的。先进入内存的进程不一定先完成，而后进入内存的进程也不一定是后完成，即进程是以异步（Asynchronism）方式运行的。所有这些要求，都由操作系统予以严格保证，只要运行环境相同，多次运行同一进程，都应获得完全相同的结果。

在上述 4 个特征中，并发性和共享性是操作系统两个最基本的特征，它们互为存在条件。一方面，资源共享是以进程的并发执行为条件的，若系统不允许进程并发执行，也就不存在资源共享问题；另一方面，若操作系统不能对资源共享实施有效管理，则必将影响到进程正确地并发执行，甚至根本无法并发执行。

3.2.4　典型操作系统

在操作系统的发展过程中出现过许多不同类型的操作系统。其中，影响最大、目前使用最广的计算机主流操作系统有以下 3 种。

1. Windows 操作系统

Windows 是美国微软公司（Microsoft）的产品，它是在 MS-DOS（Microsoft Disk Operating System）基础上发展来的。MS-DOS 是为微机研制的单用户命令行界面操作系统，曾经被广泛安装在 PC 上，它对计算机的普及应用是"功不可没"的。虽然今天 MS-DOS 已退出历史舞台，但它的很多重要概念在 Windows 中仍然是重要的，而且 DOS 的命令行方式也仍然有用。

DOS 的特点是简单易学，对硬件要求低。但由于它提供的是一种以字符为基础的用户接口，如果不熟悉硬件和 DOS 的操作命令，便难以称心如意地使用 PC 机，人们企盼 PC 机变成一个直观、易学、好用的工具。Microsoft 公司响应千百万 DOS 用户的愿望，研制开发了一种图形用户界面（Graphic User Interface，GUI）方式的新型操作系统——Windows。在图形用户界面中，每一种 Windows 所支持的应用软件都用一个图标（icon）表示，用户只要把鼠标指针移到某图标上并双击，即可进入该软件。这种界面方式为用户提供了极大的方便，从此把计算机的使用提高到了一个崭新的阶段。

2. UNIX 操作系统

UNIX 操作系统是美国电报电话公司的 Bell 实验室开发的，至今已有 30 多年的历史，是世界上唯一能在笔记本电脑、个人电脑、巨型机等多种硬件环境下运行的操作系统。由于 UNIX 可满足各行业的应用需求，已成为重要的企业级操作平台，也是操作系统的常青树。

UNIX 的特点主要体现在：技术成熟、结构简练、功能强大、可移植性和兼容性好、伸缩性和互操作性强。是当今世界最流行的多用户、多任务主流操作系统之一，被认为是开放系统的代表。从总体上看，UNIX 操作系统的主要发展趋势是统一化、标准化和不断创新。

3. Linux 操作系统

Linux 操作系统是由芬兰赫尔辛基大学的大学生李纳斯•托瓦兹（Linus Benedict Torvalds）等人在 1991 年共同开发的、是一种能运行于多种平台（如 PC 及兼容机、ALPHA 工作站、SUN Sparc 工作站）、源代码公开、免费、功能强大、遵守 POSIX 标准、与 UNIX 兼容的操作系统。Linux 继承了自由软件的优点，是最为成功的开放源码软件。Linux 系统源程序能完整地上传到 Internet 上，允许自由下载，因而不仅被众多高校、科研机构、军事机构和政府机构广泛采用，也被越来越多的行业所采用。随着 Internet 和电子商务的发展，将有越来越光明的前途。Linux 不仅继承了 UNIX 的全部优点，而且还增加了一条其他操作系统不曾具备的优点，即 Linux 源码全部开放，并能在网上自由下载。现在，Linux 操作系统是一种得到广泛应用的多用户多任务操作系统，许多计算机公司如 IBM、Intel、Oracle、SUN 等都大力支持 Linux，各种常用软件纷纷移植到 Linux 平台上。

　　Linux 的特点主要体现在：开放性、多用户、多任务、良好的用户界面、支持多个虚拟控制台、可靠的系统安全、共享内存页面、支持多种文件系统、强大的网络功能、良好的可移植性等方面。Linux 非常适用于需要运行各种网络应用程序，并提供各种网络服务的场合。正是由于 Linux 的源代码开放，才使得它可以根据自身的需要做专门的开发，因此，它更适合于需要自行开发应用程序的用户和那些需要学习 UNIX 命令工具的用户。

§3.3　Windows 7 操作系统

　　Windows 之所以得到迅速普及和广泛应用，主要是因为提供了一种全新的图形用户界面（GUI）和多任务、多窗口的运行环境。它利用图像、图标、菜单和其他可视化部件控制计算机。通过使用鼠标，可以方便地实现各种操作，而不必记忆和键入控制命令，非常方便用户操作使用。

3.3.1　Windows 7 简介

　　Windows 7 是 Windows 问世以来变化最大、功能最全、性能最好的版本，被认为是 Windows 的又一次重大飞跃。具有全新的界面、高度集成的功能和更加快捷的操作性能，使用户获得全新的体验和工作效率。

1. Windows 7 的版本

　　为了适应各类用户的需求，Windows 7 提供了具有不同特性的多个版本，供家庭及商业工作环境、笔记本电脑、多媒体中心等使用。

　　（1）Windows 7 Starter（简易版）：保留了 Windows 为大家所熟悉的特点和兼容性，因而简单易用。同时，吸收了在可靠性和响应速度方面的最新技术。

　　（2）Windows 7 Home Basic（家庭普通版）：针对家庭用户的日常使用情况，使操作变得更快、更简单、更方便地访问使用最频繁的程序和文档。

　　（3）Windows 7 Home Premium（家庭高级版）：能在计算机上享有最佳的娱乐体验，可以轻松愉快地欣赏和共享喜爱的电视节目、照片、视频和音乐。

　　（4）Windows 7 Professional（专业版）：提供办公和家用所需要的一切功能，不仅拥有多种商务功能，而且拥有家庭高级版卓越的媒体和娱乐功能。

　　（5）Windows 7 Enterprise（企业版）：在具有专业版功能的基础上，加入了一些企业管理中所必须具有的功能。例如，为了帮助企业集中管理，在 Windows 7 Enterprise 加入了脚本命令控制系统，通过此系统和其他一些辅助工具，企业可以轻松实现桌面虚拟化和其他一些 UI 管理功能。

　　（6）Windows 7 Ultimate（旗舰版）：集各版本功能大全，具备家庭高级版的所有娱乐功能和专业版的所有商务功能，同时还增加了安全功能以及在多语言环境下工作的灵活性。

2. Windows 7 的新特性

Windows 7 在以往的 Windows 的基础上，在许多方面进行了重大改进和更新，它功能强大、安全性和稳定性高、操作方便且界面美观。具体说，Windows 7 的新特性主要体现在以下方面。

（1）操作更简单：Windows 7 使搜索和使用信息更加简单，包括本地、网络和互联网的信息。直观的用户体验更加高级，能整合自动化应用程序提交和交叉程序数据透明性。

（2）使用更方便：为方便用户使用，Windows 7 在以往 Windows 基础上做了许多改进，如快速最大化、窗口半屏显示、跳转列表和系统故障快速修复等。

（3）运行更快速：Windows 7 大幅度缩短了启动时间，据实测，在 2008 年的中低端配置下运行，系统的加载时间一般不超过 20 秒，而 Windows Vista 需要 40 余秒，显然是一个很大的提升。

（4）安全性更强：Windows 7 改进了安全和功能合法性，把数据保护和管理扩展到外围设备。并改进了基于角色的计算方案和用户账户管理，开启了企业级的数据保护和权限许可。

（5）功能更优化：Windows 7 进一步增强了移动工作能力，无论何时何地、任何设备都能够访问数据和应用程序。在无线连接、管理、多设备同步、数据保护等方面，在性能上更加优化。

（6）兼容性更好：Windows 7 能帮助企业优化他们的桌面基础设施，具有无缝操作系统、应用程序和数据移植功能，简化 PC 升级等。

3.3.2 Windows 7 的文件管理

文件是计算机系统中数据组织的基本单位，是按一定格式建立在外存储器上的信息集合。对文件系统进行管理是操作系统的一项重要内容，包括：文件的命名、建立、存储、使用、修改等。在计算机中，需长时间保存的信息都应以文件方式存储到外存储器上，并且由操作系统实行管理。

【提示】Windows 7 的文件管理与 Windows 其他版本的文件管理的性能是相似的。由于 Windows 源于 DOS，虽然 Windows 与 DOS 的文件管理的性能有所差异，但基本概念却是相似的。

1. 文件命名规则

每个文件必须有一个唯一的标记，称为文件名。文件名由主文件名（或称文件根名）和扩展名（又称后缀）两部分所组成。DOS 中的主文件名可以由 1～8 个连续的字符组成，扩展名是根据需要加上的，一般用来标识文件的性质（说明文件的类型），扩展名跟在主文件名之后，以小数点"."开头，后跟 1～3 个连续的字符。一个完整的文件名，其格式可描述为：

□□□□□□□□.□□□

在主文件名与扩展名中允许使用下列字符：

（1）英文字符：A～Z 和 a～z（键入小写字符系统会自动转为大写字符存入目录）。

（2）数字符号：0～9。

（3）特殊符号：$ # @ ! % &（ ）— ～ { } ^ ` '等。

由于特殊符号较多，我们只需记住为数不多的不可用作文件名的字符，它们是：

、，：；\ / 空格

【提示】Windows 7 文件命名与 DOS 文件命名规则的区别：

① Windows 突破了 DOS 命名规则 8.3 的限制，其长度可达 255 个字符（包括盘符和路径在内）。并且在文件名中允许使用"+，；[ ] ="符号。用户对文件命名时如果与 8.3 规则相符，系统则以大写字母形式显示。否则，系统在用户输入的长文件名上自动截取一个 8.3 格式，滤去 8.3 格式不允许的字符后取文件的前 6 个字符再添加"～"和一个数字号码。

② Windows 中大小写是有区别的，例如 FILE1 和 file1 是不同的两个文件名，而在 DOS 中则

属于同一个文件名。

　　给文件命名时，建议最好选用与文件内容或性质相关的文件名，使能够"见名思义"，便于记忆和区别。系统对于扩展名与文件类型有特殊的约定，已成为约定用法，它们的名称和含义如表3-1 所示。

表 3-1　常用文件扩展名及其含义

扩展名	文件属性	扩展名	文件属性
.COM	系统命令文件	.C	C 语言程序文件
.EXE	可执行文件	.ASM	汇编语言程序文件
.BAT	DOS 批处理文件	.BAS	BASIC 语言程序文件
.SYS	系统状态设置文件	.BAK	编辑形成的备份文件
.OBJ	目标程序文件	.TXT	文本（Text）文件
.LIB	程序（函数）库文件	.DOC	Word 文档文件
.HLP	帮助说明（Help）文件	.BMP	BMP 图形文件
.FOR	FORTRAN 语言程序源文件	.WAV	Microsoft 公司的音频文件

　　2. 文件通配符（Wildcard）

　　通配符是操作系统识别文件名的一种特殊字符，它能代替文件名中相应位置上的一个或多个字符。因此，在对一组具有相似文件名的文件进行操作时，我们不必对该组中的每个文件执行同样的命令，而只需用一个或多个通配符来指定这组文件，从而可以一次完成操作，以提高用户操作计算机的效率。

　　在 DOS 和 Windows 状态下有两个通配符，分别为"?"和"*"。符号"?"代表它所在位置的任意一个字符，"*"则代表从它所在位置开始的任意字符串。例如已知以 A 开头，以 C 结尾的任意三个字符的文件名可以写成"A?C"。假设文件名是未知的，可用"*.*"来帮助显示、搜索。又如，若用显示文件和目录的 DIR 命令搜索 A 盘中以 ABC 开头的文件，则可以用如下命令形式：

　　　　A:\>DIR ABC*.* <Enter>
如搜索所有可执行文件，则为

　　　　A:\>DIR *.EXE　<Enter>

　　掌握好通配符的灵活应用，能为操作计算机带来很大方便。表 3-2 给出了通配符的应用例子，并说明了它们的作用意义。

表 3-2　通配符使用实例

例子	说明
DIR A:*.COM	显示 A 盘根目录下扩展名为 COM 的文件清单
DIR DOSSHELL.*	显示当前目录下主文件名为 DOSSHELL 的所有文件
DIR ????.EXE	显示当前目录下名称长度最多为四位，其扩展名为 EXE 的所有文件
REN *.BAK *.BAT	在当前目录下，将扩展名为 BAK 的所有文件更名其扩展名为 BAT
COPY A: F*.BAT B:*.BAK	将 A 盘根目录下文件名的第一个字符为 F，其扩展名为 BAT 的所有文件拷贝到 B 盘根目录下，并在拷贝时将扩展名 BAT 改为 BAK

　　【提示】用星号"*"指定文件名时，DOS 将会忽略星号"*"后和小数点"."前的任何字符。例如，输入*M.EXE 和输入*.EXE 的结果相同。如果在扩展名中用星号，DOS 也将忽略其星号后的

其他字符。例如，输入 WPS.*XE 和输入 WPS.* 的结果相同。

3. 文件属性（Attribute）

为了便于对文件的保护、管理和使用，文件系统为不同类型文件定义了某些独特的性质，即为每一个文件定义了一个或一组属性。可供选择的属性有如下 4 种。

（1）隐含属性（Hidden，H）：具有 H 属性的文件在列表时不会被显示出来，并且这类文件不能被删除、拷贝或更名。

（2）系统属性（System，S）：具有 S 属性的文件一般为系统文件，由系统自动建立属性。这类文件通常都具有 HSRA 属性，是操作系统对重要文件的一种保护属性。

（3）只读属性（Read Only，R）：具有 R 属性的文件只能被读或执行，不能被删除或修改。

（4）档案属性（Archive，A）：一般用户所建立的文件都是 A 属性，由系统自动提供的。

【提示】文件属性可以组合使用，例如在 DOS 系统盘中的 IO.SYS 和 MSDOS.SYS 两个文件，它们的属性是 HSRA，即 4 个属性都具备，因此列文件目录时看不到它们，也不能对它们进行修改或删除。用户可以使用 DOS 提供的 ATTRIB 命令或工具软件来修改文件的属性。

4. 文件类型

计算机中的文件可分为系统文件、通用文件与用户文件 3 类。前两类是在安装操作系统和硬件、软件时装入磁盘的，其文件名和扩展名由系统约定好，不能随便更改或删除。

用户文件是由用户建立并命名的文件，多为文本文件，即可以显示或打印供用户直接阅读的文件，可分为文书文件和非文书文件两种。文书文件包括文章、表格、图形等，非文书文件是指用汇编语言或各种高级程序设计语言编写的源程序文件、数据文件及用户编写的批处理文件、系统配置文件等。

5. 文件目录结构

一个磁盘，不论是软磁盘还是硬磁盘，就其存储容量来说可存放很多个文件。但实际上，如果简单地将文件堆放在磁盘上，不仅难以搜索，而且所允许存放的文件个数也是有限的。换句话说，即使有足够的存储空间来存放许多个文件，但允许存放的文件个数是有限制的。为此，逐渐形成了由文件目录到目录结构的管理方式。在 Windows 中将目录称为文件夹，相应地，将目录结构称为文件夹结构。事实上，目录结构与文件夹结构只是名称不同而已。

（1）文件目录：为了便于对磁盘上众多的文件进行管理和搜索，将文件的名字放在磁盘的特定位置上，这个特定位置就称作文件的目录（directory）或文件夹。利用这个目录（文件夹），给出各个文件的名字以及文件的附属信息，如文件的大小（以字节为单位）、文件建立或最后修改的日期和时间等。当用户以某种方法建立一个文件时，操作系统就自动为它建立有关这个文件的目录（文件夹）。用户可以用有关目录命令来询问，从目录中得到有关文件的信息，正如搜索图书目录一样，使用起来十分方便。

（2）目录结构：DOS 和 Windows 都是采用了分层式的文件系统结构，即树形目录结构，如图 3-6 所示。

所谓树形目录结构，是指目录和文件的隶属关系像一棵倒置的树。树根在上，称为根目录；树叉分支在下，称为子目录；树的末稍为文件。树形目录结构有利于在磁盘上组织、管理文件，并具有明确的层次关系。一个根目录下可以下挂若干个子目录或文件，在每一个子目录下面，又可以再下挂若干个子目录或文件。例如在某磁盘的根目录下有 COMMAND.COM、CONFIG.SYS、AUTOEXEC.BAT 等文件和 R11、R12、…、R1n 等子目录（文件夹），并且在某些子目录（文件夹）下又有文件或文件夹，…，即二级、三级等。

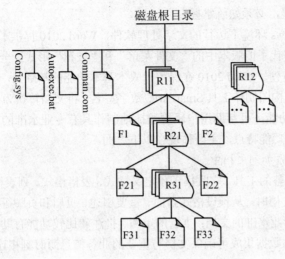

图 3-6　树形目录结构示意图

（3）子目录名：树形目录结构中有两种目录，即根目录和子目录。根目录是在磁盘格式化时所建立的，也称为系统目录。根目录下的每个目录项既可以是文件名，也可以是另外一个目录名，这些目录名称为子目录，它是用专用命令建立起来的。子目录实质上也是一个文件（夹），它同样可以有许多目录项，其中每个目录项既可以是文件名也可以是另外的子目录。子目录名的格式与文件名相同，即在 1 至 8 个字符的名称之后是一个可选择的扩展名。因此，凡是对文件名有效的字符，对目录名也同样有效。

（4）当前目录：树形目录结构中的结点可分成三类：一类是根结点，存放根目录；另一类是树枝结点，存放子目录；最后一类为树叶结点，存放普通文件。为了方便表示或描述树形目录结构中文件所在的目录，把任何时刻当前正在使用的那个目录称为当前目录，例如机器刚启动时，根目录就是当前目录。根据需要，用改变目录命令可随时改变当前目录。

6. 文件夹窗口

要对计算机中的文件或文件夹进行浏览、搜索、新建、修改、删除、移动或复制等操作管理，可以在文件夹窗口或 Windows 资源管理器中进行。

§3.4　计算机应用软件

应用软件（Application Software）是相对于系统软件而言的，是用户针对各种具体应用问题开发的一类专用程序或软件的总称。应用软件包括通用应用软件和专用应用软件。其中：通用应用软件是在计算机的应用普及进程中产生的、为广大计算机用户提供的应用软件，美国微软公司推出的 Microsoft Office 2010 是典型的应用软件。通用应用软件的特点是推广和流行迅速，并且不断更新版本；专用应用软件是用户在不同应用领域中，为解决某种应用问题而编制的专用程序，例如科学计算程序、自动控制程序、工程设计程序等。

3.4.1　文字处理软件 Word 2010

Word 2010 是 Microsoft Office 2010 中的主要成员，是目前世界上最新、最流行、功能较强大的文字编辑和表格处理软件之一。文字编辑和表格处理是计算机应用的操作基础，也是信息时代每个大学生一项必备的基本技能，必须熟练掌握。

Word 2010 是基于 Windows 环境下运行的文字处理软件，Word 2010 提供了一个全新的界面，以"面板"和"模块"形式替代了旧版本中的"文件菜单"和"按钮"形式，全新的用户界面更加直观，使用户操作更加快捷方便。Word 2010 在保留旧版本基本功能的基础上，改进和新增了许多功能，如博客撰写与发布、结构图制作工具 SmartArt、数字签名、将文档转换为 PDF 或 XPS 格式、Office 诊断和程序恢复等新功能，可帮助用户轻松快捷地制作具有专业水准的文档。除此之外，Word 2010 具有一系列优异的功能特点，主要体现在以下方面。

1．方便用户将预设格式添加到文档中

Word 2010 提供了一套完整的工具，它收集了预定义样式、表格格式、列表格式、图形效果库，供用户在处理特定模板类型文档时，从预设格式封面、重要引述、页眉和页脚等内容的库中进行挑选，从而帮助用户制作具有专业水准的文档；丰富的审阅、批注和比较功能有助于快速收集和管理来自同事的反馈信息；高级的数据集成可确保文档与重要的业务信息源时刻相连。

2．快速比较文档的两个版本

Word 2010 可以轻松找出对文档所做的更改。比较并合并文档时，可以查看文档的两个版本，而已删除、插入和移动的文本则会清楚地标记在文档的第 3 个版本中。

3．查找和删除文档中的隐藏元数据和个人信息

在与其他用户共享文档之前，可使用文档检查器检查文档，以查找隐藏的元数据、个人信息或可能存储在文档中的内容。文档检查器可以查找和删除以下信息：批注、版本、修订、墨迹注释、文档属性、文档管理服务器信息、隐藏文字、自定义 XML 数据以及页眉和页脚中的信息。

4．全新的图、表编辑功能

Word 2010 大大改进了图片编辑器，可以媲美专门的图片处理软件；在数据图表方面作了很大改进，不仅能进行复杂的数据分析，完全可以作为 Excel 的替代品来使用，而且它能对数据图表进行专业级的美化。新的图表和绘图功能包含三维形状、透明度、阴影以及其他效果。此外，配合 Word 2010 强大的样式库，可以制作出变化万千的精美图表。

5．强大的结构图制作工具 SmartArt

SmartArt 用于表现展示流程、层次结构、循环或者关系。SmartArt 图形包括水平列表和垂直列表、组织结构图以及射线图与维恩图。

6．非凡的拼写免错功能

Word 2010 中有若干个全局性的拼写检查选项：如果用户在一个 Office 程序中更改了其中某个选项，则在所有其他 Office 程序中，该选项也会随之改变；首次使用某种语言时，会自动为该语言创建排除词典，利用排除词典，可以让拼写检查标记要避免使用的词语；拼写检查可以查找并标记某些上下文拼写错误。

7．防止更改文档的最终版本

在与其他用户共享文档的最终版本之前，可以使用"标记为最终版本"命令将文档设置为只读，并告知其他用户该文档的最终版本。在将文档标记为最终版本后，输入、编辑命令以及校对标记都会被禁用，以防查看文档的用户不经意地更改该文档。

8．放心地共享文档

当用户向同事发送文档草稿以征求他们的意见时，Word 2010 可帮其有效地收集和管理他们的修订和批注。在用户准备发布文档时，Word 2010 可帮助确保所发布的文档中不存在任何未经处理的修订和批注。

9. 将 Word 文档转换为 PDF 或 XPS

便携式文档格式（portable document format，PDF）是一种版式固定的电子文件格式；XML 纸张规范（XML Paper Specification，XPS）是一种电子文件格式。这两种文件类型可以保留文档格式并允许文件共享。当联机查看或打印相应格式的文件时，该文件可以保持与原文完全一致的格式，文件中的数据也不能被轻易更改。

10. 博客撰写与发布功能

现在博客已经逐渐进入我们的生活，很多人都利用博客发表自己的观点。以往人们都通过博客网站自有的文字编辑功能来编辑文章，由此出现的问题是博客版式过于格式化，用户的个性无法发挥，而且网站上的博客编辑功能不够全面。随着 Word 2010 的推出，一系列的博客编辑问题将迎刃而解。

11. 即时对文档应用新的外观

当用户所在的公司更新其形象时，可以立即在文档中进行仿效。通过使用"快速样式"和"文档主题"，可以快速更改整个文档中的文本、表格和图形的外观，以便与首选的样式和配色方案相匹配。

12. 缩小文件大小并增强损坏恢复能力

新的 Word XML 格式是经过压缩、分段的文件格式，可大大缩小文件大小，并有助于确保损坏的文件能够轻松恢复。

13. 程序恢复

改进了 Word 2010 的功能，更有助于在程序异常关闭时避免丢失工作成果。只要可能，在重新启动后，Word 就会尽力恢复程序状态的某些方面。

3.4.2 电子表格处理软件 Excel 2010

Excel 2010 作为电子表格处理软件，它广泛应用于财务、统计、分析和个人事务的处理等领域，其主要功能有：处理各种电子表格、图表功能和数据库管理功能；其特点是组织管理方便、统计计算容易和用户界面友好。Excel 能对数据进行各种复杂的统计运算，并可以利用表格中的数据生成各种需要的统计图。因此，学习和掌握 Excel 2010 的应用是非常必要的。

Excel 2010 是微软公司推出的最新版本的电子表格处理软件，与之前的 Excel 版本相比，不仅界面变化很大，而且其应用功能也有很大提升，主要体现在以下几方面。

1. 面向结果的用户界面

新的用户界面是面向结果的，我们可以轻松地在 Microsoft Office Excel 中工作。在 Excel 2010 之前的版本中，命令和功能常常深藏在复杂的菜单和工具栏中，现在可以在包含命令和功能逻辑组的选项卡上更轻松地找到它们。新的用户界面用选项的下拉列表框替代了以前的许多对话框，并且提供了描述性的工具提示或示例预览来帮助我们选择正确的选项。

2. 更多的行和列

为了能够在工作表中浏览大量数据，Excel 2010 支持每个工作表中最多有 1048576 行、16384 列，而早期的 Excel 版本中的工作表的大小只有 256 列，65536 行。在 Excel 2010 中，可以在同一个工作簿中使用无限多的格式类型，而不再仅限于 4000 种；每个单元格的单元格引用数量从 8000 增长到了任意数量，并且最多支持 16000000 种颜色。

3. 丰富的条件格式

在 Office 2010 发布版中，我们可以使用条件格式直观地注释数据以供分析和演示使用。若要在数据中轻松地查找例外和发现重要趋势，可以实施和管理多个条件格式规则，这些规则以渐变色、数据柱线和图标集的形式将可视性极强的格式应用到符合这些规则的数据。条件格式也很容易应用：只需单击几下鼠标，即可看到可用于分析的数据中的关系。

4. 轻松编写公式

Excel 2010 对过去的编辑公式进行了改进，从而使得编写公式更为轻松。具体体现为：

（1）可调整的编辑栏：编辑栏会自动调整以容纳长而复杂的公式，从而防止公式覆盖工作表中的其他数据。与 Excel 早期版本相比，可以编写的公式更长、使用的嵌套级别更多。

（2）函数记忆式键入：使用函数记忆式键入，可以快速写入正确的公式语法。它不仅可以轻松检测到我们要使用的函数，还可以获得完成公式参数的帮助，从而使用户在第一次使用时以及今后的每次使用中都能获得正确的公式。

（3）结构化引用：除了单元格引用（例如 A1 和 R1C1），Excel 2010 还提供了在公式中引用命名区域和表格的结构化引用。

（4）轻松访问命名区域：通过使用 Excel 2010 命名管理器，可以在一个中心位置来组织、更新和管理多个命名区域，这有助于任何需要使用工作表的人理解其中的公式和数据。

5. 改进的排序和筛选功能

在 Excel 2010 中可使用增强了的筛选和排序功能，快速排列工作表数据，以找出所需的信息。例如，现在可以按颜色和 3 个以上（最多为 64 个）级别来对数据排序。我们还可以按颜色或日期筛选数据，在"自动筛选"下拉列表中显示 1000 多个项，选择要筛选的多个项，以及在数据透视表中筛选数据。

6. Excel 表格的增强功能

在 Excel 2010 中，可以使用新用户界面快速创建、格式化和扩展 Excel 表格（在 Excel 2003 中称为 Excel 列表）来组织工作表上的数据，以便更容易使用这些数据。具体体现在：

（1）表格标题行：可以打开或关闭表格标题行。如果显示表格标题，则当您在长表格中移动时，表格标题会替代工作表标题，从而使表格标题始终与表列中的数据出现在一起。

（2）计算列：计算列使用单个公式调整每一行。它会自动扩展以包含其他行，从而使公式立即扩展到这些行。您只需输入公式一次，而无需使用"填充"或"复制"命令。

（3）自动筛选：默认情况下，表中会启用"自动筛选"以支持强大的表格数据排序和筛选功能。

（4）结构化引用：该引用允许在公式中使用表列标题名称代替单元格引用（例如 A1 或 R1C1）。

（5）汇总行：在汇总行中，您现在可以使用自定义公式和文本输入。

（6）表样式：您可以应用表样式，以对表快速添加设计师水平的专业格式。如果在表中启用了可选行样式，Excel 将通过一些操作保持可选样式规则，而这些操作在过去会破坏布局，例如筛选、隐藏行或者对行和列手动重新排列。

7. 新的图表外观

在 Excel 2010 中，可以使用新的图表工具轻松创建能有效交流信息的、具有专业水准外观的图表。基于应用到工作簿的主题，新的、最具流行设计的图表外观包含很多特殊效果，例如三维、透明和柔和阴影。使用新的用户界面，可以轻松浏览可用的图表类型，以便为自己的数据创建合适的图表。由于提供了大量的预定义图表样式和布局，可以快速应用一种外观精美的格式，然后在图表中进行所需的细节设置：

（1）可视图表元素选取器：除了设置快速布局和快速格式外，现在我们还可以在新的用户界面中快速更改图表的每一个元素，以更好地呈现数据。只需单击几下鼠标，即可添加或删除标题、图例、数据标签、趋势线和其他图表元素。

（2）外观新颖的艺术字：由于 Excel 2010 中的图表是用艺术字绘制的，因而可对艺术字形状所做的几乎任何操作都可应用于图表及其元素。例如，可以添加柔和阴影或倾斜效果使元素突出显示，或使用透明效果使在图表布局中被部分遮住的元素可见。我们也可以使用逼真的三维效果。

（3）清晰的线条和字体：图表中的线条减轻了锯齿现象，而且对文本使用了 ClearType 字体来提高可读性。

（4）比以前更多的颜色：可以轻松地从预定义主题颜色中进行选择和改变其颜色强度。若要对颜色进行更多控制，还可以从"颜色"对话框内的多种颜色中选择合适的颜色。

（5）图表模板：在新的用户界面中，将喜爱的图表另存为图表模板变得更为轻松。

8. 易于使用的数据透视表

Excel 2010 的数据透视表比早期版本更易于使用。使用新的数据透视表界面时，只需单击即可显示要查看的数据信息，而不再需要将数据拖到并非总是易于定位的目标拖放区域。现在，只需在新的数据透视表字段列表中选择要查看的字段即可。创建数据透视表后，可以利用许多其他新功能或改进功能来汇总、分析和格式化数据透视表数据。

9. 新的文件格式

Microsoft 为 Word、Excel 和 PowerPoint 引入了新的、称为"Office Open XML 格式"的文件格式。这些新文件格式便于与外部数据源结合，还减小了文件大小并改进了数据恢复功能。在 Excel 2010 中，Excel 工作簿的默认格式是基于 Excel 2010 XML 的文件格式（.xlsx）。其他可用的基于 XML 的格式是基于 Excel 2010 XML 和启用了宏的文件格式（.xlsm）、用于 Excel 模板的 Excel 2010 文件格式（.xltx），以及用于 Excel 模板的 Excel 2010 启用了宏的文件格式（.xltm）。

3.4.3　演示文稿制作软件 PowerPoint 2010

PowerPoint 2010 中文版是美国微软公司 Microsoft Office 2010 中文版中的另一个重要成员，是当前最流行的演示文稿软件。利用 PowerPoint 2010 更方便用户在幻灯片中输入和编辑文本、图表、组织结构图、剪贴画、图片艺术字对象和公式对象等，从而创建极具感染力的动态演示文稿，因而获得了广大用户的青睐。PowerPoint 2010 具有强大的电子演示文稿制作、编辑和演示功能。与之前的 PowerPoint 版本相比，PowerPoint 2010 重新设计的用户界面到新的图形以及格式设置功能，更能拥有创建精美外观演示文稿的能力，同时集成更为安全的工作流和方法以轻松共享这些信息。PowerPoint 2010 的优势具体体现在以下 7 个方面。

1. 创建强大、动态的 SmartArt 图示

在 PowerPoint 2010 中可轻松创建专业和动态的关系、工作流或层次结构图。甚至可以将项目符号列表转换为图示或修改和更新现有图示。借助用户界面中的上下文相关 SmartArt 图示工具，用户可以方便地使用丰富的格式设置选项。

2. 通过 PowerPoint 2010 幻灯片库轻松重用内容

通过 PowerPoint 2010 幻灯片库，用户可以在 Microsoft Office SharePoint Server 2010 所支持的网站上将演示文稿存储为单个幻灯片。使用幻灯片库，可以与工作组成员和同事共享演示文稿内容，使任何人都可以轻松重用您的内容。这不仅可以缩短创建演示文稿所用的时间，而且用户插入的所有幻灯片都可与服务器版本保持同步，从而确保内容始终是最新的。

3. 与使用不同平台和设备的用户进行交流

可通过将文件转换为 XML Paper Specification（XPS）和可移植文档格式（PDF）文件以便与任何平台上的用户共享，确保能够利用 PowerPoint 2010 演示文稿进行广泛交流。

4. 使用 PowerPoint 2010 主题统一设置演示文稿格式

PowerPoint 2010 主题使用户只需一次单击即可更改整个演示文稿的外观。更改演示文稿的主题不仅可以更改背景色，而且可以更改图示、表格、图表和字体的颜色，甚至可以更改演示文稿中任何项目符号的样式。通过应用主题，用户可以确保整个演示文稿具有专业和一致的外观。

5. 使用新工具和效果显著修改形状、文本和图形

用户可以通过比以前更多的方式来操作和使用文本、表格、图表和其他演示文稿元素。PowerPoint 2010 通过简化的用户界面和上下文菜单使这些工具触手可及，这样只需进行几次单击，便可使作品更具效果。

6. 进一步提高 PowerPoint 2010 演示文稿的安全性

用户可以为 PowerPoint 2010 演示文稿添加数字签名以确保文件的完整性，还可以将演示文稿标记为"最终"以防止不经意的更改。这些功能确保只能按照用户需要的方式来修改或共享内容。

7. 同时减小文档大小和提高受损文件的恢复能力

全新的 Microsoft Office PowerPoint XML 压缩格式可使文件大小显著减小，同时由于此格式的体系结构特点，还能够提高受损文件的数据恢复能力。这种新格式可以大量节省存储和带宽要求，并可降低 IT 人员的负担。

除了上述三个最常用的应用软件外，Microsoft Office 中还有 Access 2010、Outlook 2010、InfoPath Designer 2010、InfoPath Filler 2010 等。

3.4.4 典型应用软件

Microsoft Office 系列产品功能固然强大，而我国求伯君先生自主开发的 WPS Office 更适合华人使用。一经推出，就受到大陆、香港、台湾和澳门等地广大用户的青睐。WPS Office 与 Microsoft Office 相比，在性能上，有过之而无不及。

我国北大方正集团自主研发的"激光照排"系统享誉全球，从而使中国的印刷技术得到进一步弘扬和光大。

我国开发的防病毒工具软件（360 安全卫士、瑞星杀毒软件、金山毒霸等），功能强大，性能优良。上述这些软件的研发和广泛应用，是我国 IT 产品的典范，是中华民族的自豪和骄傲。

§3.5 计算机程序设计

从使用角度讲，只需了解计算机软件的功能特点，熟悉操作系统的功能作用，掌握软件的使用方法即可。而要利用计算机来解决实际应用问题，必须掌握计算机程序设计方面的相关知识。

3.5.1 什么是程序设计

人们做任何事情都有一定的方法和步骤，这个方法和步骤就是"程序"，而"程序设计"就是规划这个程序，其思想和方法与我们写文章的思想和方法类似。写文章首先要学会写字，用不同的字组成词，并依据语法和词连成语句；然后根据所要表达的目的，将语句组成一个一个的段落，从而构成了文章；最后，还要对文章进行多次的通读、修改，让文章通顺流畅，这样，一篇文章就写

好了。程序设计也是这样，首先要根据语义、语法，将一系列的数据和关键字写成程序语句，再根据程序所要完成的工作设计算法，并将描述算法的语句组织起来；然后经过编译、调试，得到正确的运行结果，完成一个程序的设计工作。

计算机在解决各个特定任务中，通常涉及两个方面的内容——数据和操作。所谓"数据"，是指计算机所要处理的对象，包括数据类型、数据的组织形式和数据之间的相互关系（数据结构）；所谓操作，是指计算机处理数据的方法和步骤（算法）。瑞士著名计算机科学家、Pascal 语言的发明者尼克莱斯·沃斯（Niklaus Wirth）教授早在 1976 年提出了这样一个公式：

　　　算法+数据结构=程序

这一公式揭示了计算机科学的两个重要支柱：算法和数据结构的重要性和统一性，算法、数据结构和程序，既不能离开数据结构去分析问题的算法，也不能脱离算法孤立地研究数据结构。算法、数据结构和程序三者之间密不可分，但又有各自的含义。

（1）算法（Algorithm）：是对数据处理准确而完整的具体描述，是由基本运算规则和运算顺序所构成的、完整的解题方法和步骤。

（2）数据结构（Data Structure）：是指相互之间存在一种或多种特定关系的数据元素的集合，是计算机存储、组织数据的方式，它反映出数据类型和数据的组织形式。其中，数据的类型体现了数据的取值范围和合法的运算；数据的组织形式体现了相关数据之间的关系。

（3）程序（Program）：是为计算机完成特定任务，利用算法并结合合适的数据结构而设计的一系列指令的有序集合。它由程序开发人员根据具体的任务需求，使用相应的语言，结合相应的算法和数据结构编制而成。

【提示】程序的目的是加工数据，而如何加工，则是算法（对数据的操作）和数据结构（描述数据的类型和结构）的问题。在加工过程中，只有明确了问题的算法，才能更好地构造数据，但选择好的算法，又常常依赖于好的数据结构。程序是在数据的某些特定的表示方式和结构的基础上对抽象算法的具体描述。因此，编写一个程序的关键是合理组织数据和设计好的算法。

3.5.2　程序设计步骤

程序设计的任务是利用计算机语言把用户提出的任务作出描述并予以实现。程序设计的步骤是根据给出的具体任务，编制一个能够正确完成该任务的计算机程序。以数值计算为例，实现程序设计的一般步骤如图 3-7 所示。

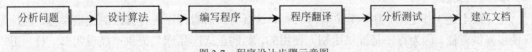

图 3-7　程序设计步骤示意图

1．分析问题

分析问题是进行程序设计的第一步，对接受的任务进行认真的分析，研究所给定的条件，分析应该达到的目标，找出解决问题的规律，选择解题的方法。具体体现在以下 3 个方面：

① 分析问题给定的条件和要求，分析的结果是将条件和要求用数据的形式表示出来；

② 分析解决问题的思路，结果是形成算法设计的原则和策略；

③ 分析程序的输入、输出数据。在设计算法和程序之前，弄清输入、输出的数据形式。

由于程序设计是以数据处理的方式解决客观世界中的问题，因此，在进行程序设计时首先应该将实际问题用数学语言加以描述，即建立实际问题的抽象数学模型。一般来说，对于复杂问题，从实际问题抽象出数学模型（例如用一些数学方程米描述人造卫星的飞行轨迹）是有关领域的专业工作者的任务，计算机工作人员只起辅助作用。

2. 设计算法

设计算法就是根据上一步的分析结果，设计出解题的方法和具体步骤。这一步主要进行两项工作：一是将算法设计思路、原则和策略写成概要性的算法框架，例如解一个方程式，首先选择求解问题的算法，然后设计程序结构和确定求解步骤，并且用流程图来表示解题的步骤；二是规划数据的组织方式（数据描述），就是根据程序设计的目标和对数据处理的要求，确定所处理数据的表示方法，即数据结构。算法和数据结构密切相关，两者应该相互配合。

3. 编写程序

根据算法描述、数据结构及其求解步骤，用一种高级语言编写出源程序。有了算法描述，将其转换为任何一种高级语言程序都不困难，这一步骤常称为"编码"（coding）。

在利用计算机解决问题时，按照人们的意愿，利用计算机语言将解决问题的方法、公式、步骤等编写成程序，然后将程序输入到计算机中，由计算机执行这个程序，完成给定的任务。

4. 程序翻译

用户利用计算机语言针对实际问题编写的程序称为源程序，计算机并不能识别源程序，必须对所编辑的源程序进行翻译，形成可执行程序。事实上，翻译的过程也是对源程序进行检查的过程，检查源程序的结构、语法、词法是否正确。只有翻译通过了的程序才能执行。

5. 分析测试

运行可执行程序，可得到运行结果。但是，能得到运行结果，并不意味着程序是正确的。因此，都要对结果进行分析，如果存在问题，则需要进行调试和测试。

（1）分析：在程序设计中把"y=x;"错写为"x=y;"，程序不存在语法错误，能通过编译，但运行结果显然与预期不符，因此要对程序进行调试（debug）。调试的过程就是通过上机发现和排除程序错误的过程。在调试过程中，不能只看到某一次结果是正确的就认为程序没有问题。例如，求 $z=y/x$，当 $x=8$，$y=4$ 时，求出 z 的值为 0.5 是正确的，但如果会出现 $x=0$ 的情况，就无法求出 z 的值。这说明程序中存在有漏洞，需要对程序进行测试（test）。

（2）测试：就是设计多组测试数据，检查程序对不同数据的运行情况，发现程序中存在的漏洞，修改程序使之能适用于各种情况。特别是作为商品提供使用的程序，必须经过严格的反复测试，才能最大限度地保证程序的正确性。同时，通过测试可以对程序性能作出评估。

6. 建立文档

在完成上述工作之后，还应建立程序文档，这既为日后对程序进行修改时提供参考，也是为用户使用提供方便。因为程序是提供给别人使用的，如同正式产品应当提供产品说明书一样。正式提供给用户使用的程序，必须向用户提供使用说明书，内容包括：程序名称、程序功能、运行环境、程序的装入和启动、需要输入的数据、使用注意事项等。程序文档是软件的一个重要组成部分，无论是系统软件还是应用软件，建立程序文档都是非常必要的。

3.5.3 程序设计语言

用户使用计算机，必须具有人与计算机之间进行信息交换的共同"语言"，才能使计算机按照人的意愿（计算步骤或信息处理过程）进行工作。于是，人们希望找到一种和自然语言接近并能为计算机接受的语言，我们把这种语言称为计算机语言（Computer Language）。由于它是编写程序的语言，所以又称为程序设计语言（Programming Language）。

　　程序设计语言伴随着计算机硬件的发展和计算机应用的普及而飞速发展。今天，程序设计语言的种类繁多，如果按照程序设计方法分类，可将其分为面向过程程序设计语言和面向对象程序设计语言两大类。

1. 面向过程程序设计语言

　　所谓"面向过程"语言，是使用这些语言进行程序设计的过程，是一个逐步求精的过程，它是一种传统式的程序设计语言。如果根据程序设计语言的发展，或按其与硬件的接近程度来分类，通常可分为机器语言、汇编语言和高级语言 3 种类型，如图 3-8 所示。

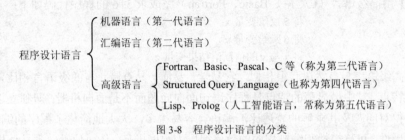

图 3-8　程序设计语言的分类

　　（1）机器语言（Machine Language）：用于直接与计算机打交道的，用二进制代码指令表达的计算机编程语言称为机器语言。机器语言是计算机中最早使用的、也是计算机硬件系统所能识别和执行的唯一语言。在早期的计算机中，人们是直接使用由 0 和 1 所组成的数据和命令组成的语言来编写程序的，这种编写程序的方式称为手编程序。

　　【实例 2-1】在 8086/8088 兼容机上，用机器语言完成求 5+6 的程序代码如下：

```
10110000 00000101        ;将 5 放进累加器 acc 中
00101100 00000110        ;将累加器中的值与 6 相加，结果仍然放在累加器中
11110100                 ;停机结束
```

　　机器语言的特点是：由于它是用二进制代码描述的，不需要翻译而直接供计算机使用的程序语言。不仅执行速度快，占存储空间小，而且容易编制出质量高的程序。但由于机器码是用"0"和"1"所表示的二进制代码，不仅程序的编写、修改、调试难度较大，而且程序的编写与机器硬件结构有关，因而极大地限制了计算机的使用。

　　（2）汇编语言（Assemble Language）：为了编写程序的方便和提高机器的使用效率，人们在机器语言的基础上研制产生了汇编语言。汇编语言是用一些约定的文字、符号和数字按规定格式来表示各种不同的指令，然后再用这些特殊符号表示的指令来编写程序。该语言中的每一条语句都有一条相应的机器指令，用助记符代替操作码，用地址符代替地址码。通常，人们把汇编语言称为第二代语言。

　　【实例 2-2】在 8086/8088 兼容机上，用汇编机器语言完成求 5+6 的程序代码如下：

```
MOV   AX,5               ;将 5 放进 AX 寄存器中
ADD   AX,6               ;将 AX 寄存器中的数与 6 相加，结果仍然放在 AX 寄存器中
HLT                     ;停机结束
```

　　其中：MOV、ADD、HLT 是操作助记符；AX 是寄存器名；分号后面的内容是语句的注释。正是这种替代，有利于机器语言实现"符号化"，所以又把汇编语言称为符号语言。

　　汇编语言程序比机器语言程序易读、易查、易修改。同时，又保持了机器语言编程质量高、执行速度快、占存储空间小的优点。

　　我们把面向机器的语言称为低级语言，它的使用依赖于具体的机型，即与具体机型的硬件结构

有关，故不具有通用性和可移植性。使用这类语言编程时，需要熟悉具体的硬件系统。

（3）高级语言（High Level Language）：为了进一步实现程序自动化和便于程序交流，使不熟悉计算机具体结构的人也能方便地使用计算机，人们又创造了高级语言。高级语言是与计算机硬件结构无关的程序设计语言，由于它利用了一些数学符号及其有关规则，比较接近数学语言，所以又将高级语言称为算法语言。高级语言是 20 世纪 50 年代中期发展起来的，面向问题的程序设计语言。高级语言中的语句一般都采用自然语汇，并且使用与自然语言语法相近的自封闭语法体系，这使得程序更容易阅读和理解。

【实例 2-3】用高级语言（C/C++、Basic、Fortran）完成求 5+6 的程序代码如下：

```
x=5;                    //将 5 赋给变量 x
y=6;                    //将 6 赋给变量 y
z=x+y;                  //将 x 与 y 的值赋给结果变量 z
```

显而易见，高级语言与自然语言很相似，它易学、易懂、易查错。与低级语言相比，高级语言具有一系列的优特点，其中最显著的特点是程序语句面向问题而不是面向机器，即独立于具体的机器系统，因而使得对问题及其求解的表述比汇编语言容易得多，大大地简化了程序的编制和调试，并使得程序的通用性、可移植性和编制程序的效率得以大幅度提高，从而使不熟悉具体机型情况的人也能方便地使用计算机；其次，高级语言的语句功能强，一条语句往往相当于多条指令，程序员编写的源程序比较短，容易学习，使用方便，可移植性较好，便于推广和交流。

随着 Windows 广泛的应用，人们又把程序设计的目标投向了面向 Windows 界面的编程，称为可视化编程。所谓可视化编程，就是在程序设计过程中能够及时看到程序设计的效果，即具有可视化图形界面（Visual Graphic User Interface，VGUI）。具有这种功能的编程语言目前有 Visual Basic、Visual FoxPro、PowerBuilder、Visual C++、Delphi、Java 等。

2. 面向对象程序设计语言

面向过程的程序设计语言均不具备面向对象特性。我们把支持对象、类、封装和继承特性的语言称为面向对象程序设计语言（Object-Oriented Programming Language，OOPL）。

面向对象程序设计语言是建立在用对象编程的方法基础上的，是当前程序设计采用最多的一种语言。由于这种语言具有封装性、继承性和多态性，因而所开发的程序具有良好的安全性、可维护性和可扩展性。近年来面向对象语言发展极为迅速，Simula、Smalltalk、Eiffel 及今天广泛应用的 C++、Java、C# 等都是面向对象的语言。

（1）Simula 语言：是由挪威的 Ole Dahl 和 Krysten Nygaard 等人于 1967 年提出的，当时取名为 Simula 67。由于 Simula 语言中引入了对象、类、继承等概念，所以在面向对象程序设计中具有重要的历史意义。

（2）Smalltalk 语言：其起源可追随到 20 世纪 60 年代后期，由美国的 Xerox 公司 Palo Alto 研究中心（PARC）开发。Smalltalk 不仅仅是一种程序设计语言，而且还是一个全新的、反映面向对象思想的图形交互式程序设计环境，这也是导致面向对象技术兴起的重要原因之一。

（3）C++语言：进入 20 世纪 80 年代后，面向对象程序设计方法在程序设计领域引起了普遍重视，AT&T 贝尔实验室的 Bjarne Stroustrup 在 C 语言的基础上，吸收了 OOPL 的特点，开发了面向对象的程序设计语言 C++。C++语言保留了流行 C 语言的所有成分，是 C 语言的改进或扩充。然而，C++语言更应该作为一种全新的、完备的程序设计语言看待。

（4）Eiffel 语言：是由美国 Interactive Software Engineering 公司开发的。Eiffel 语言是完全根据面向对象程序设计思想设计出来的纯面向对象语言，该语言推出后倍受程序设计理论界推崇和欢迎。然而，由于实现效率与开发环境等原因，Eiffel 语言的实际应用与开发远不及 C++语言广泛。

（5）Java 语言：是一种适合分布式计算的新型面向对象程序设计语言，由美国 Sun Microsystem 公司于 1995 年 5 月推出的一个支持网络计算的面向对象程序设计语言，是目前推广最快的程序设计语言。Java 语言将面向对象、平台无关性、稳定与安全性、多线程等特性集于一身，为用户提供了良好的程序设计环境，特别适合于 Internet 的应用开发。与目前迅速发展的 Internet 紧密结合是 Java 语言成功的关键所在。

Java 语言可以看作是 C++的派生语言，它从 C++语言中继承了大量的语言成分，但抛弃了 C++语言中多余的、容易引起问题的功能（如头文件、编译指令、指针、结构、隐式类型转换、操作符重载等），增加了多线程、异常处理、网络程序设计等方面的支持。因此，掌握了 C++语言的程序员可很快学会 Java 语言。

（6）C#语言：一般地说，开发一个具有相同功能的计算机程序，用 C/C++语言的开发周期比其他语言长。为此，人们一直都在寻找一种可以在功能和开发效率之间达到更好平衡的语言。针对这种需求，Sun Microsystem 公司推出了面向对象的 Java，后来 Microsoft 公司推出了 C#（读作 C sharp）语言。

C#起源于 C 语言家族，在更高层次上重新实现了 C/C++。C#简化了 C/C++的诸多复杂性，但提供了空的值类型、枚举、委托、匿名方法和直接内存访问，而这些都是 Java 所不具备的。

3.5.4　翻译程序

用程序设计语言编制的程序称为源程序（Source program）。由于计算机硬件只能识别用二进制表示的机器语言，因此，用任何其他语言编制的程序，计算机均不能直接执行，必须把源程序翻译成用二进制代码 "0" 和 "1" 表示的程序才能执行，担当此翻译任务的就是翻译程序（Translator program）。它将源程序经过翻译处理成等价的机器代码程序，所以也把翻译程序称为语言处理程序。根据处理方式的不同，翻译程序可分为汇编程序、编译程序和解释程序。

1. 汇编程序（Assembly program）

汇编程序的功能把用汇编语言编写的源程序翻译（ASM、MASM）成机器语言，该过程称为汇编。因为汇编语言的指令与机器语言的指令基本上是一一对应的，所以汇编的过程就是汇编语言指令逐行进行处理。其处理步骤是：

① 将指令的助记符操作码转换成相应的机器操作码；
② 将符号操作数转换成相应的地址码；
③ 将操作码和操作数构造成机器指令。

2. 解释程序（Interpreted program）

解释程序是一种相对简单的翻译程序，其功能是把用高级语言编写的源程序按动态顺序逐句进行分析解释，即一边解释一边执行，因而运行速度较慢。例如早期的 Basic 语言、FoxBASE 等都是以这种方式运行的。解释一个源程序的过程如图 3-9 所示。

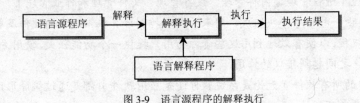

图 3-9　语言源程序的解释执行

3．编译程序（Compiling program）

编译程序的功能是把用高级语言编写的源程序翻译成机器语言，或先翻译成汇编语言，然后由汇编程序将其翻译成机器语言。多数高级语言（如 C、Fortran 等）都是这种编译方式。

在汇编或编译过程中，首先得到的只是目标程序（Object program）。目标程序不能立即装入机器直接执行，因为目标程序中通常包含常用函数（如 sin()、abs()等），需要通过连接程序将目标程序与程序库中的标准程序相连才能形成可执行程序。

（1）程序库（Library）：是各种标准程序或函数子程序及一些特殊文件的集合。程序库可分为两大类，即系统程序库（System Library）和用户程序库（User Library），它们均可被系统程序或用户程序调用。操作系统允许用户建立程序库，以提高不同类型用户的工作效率。

（2）连接程序（Linker）：也称为装配程序，用来把要执行的程序与库文件或其他已翻译的子程序（能完成一种独立功能的模块）连接在一起，形成机器能执行的程序。具体说，是把经过编译形成扩展名为.obj 的目标文件与库文件相连，形成扩展名为.exe 的可执行文件。该文件加载到内存的绝对地址中，方可由机器直接执行。编译（或汇编）一个源程序的过程如图 3-10 所示。

图 3-10　语言源程序的编译执行

这一过程传统的方法是逐步进行的，即编译执行的过程是：先将语言源程序编辑成源程序文本文件，然后通过编译程序进行编译形成目标文件（即扩展名为.obj 的文件），再经连接程序将其与有关库文件相连，最后形成可执行文件（扩展名为.exe 的文件）。在现代编程语言（Visual Basic、Visual C++、Delphi 等）的编译系统中都是一种集成环境，即把编辑、编译、连接、运行等全过程均集成在一个软件平台环境下，使用起来非常方便。

【提示】编译方式和解释方式相比，前者是一旦形成了可执行文件便可随时调用，再也不需要编译环境。而后者则不同，源程序形成不了可执行文件，运行时不能脱离解释环境。所以可将前者比如"笔译"，后者比如"口译"。此外，可执行程序的运行速度比解释执行源程序要快，但人一机会话的功能差，调试修改较复杂。

本章小结

（1）计算机软件是相对计算机硬件而言的，根据软件的功能作用，可分为系统软件和应用软件两大类。软件的特点可概括为独创性、无形性、复制性、复杂性和非价格的创新竞争。

（2）在系统软件中，最靠近硬件的是操作系统。它不仅是用户操作使用计算机的基础，而且对硬件资源进行管理（进程管理、内存管理、设备管理、文件管理和作业管理）。

（3）操作系统由一些程序模块组成，用来管理和控制计算机系统中的硬件及软件资源，合理地组织计算机工作流程，以便有效地利用这些资源为用户提供一个功能强大、使用方便的工作环境，从而在计算机与用户之间起到接口的作用。

（4）计算机中的所有软件（无论是系统软件还是应用软件）都是通过编译形成的，即使操作系统和编译程序本身也不例外。

习题三

一、选择题

1. DOS 操作系统曾经是 PC 机的（　　）。
   A. 网络操作系统　　　　　　　　　B. 主要操作系统
   C. 实时操作系统　　　　　　　　　D. 分时操作系统

2. 在计算机系统中，位于最底层直接与硬件接触并向其他软件提供支持的是（　　）。
   A. 语言处理程序　　　B. 实用程序　　　C. 汇编程序　　　D. 操作系统

3. Windows 7 属于下面操作系统的类型中的（　　）。
   A. 单用户单任务操作系统　　　　　B. 单用户多任务操作系统
   C. 多用户多任务操作系统　　　　　D. 多用户单任务操作系统

4. 下面（　　）不属于操作系统的功能。
   A. 用户管理　　　　　　　　　　　B. CPU 和存储管理
   C. 设备管理　　　　　　　　　　　D. 文件和作业管理

5. 操作系统是一套（　　）程序的集合。
   A. 文件管理　　　　B. 中断处理　　　C. 资源管理　　　D. 设备管理

6. 能够实现通信及资源共享的操作系统是（　　）。
   A. 批处理操作系统　　　　　　　　B. 分时操作系统
   C. 实时操作系统　　　　　　　　　D. 以上都不是

7. UNIX 操作系统是一种（　　）操作系统。
   A. 分时操作系统　　　　　　　　　B. 批处理操作系统
   C. 实时操作系统　　　　　　　　　D. 分布式操作系统

8. Linux 操作系统的最大特点是（　　）。
   A. 操作方便简单　　　B. 功能强大　　　C. 适用面广　　　D. 源代码开放

9. 根据软件的功能作用，可分为（　　）和应用软件两大类。
   A. 软件系统　　　　B. 系统软件　　　C. 操作系统　　　D. 文件系统

10. 在系统软件中，最靠近硬件的是（　　）。
    A. 操作系统　　　B. 实用程序　　　C. 引导程序　　　D. 翻译程序

二、判断题

1. 任何软件都是建立在硬件基础之上的，如果离开了硬件，软件则无法栖身。　　　　（　　）

2. 一台能操作使用的计算机必须具有硬件和软件，两者相辅相成，缺一不可。　　　　（　　）

3. 系统软件就是软件系统。　　　　　　　　　　　　　　　　　　　　　　　　　　（　　）

4. 路径是由一系列目录名组成的字符串，各目录名之间用反斜线 "\" 分开。　　　　（　　）

5. Windows 系统中的文件名中允许出现空格符。　　　　　　　　　　　　　　　　　（　　）

6. 根目录是在磁盘格式化时所建立的，也称为系统目录。　　　　　　　　　　　　　（　　）

7. Windows 系统中使用的目录结构为网状结构。　　　　　　　　　　　　　　　　　（　　）

8. 系统软件的特点是与具体应用领域无关。　　　　　　　　　　　　　　　　　　　（　　）

9. 解释程序与编译程序都是将语言源程序翻译成可执行程序。　　　　　　　（　　）

10. 编译程序是将语言源程序翻译成可执行程序的通用程序。　　　　　　　（　　）

三、问答题

1. 什么是计算机软件？

2. 软件的基本功能是什么？

3. 系统软件的功能作用是什么？

4. 什么是应用软件？

5. 计算机硬件与软件之间具有哪些关系？

6. 操作系统的功能是什么？

7. 什么是单用户操作系统？什么是多用户操作系统？

8. Windows 与 DOS 有何关系？

9. 通常所指的"程序"是指源程序还是可执行程序？

10. 计算机中的软件包括哪些？他们是怎样形成的？

四、讨论题

1. 本章中介绍了 3 种典型操作系统，为什么有多种操作系统同时存在？

2. 如果计算机不使用操作系统，你认为计算机的硬件设计应该解决哪些问题？

3. 所有的软件都是通过编译系统编译形成的，那么，编译程序本身是怎样形成的呢？

第三篇　基本技术

第4章　数据库技术应用基础

【问题引出】数据库技术是伴随计算机软/硬件技术、程序设计、软件工程等的快速发展，数据管理的不断进展而产生的，以统一管理和共享数据为主要特征的应用技术，是研究数据库的结构、存储、设计、管理和使用的一门科学，并已成为计算机科学技术中发展最快、应用最广的领域之一。据不完全统计，数据库技术的应用在整个计算机应用的三大领域——科学计算、数据处理和过程控制中，数据处理占了70%。从某种意义来讲，数据库的建设规模、数据库容量的大小和使用频度已成为衡量一个国家信息化程度的重要标志。因此，学习并掌握数据库技术，对信息时代的大学生来说是非常有必要的。也是极为重要的。那么，数据库技术是怎样形成的，它涉及哪些知识内容，怎样设计一个数据库应用系统，目前数据库技术的现状与发展趋势如何，等等，这些都是本章所要讨论的问题。

【教学重点】数据库技术的基本概念（数据与信息、数据库、数据库管理系统、数据库系统），数据模型、数据库管理系统、数据库应用系统设计等。

【教学目标】通过对本章的学习，掌握数据库技术的有关概念；熟悉常用数据模型及其数据库管理系统；了解数据库应用系统的设计方法。

§4.1　数据库技术概述

数据库技术是计算机科学技术中发展速度最快、应用范围最广、实用性最强的技术之一。数据库技术主要研究数据信息的存储、管理和使用。数据库技术的研究目标是实现数据的高度共享，支持用户的日常业务处理和辅助决策，包括信息的存储、组织、管理和访问技术等。

数据库技术的研究始于20世纪60年代，经过50多年的探索研究与发展，已成为现代计算机信息系统和应用系统开发的核心技术，是计算机数据管理技术发展的新阶段。

数据库技术涉及许多基本概念，本节主要介绍数据与信息、数据处理、数据管理、数据库、数据库管理系统，以及数据库系统等。

4.1.1　数据与信息

人类的一切活动都离不开数据和信息，数据库技术研究的基本对象是数据和信息。数据是信息的载体，信息是数据的内涵。并且，信息、数据、数据处理和数据管理四者紧密相关。

1. 信息

信息是对客观事物的反映，泛指那些通过各种方式传播的，可被感受的声音、文字、图形、图像、符号等所表征的某一特定事物的消息、情报或知识。具体说，信息是客观存在的一切事物通过物质载体所发生的消息、情报、数据、指令、信号中所包含的一切可传递和交换的知识内容。信息是一种资源，它不仅被人们所利用，而且直接影响人们的行为动作，能为某一特定日的而提供决策依据。信息具有以下重要属性。

（1）事实性：是信息的核心价值，是信息的第一属性。不符合事实性的信息不仅没有价值，还会产生误导。

（2）时效性：信息有实效性，实时接收与其效用大小直接关联，过时信息是没有价值的。

（3）传输性：信息可以通过各种方式进行传输和扩散，信息的传输可以加快资源的传输。

（4）共享性：信息可以共享，但不存在交换。通常所说的信息交换实际上是指信息共享。

（5）层次性：由于认识、需求和价值判断不同，分为战略信息、战术信息和作业信息等。

（6）不完全性：在收集数据时，不要求全面，而是要抓住主要的，舍去次要的，这样才能正确地使用信息。这是由客观事物的复杂性和人们认识的局限性所决定的。

2. 数据

我们把描述事物状态特征的符号称为数据（Data）。具体说，凡是能被计算机接受，并能被计算机处理的数字、字符、图形、图像、声音、语言等统称为数据。

数据与信息的关系是：数据是使用各种物理符号和它们有意义的组合来表示信息，这些符号及其组合就是数据，它是信息的一种量化表示。换句话说，数据是信息的具体表现形式，而信息是数据有意义的表现，数据与信息两者之间的关系是数据反映信息，信息则依靠数据来表达。由于表达信息的符号可以是数字、文字、图形、图像、声音等，所以常将数据分为两类，即数值型数据和非数值型数据，如职工人数、产量、工资等属于数值型数据，而文字、图像、图形、声音等属于非数值型数据。

3. 数据处理

计算机所处理的信息是数字化信息，即由二进制数码"0"和"1"的各种组合所表示的信息。我们把对数据的收集、存储、整理、分类、排序、检索、统计、加工和传播等一系列活动的总和称为数据处理。其中"加工"包括计算、排序、归并、制表、模拟、预测等操作。

由此可见，数据处理是指将数据转换成信息的过程。数据处理的目的是将简单、杂乱、没有规律的数据进行技术处理，使之成为有序的、规则的、综合的、有意义的信息，以适应或满足不同领域对信息的要求和需要。从数据处理的角度看，信息是一种被加工成特定形式的数据，信息的表达式是以数据为依据的，我们可以把数据与信息之间的关系简单地表示为：

信息=数据+数据处理

尽管这个表达式在概念上是抽象的，但却描述了信息、数据和数据处理三者之间的关系。

4. 数据管理

我们把对数据的分类、组织、编码、存储、检索、传递和维护称为数据管理（Data Management），它是数据处理的中心问题。数据量越大，数据结构越复杂，其管理的难度也越大，要求数据管理的技术也就越高。数据管理及其组织是数据库技术的基础，数据库技术本质上就是数据管理技术。

【实例4-1】某学校的学生处、教务处和图书馆均要使用计算机对学生的有关信息进行管理，但其各自处理的内容又不同，如果用文件系统实现，则可按如下方式进行组织。

学生处要处理的学生信息包括：

学号	姓名	系名	年级	专业	年龄	性别	籍贯	政治面貌	家庭住址	个人履历	社会关系

为此，学生处的应用程序员必须定义一个文件F1，该文件结构中的记录至少应包括以上数据项。

教务处要处理的学生信息包括：

学号	姓名	系名	年级	专业	课名	成绩	学分	…

为此，教务处的应用程序员必须定义一个文件 F2，该文件结构中的记录至少应包括以上数据项。

类似地，当图书馆要记录和处理学生的有关借阅图书信息时，其创建的文件 F3 至少应包括下列数据项：

学号	姓名	系名	年级	专业	图书编号	图书名称	借阅日期	归还日期	滞纳金	…

这样，当上述三个部门都使用计算机对学生的有关信息进行管理时，就要在计算机的外存中分别保存 F1、F2 和 F3 三种文件，可这三种文件中均有学生的学号、姓名、系名、年级和专业等信息，因此重复的数据项达到了 1/3 以上。数据冗余将会产生以下问题：

数据冗余不仅浪费存储空间，更为严重的是带来潜在的不一致性。由于数据存在多个副本，所以当发生数据更新时，就很可能发生某些副本被修改而另一些副本被遗漏的情况，从而使数据产生不一致的现象，影响了数据的正确性和可靠性。比如，某学生因故需从计算机科学与技术专业转到网络工程专业，当学生处得到该信息后，将该学生所属的专业名改为网络工程，因而 F1 文件中保存了正确的信息。但若教务处和图书馆没有得到此信息，或者没有及时更改 F2 和 F3 文件，这就造成了数据的不一致性。由于数据的使用价值很大程度上依赖其可靠性，所以这种不一致的后果是不容忽视的，如果这种情况发生在军事、航天、金融等行业时，其后果是非常严重的。为此，人们采取了"数据结构化"的管理方法，即从整体观点来看待和描述数据。此时数据不再是面向某一应用，而是面向整个应用系统，如图 4-1 所示。

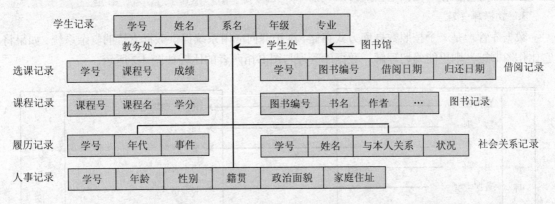

图 4-1　数据结构化范例

在图 4-1 中，学生记录是为教务处、学生处和图书馆所共享的，若某个学生需要转专业，则只要修改学生记录中的专业名称属性即可，这样就不会出现不一致的情况。另外，除了共享的数据以外，各部门还可以有自己的私有数据。

4.1.2　数据库

使用数据库技术的目的是要实行对数据信息进行高效处理和管理，而要实现这一目标，必须具有对数据信息进行组织和存放的数据库。

1. 数据库的定义

为了实行对数据进行管理和处理，必须将收集到的数据有效地组织并保存起来，这就形成了数据库（Data Base，DB）。由此可见，数据库是数据的集合，数据是数据库中存储的基本对象。具体说，数据库是为满足对数据管理和应用的需要，按照一定数据模型的组织形式存储在计算机中的，能为多个用户所共享的，与应用程序彼此独立的，相互关联的数据集合。

2. 数据库的特点

根据数据库的概念和定义不难看出，一个适用、高效的数据库，应具有以下技术特点。

（1）数据的共享性：由于数据库中的数据不是为某一用户需要而建立的，并且对数据实行了统一管理，所管理的数据又有一定的结构，所以不仅可以用灵活的方式来应用数据，而且数据便于扩充，能为尽可能多的应用程序服务，为多个用户共享。数据共享是数据库的重要特点之一。

（2）数据的独立性：数据库中的程序文件与数据结构之间相互依赖关系的程度，比文件方式结构要轻得多，这样可减少一方改变时对另一方的影响，从而增强了数据的独立性。例如，数据结构一旦有变化时，不必改变应用程序；而改变应用程序时，不必改变数据结构，这样就能充分利用已经组织起来的数据。

（3）数据的完整性：由于数据库是在系统管理软件的支撑下工作的，它提供对数据定义、建立、检索、修改的操作，能保证多个用户使用数据库的安全性和完整性。

（4）减少数据冗余：在文件系统中数据的组织和存储是面向应用程序的，不同的应用程序就要有不同的数据，这样不仅存储空间浪费严重，数据冗余度大，而且也给修改数据带来很大的困难。在数据库系统中由于数据的共享性，所以可对数据实现集中存储，共同使用，即可减少相同数据的重复存储，以达到控制甚至消除数据冗余度的目的。

（5）便于使用和维护：数据库系统具有良好的用户界面和非过程化的查询语言，用户可以直接对数据库进行操作，比如数据的修改、插入、查询等一系列操作。

3. 数据库管理

数据库管理是一个按照数据库方式存储、维护并向应用系统提供数据支持的复杂系统。如果将它比作图书馆，则更能确切理解。数据库管理与图书馆两者的比较如图 4-2 所示。

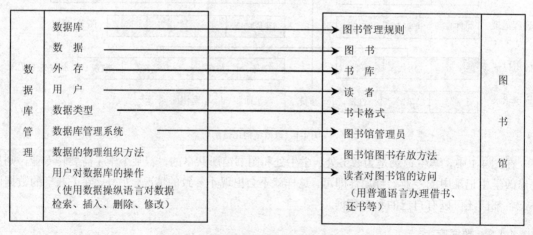

图 4-2　数据库管理与图书馆的比较示意图

图书馆是一个存储、管理和负责借阅图书的部门，不能简单地与书库等同看待。图书馆若要规范化管理并很好地为读者服务，首先必须要按照一定的顺序和规则（物理结构）来分别存放图书，列出各类书籍存放的对应关系；其次是建立完善的图书卡。图书卡的内容通常包括：书号、书名、作者名、出版社名、出版时间、内容摘要及其他细节；最后是规定图书的借还手续，即读者对图书的访问（查找）及管理员对读者访问的响应过程。数据库管理与图书馆的最大区别在于数据库管理是基于计算机的电子信息化管理系统。

4.1.3 数据库管理系统

随着信息技术的高速发展，数据库中的数据量越来越大，并且结构日趋复杂，如何高效地获取、组织、存储和维护数据就变得越来越重要了，数据库管理系统（Data Base Management System, DBMS）就是对数据进行有效管理的软件系统。

1. DBMS 的功能

DBMS 是为用户提供数据的定义功能、操纵功能、查询功能，以及数据库的建立、修改、增删等管理和通信功能，并且具有维护数据库和对数据库完整性控制的能力。同时，它提供了直接利用的功能，用户只要向数据库发出查询、检索、统计等操作命令就能获得所需结果，而无需了解数据的应用与数据的存放位置和存储结构。正像在图书馆借书一样，读者只要填写借书卡，而无须知道图书在书库中的存放位置。

（1）定义功能：建立数据库时定义数据项的名字、类型、长度和描述数据项之间的联系，并指明关键字和说明对存储空间、存取方式的需求等。这些定义统称为数据描述，是数据库管理系统运行的基本依据。一般使用 DBMS 提供数据定义语言（Data Define Language，DDL）及其翻译程序来定义数据库结构，这些定义中包含了数据库对象属性特征的描述、对象属性所满足的完整性约束条件，对象上允许的操作以及对象允许哪些用户程序存取等。

（2）操纵功能：包括打开/关闭数据库、对数据进行检索或更新（插入、删除和修改）以及数据库的再组织。一般使用 DBMS 提供的数据库操纵语言（Data Manipulation Language，DML）（亦称结构化查询语言（Structured Query Language，SQL））及其翻译程序实现。

（3）控制功能：包括控制整个数据库系统的运行，控制用户的并发性访问，执行对数据的安全、保密、完整性检查，实施对数据的输入、存取、更新、删除、检索、查询等操作。一般使用 DBMS 提供的数据库控制语言（Data Control Language，DCL）及其翻译程序实现。

（4）维护功能：是系统例行工作，以保证数据库管理系统的正常运行，向用户提供有效的数据服务。维护的主要内容包括：数据结构重定义、数据库重构造、数据库重组织、数据库恢复以及性能监视等工作。

（5）通信功能：主要负责数据之间的流动与通信，其功能包括与操作系统的联机处理，与网络中其他软件系统的通信以及具备与分时系统及远程作业输入的相应接口。

2. DBMS 的层次结构

DBMS 是一个庞大而复杂的软件系统，构造这种系统的方法是按其功能划分为多个程序模块，各模块之间相互联系，共同完成复杂的数据库管理。以关系型数据库为例，数据库管理系统可分为应用层、语言处理层、数据存取层和数据存储层等4 个层次，其层次结构如图 4-3 所示。

（1）应用层：是 DBMS 与终端用户和应用程序的界面，主要负责处理各种数据库应用，如使用结构化查询语言 SQL 发

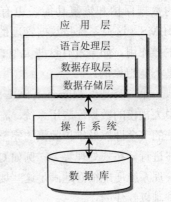

图 4-3 DBMS 层次结构示意图

出的事务请求或嵌入通用的程序设计语言的应用程序对数据库的请求等。

（2）语言处理层：由 DDL 编译器、DML 编译器、DCL 编译器、查询器等组成，负责完成对数据库语言的各类语句进行词法分析、语法分析和语义分析，生成可执行的代码，并负责进行授权检验、视图转换、完整性检查、查询优化等。

（3）数据存取层：将上层的集合操作转换为对记录的操作，包括扫描、排序、查找、插入、删除、修改等，完成数据的存取、路径的维护以及并发控制等任务。

（4）数据存储层：由文件管理器和缓冲区管理器组成，负责完成数据的页面存储和系统的缓冲区管理等任务，包括打开和关闭文件、读写页面、读写缓冲区、页面淘汰、内外存交换以及外层管理等。

上述 4 层体系结构的数据库管理系统是以操作系统为基础的，操作系统所提供的功能可以被数据库管理系统调用。因此，可以说数据库管理系统是操作系统的一种扩充。

3．DBMS 的常用类型

计算机科学技术的飞速发展，加速了数据库技术的发展，数据库技术的应用需求，促进了数据库管理系统的研究进程。数据库管理系统的研究经历了从层次模型、网状模型、关系模型到面向对象模型的发展，并且基于不同的数据模型形成了相应的数据库管理系统。目前，在我国流行的 DBMS 绝大多数是基于关系模型建立起来的关系数据库管理系统。

随着计算机科学技术不断发展，关系数据库管理系统也不断发展和进化，典型的常用关系数据库管理系统有 Oracle 公司的 Oracle；Sybase 公司的 Sybase、Informix 公司的 Informix；IBM 公司的 DB2；Microsoft 公司的 MS SQL Server 和 Access；Fox 公司的 Visual FoxPro 等，并且可以分为三类：

第一类是以微型机系统为运行环境的 DBMS，例如 Visual FoxPro、Access 等，它是从 dBASE、FoxBASE、FoxPro 发展而来。由于这类系统主要作为支持一般事务处理需要的数据库环境，强调使用的方便性和操作的简便性，所以有人称之为桌面型 DBMS，这类系统的主要特点是对硬件要求较低，应用面广，普及性好，易于掌握。其中，Access 是 Office 中的组件之一。与其他 DBMS 一样，既可以管理简单的文本、数字字符等数据信息，又可以管理复杂的图片、动画、音频等各种类型的多媒体数据信息，其功能非常强大，而操作却十分简单。因此，Access 得到了越来越多用户和开发人员的青睐。

第二类是以 Oracle、Sybase、Informix、IBM DB2 为代表的大型 DBMS。这些系统更强调系统在理论上和实践上的完备性，具有更巨大的数据存储和管理能力，提供了比桌面型系统更全面的数据保护和恢复功能，更有利于支持全局性及关键性的数据管理工作，所以也被称为主流 DBMS。这类系统是数据管理的主力军，它们在许多庞大的计算机信息系统的建立和应用中起到主导作用。如果没有这些大型、高效、功能完善的 DBMS，当前的计算机信息系统的建设和应用是不能想象的。

第三类是以 Microsoft SQL Server 为代表的，功能特点界于以上两类之间的中大规模 DBMS。中大规模的数据库应用系统，需要系统能够存储大量的数据，要有良好的性能，要能保证系统和数据的安全性以及维护数据的完整性，要具有自动高效的加锁机制以支持多用户的并发操作，还要能够进行分布式处理等等。例如 Oracle、Sybase、Informix、IBM DB2、SQL Server 等高性能数据库管理系统便能很好地满足这些要求。而 Access、Visual FoxPro、Delphi 这类单机型数据库管理系统是难以胜任的。

4.1.4　数据库系统

数据库管理系统仅仅是对数据库进行高效管理的一种软件，而要充分发挥 DBMS 的功能作用，必须具有一个存放数据的硬件系统和对数据信息进行管理和操作的软件系统，我们把这样的系统称为数据库系统（Data Base System，DBS）。由此可见，数据库系统是由数据库硬件系统和数据库软件系统构成的一个完整系统。

1. 数据库系统的基本组成

数据库系统就是引进数据库技术之后的计算机系统，是由有组织地、动态地存储有密切联系的数据结合，以及对其进行统一管理的计算机软件和硬件资源所组成的系统。数据库系统的组成如图 4-4 所示，其层次结构如图 4-5 所示。

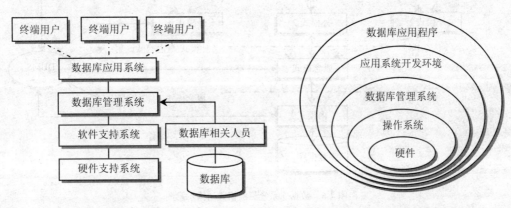

图 4-4　数据库系统的组成　　　　　　图 4-5　数据库系统的层次结构

（1）硬件支持系统（Hardware Support System）：是建立数据库系统的必要条件，是物理支撑。数据库系统对计算机硬件系统的要求是需要足够大的内存量来存放支持数据库运行的操作系统、数据库管理系统的核心模块、数据库的数据缓冲区、应用程序及用户的工作区域。鉴于数据库系统的这种需求，特别要求数据库主机或数据库服务器的外存容量足够大，I/O 存取效率高，主机的吞吐量大，作业处理能力强。对于分布式数据库而言，计算机网络是重要的基础环境。

（2）软件支持系统（Software Support System）：数据库系统需要软件支持环境，其中包括操作系统、应用系统开发工具、各种通用程序设计语言（也称宿主语言）编译程序及各种实用程序等。其中，操作系统是软件系统中的底层，是与硬件系统打交道的接口（界面）。

（3）数据库管理系统（Data Base Management System，DBMS）：是介于用户和操作系统之间的系统软件，实行对数据库的操纵和管理，是数据库系统的重要组成部分和核心技术。

（4）数据库应用系统（Data Base Application System，DAS）：是使用数据库语言及其开发工具开发的，能满足数据处理要求的应用程序。如财务管理系统、图书管理系统等。

（5）终端用户（End User）：直接使用数据库语言访问和操纵数据库，或通过数据库应用程序操纵数据库。

（6）数据库相关人员：数据库的建立、使用和维护，不仅需要 DBMS 的支撑，还需要专门的相关人员来负责数据库的开发、管理、维护和使用。具体包括：

① 数据库管理员（Data Base Administrator）。设置数据库结构和内容，设计数据库的存储结构和存取策略，确保数据库的安全性和完整性，并监控数据库的运行。

② 系统分析员（System Analysts）。按照软件工程的思想对整个数据库进行需求分析和总体设计。

③ 应用程序员（Application Programmer）。设计和编写程序代码，实现对数据的访问。

在数据库系统中，不同人员涉及不同级别的数据，通过不同等级的密码进入相应操作层。

2. 数据库系统的体系结构

数据库系统有着严谨的体系结构，1975 年美国国家标准协会（ANSI）所属的标准计划和要求委员会（Standards Planning And Requirements Committee，SPARC）为数据库系统建立了三级模式结构，即内模式、概念模式和外模式。三级体系结构之间的关系如图 4-6 所示。

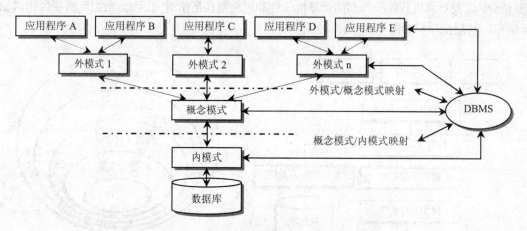

图 4-6　数据库系统三级模式结构示意图

（1）外模式（External Schema）：又称关系子模式（Sub Schema）或用户模式（User's Schema），是数据库用户看见的局部数据的逻辑结构和特征的描述，即应用程序所需要的那部分数据库结构。外模式是应用程序与数据库系统之间的接口，是保证数据库安全性的一个有效措施。用户可使用数据定义语言（DDL）和数据操纵语言（DML）来定义数据库的结构和对数据库进行操纵。对于用户而言，只需要按照所定义的外模式进行操作，而无需了解概念模式和内模式等的内部细节。一个数据库可以有多个外模式，但一个用户或应用程序只能使用一个外模式。

（2）概念模式（Conceptual Schema）：又称模式/关系模式/逻辑模式，是数据库整体逻辑结构的完整描述，包括概念记录模型、记录长度之间的联系、所允许的操作以及数据的完整性、安全性约束等数据控制方面的规定。概念模式位于数据库系统模式结构的中间层，不涉及数据的物理存储细节和硬件环境，与应用程序、开发工具及程序设计语言无关。并且，一个数据库只能有一个概念模式。

（3）内模式（Internal Schema）：又称物理模式（Physical Schema）或存储模式（Storage Schema），是数据库内部数据存储结构的描述。它定义了数据库内部记录类型、索引和文件的组织方式以及数据控制方面的细节。一个数据库只能有一个内模式。

为了实现三个抽象级别的联系和转换，DBMS 在三层结构之间提供了两层映射：

第一层是外模式/概念模式映射，用于保持外模式与概念模式之间的对应性。当数据库的概念模式（即整体逻辑结构）需要改变时，只需要对外模式/概念模式映射进行修改，而外模式保持不变。这样可以尽量不影响外模式和应用程序，使得数据库具有逻辑数据独立性。

第二层是概念模式/内模式映射，用于保持概念模式与内模式之间的对应性。当数据库的内模式（如内部记录类型、索引和文件组织方式以及数据控制等）需要改变时，只需要对概念模式/内模式映射进行修改，而使概念模式保持不变。这样可以尽量不影响概念模式以及外模式和应用程序，使得数据库具有物理数据独立性。

3. 三级模式两层映射结构的优点

数据库系统的三级模式是在 3 个层次上对数据进行抽象，是用户能逻辑地处理数据，而不必关心数据在计算机中的具体组织。具体说，三级模式两层映射结构具有以下主要优点：

（1）极大地减轻了用户的技术压力和工作负担：三级模式结构使得数据库结构的描述与数据结构的具体实现相分离，从而使用户可以只在数据库逻辑层上对数据进行描述，而不必关心数据在计算机中的具体组织方式和物理存储结构；将数据的具体组织和实现的细节留给 DBMS 去完成。使用户在各自的数据视图范围内从事描述数据的工作，不必关心数据的物理组织，这样就可以减轻用户的技术压力和工作负担。

（2）使数据库系统具有较高的数据独立性：数据独立性是指应用程序和数据库的数据结构之间相互独立，互不影响。在修改数据结构时，尽可能不修改应用程序。数据独立性分为逻辑独立性和物理独立性。

4. 模式结构的应用实例

数据库系统的模式结构是一个非常重要的概念，数据库应用系统设计的许多概念都是建立在数据库系统的模式结构之上的。为了加深对数据库系统模式结构的理解，下面通过两个实例对数据库系统的模式结构做进一步描述，这对开发数据库应用系统是很有帮助的。

【实例 4-2】若以图书出版管理系统为例，其对应的三级体系模式结构如图 4-7 所示。

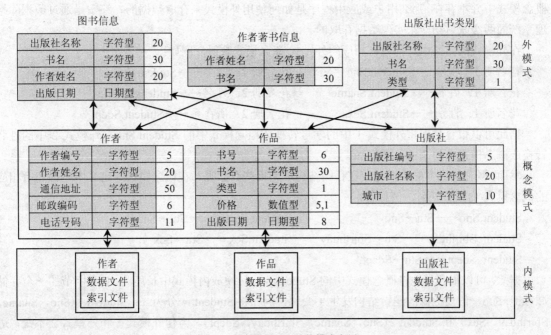

图 4-7 图书出版三级结构模式实例

图 4-7 与图 4-6 所示结构完全一致，这就表明图 4-6 所示三级结构模式是对实际系统的抽象。

【实例 4-3】假设数据库系统的模式中存在一个学生表：Student（Sno，Sname，Sbirthday，Sex，Sdept），有两个用户共享该学生表，用户/应用 1 处理的是学生的学号（Sno）、姓名（Sname）和性别（Sex）数据，用户/应用 2 处理的是学生的学号（Sno）、姓名（Sname）和所在系（Sdept）数据。

由于这两个用户/应用习惯处理中文列名，因此分别为其定义外模式：花名册1(学号，姓名，性别）和花名册2(学号，姓名，所在系)。该学生表以链表结构进行存储，如图4-8所示。显然，它与图4-6所示三级模式结构是一致的。

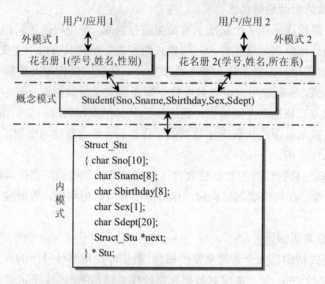

图 4-8　三级模式结构的一个实例

用户/应用1和用户/应用2分别使用的外模式1和外模式2中的学号、姓名、性别和所在系在概念模式中并不存在，那么用户或应用程序是如何使用外模式来存取数据的？答案是通过数据库管理系统的两级映射功能来实现数据存取的。

在外模式的定义中，描述有相应的外模式/概念模式映射，例如：

花名册1. 学号 ←→ Student.Sno　　　　花名册2. 学号 ←→ Student.Sno
花名册1. 姓名 ←→ Student.Sname　　　花名册2. 姓名 ←→ Student.Sname
花名册1. 性别 ←→ Student.Sex　　　　花名册2. 所在系 ←→ Student.Sdept

据此可以很容易地将外模式1中的学号转换成概念模式中的 Student.Sno，外模式2中的姓名转换成概念模式中的 Student.Sname。

然而，概念模式中的数据对应在存储结构中是哪些数据呢？在概念模式的定义中也描述有相应的概念模式/内模式映射，例如有：

Student.Sno ←→ Stu→Sno　　　　　Student.Sname ←→ Stu→Sname
Student. Sbirthday ←→ Stu→Sbirthday　　Student.Sex ←→ Stu→Sex
Student. Sdept ←→ Stu→Sdept.

据此，可以很容易地将概念模式中的 Student.Sno 转换成内模式中长度为10个字节的一个存储域 Stu→Sno。假设数据的逻辑结构发生了变化，例如将 Student 一分为二：Student 1(Sno，Sname，Sbirthday，Sex）和 Student 2(Sno，Sname，Sbirthday，Sdept)。为使外模式1和外模式2不变，进而使相应的应用程序不变，将相应的外模式/概念模式映射分别修改为：

花名册1. 学号 ←→ Student1.Sno　　　　花名册2. 学号 ←→ Student2.Sno
花名册1. 姓名 ←→ Student1.Sname　　　花名册2. 姓名 ←→ Student2.Sname
花名册1. 性别 ←→ Student1.Sex　　　　花名册2. 所在系 ←→ Student2.Sdept

由此可见，通过三级模式结构及其二级映射功能，实现了保证数据独立性的目的。

【提示】数据库三级模式和两层映射结构是在 DBMS 支持下实现的。三级模式结构仍然是逻辑的，内模式到物理模式的转换是由操作系统的文件系统实现的。从数据使用的角度来看，可以不考虑这一层的转换，这样可将数据库的内模式与物理模式合称为内模式或物理模式或存储模式。

5. 数据库系统存取数据的过程

用户对数据库的请求最多的就是"读"和"写"，了解这一过程对具体理解数库系统的工作原理是很有帮助的。用户从数据库中读取一个外部记录的过程如图 4-9 所示。

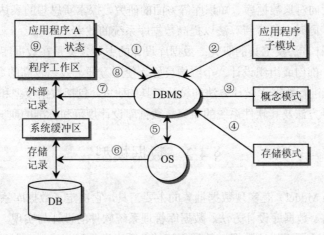

图 4-9　DBMS 存取数据操作过程

在三级结构模式中，外模式与概念模式之间的映射以及概念模式与内模式之间的映射是由数据库管理系统来实现的，内模式与数据库物理存储之间的转换则是由操作系统来完成的。

① 用户启动应用程序 A，用相应的数据操纵命令向 DBMS 发出请求，递交必要的参数，例如记录类型名及欲读取的记录的关键字值等。控制转入 DBMS。

② DBMS 分析应用程序提交的命令及参数，按照应用程序 A 所用的子模式：确定对应的模式名。同时还可能需进行操作的合法性检查，若通不过则拒绝此操作，并向应用程序 A 送回出错状态信息。

③ 若通得过检查，则 DBMS 根据模式名调用相应的目标模式，根据外模式/概念模式的映射，确定应读取的概念模式记录类型和记录，再根据概念模式到内模式的映射，找到对应的存储记录类型和存储记录。同时进行操作有效性检查，若通不过则拒绝执行，送回出错状态信息。

④ DBMS 查阅存储模式，确定所要读取的存储记录所在的文件。

⑤ DBMS 向操作系统发出请求读入指定文件中的记录请求，把控制权转到操作系统。

⑥ 操作系统接到命令后分析命令参数，确定该文件记录所在的存储设备及存储区，启动 I/O 读出相应的物理记录，从中分解出 DBMS 所需的存储记录，送入系统缓冲区，把控制权交回给 DBMS。

⑦ DBMS 根据模式/外模式的映射，将系统缓冲区中的内容映射为应用程序所需的外部记录，并控制系统缓冲区与工作区之间的数据传输，把所需的外部记录送往应用程序工作区。

⑧ DBMS 向应用程序 A 送回状态信息，说明此次请求的执行情况，如"执行成功"、"数据找不到"等，记载系统工作日期，启动应用程序 A 继续执行。

⑨ 应用程序 A 查看"状态信息"，了解它的请求是否得到满足，根据"状态"信息决定其后继处理操作。

6. 数据库系统研究的主要问题

数据库系统是由硬件和软件组成的复杂系统，对数据库系统的研究涉及以下几个方面。

（1）数据库管理系统的研究：包括对数据库管理系统应具有的功能的原理性研究和如何实现的技术性问题的研究。当前，数据库管理系统的研究已从集中式数据库管理系统向分布式数据库管理系统、知识库管理系统等方面延伸，直至延伸到数据库的各种应用领域。

（2）数据库理论的研究：数据库理论的研究主要围绕关系数据库理论、事务理论、逻辑数据库(演绎数据库)、面向对象数据库、知识库等方面的研究，探索新思想的表达、提炼和简化，最后使其为人们所理解；同时也研究新算法以提高数据库系统的效率。

（3）数据库设计方法及工具的研究：数据库设计的主要含义是在数据库管理系统的支持下，按照应用要求为某一部门或组织设计一个结构良好、使用方便、效率较高的数据库及其应用系统。目前，正在这一领域进行数据库设计方法和设计工具的研究，包括数据模型和数据建模的研究，计算机辅助数据库设计方法及其软件系统的研究，数据库设计规范和标准的研究等。

§4.2　数据模型

数据模型（Data Model）是实现数据抽象的主要工具，它决定了数据库系统的结构、数据定义语言和数据操纵语言、数据库设计方法、数据库管理系统软件的设计与实现。同时，数据模型是组织数据的方式，是一个用于描述数据、数据之间的关系、数据语义和数据约束的概念工具的集合。这些概念精确地描述系统的静态特性、动态特性和完整性约束条件。

4.2.1　数据模型概念

1. 数据模型的要素

数据模型所描述的内容有 3 部分：数据结构、数据操作、完整性约束，称为数据模型的三个要素。通常，把数据的基本结构、联系和操作称为数据的静态特征，而把对数据的定义操作称为动态特征。

（1）数据结构：是数据模型的基础，主要描述数据的类型、内容、性质以及数据间的联系等。数据操作和约束都建立在数据结构上，不同的数据结构具有不同的操作和约束。

（2）数据操作：主要描述在相应的数据结构上的操作类型和操作方式，并分为更新（插入、删除、修改）和检索两大类。

（3）数据约束：主要描述数据结构内数据间的语法、词义联系，它们之间的制约关系和依存关系，以及数据动态变化规律，以保证数据的正确性、有效性和相容性。

从建模的原则上讲，数据模型应该满足三个方面的要求：一是能够比较真实地模拟现实；二是容易为人们所理解；三是便于在计算机上实现。但事实上，一种数据模型能够很好地满足这三个方面的要求是很困难的。

2. 数据模型的抽象

在数据库技术中，计算机只能处理数据库中的数据而不能直接处理现实世界中的具体事物，必须把具体事物转换成计算机能够处理的数据，这个转换被称为数据模型抽象，也称为三个世界的划分。

（1）现实世界（Real world）：即客观存在的世界。用户为了某种需要，需将现实世界中的部分需求用数据库来实现。人们把对现实世界的数据抽象称为概念模型。

（2）信息世界（Information world）：现实世界中的事物及其联系，经过分析、归纳、抽象，形成信息，对这些信息的记录、整理、归纳和格式化后便构成了信息世界。信息世界是通过对现实世界进行数据抽象刻画所构成的逻辑模型。

（3）数据世界（Data world）：是在信息世界基础上，致力于在计算机物理结构上的描述，从而形成的物理模型。

3. 数据模型的层次

根据数据抽象的不同级别，可将数据模型划分为 3 个层次。从数据抽象到数据模型的转换过程如图 4-10 所示。

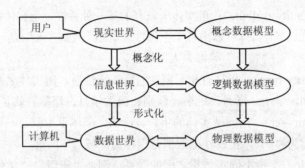

图 4-10　从数据抽象到数据模型的转换过程

（1）概念数据模型（Conceptual Data Model）：是面向数据库用户的实际世界模型，主要用来描述现实世界的概念化结构，它使数据库设计人员在设计的初级阶段摆脱计算机系统及数据库管理系统的具体技术问题，集中精力分析数据及数据之间的联系等，与具体的数据管理系统无关。概念数据模型必须转换成逻辑数据类型，才能在数据库管理系统中实现。

（2）逻辑数据模型（Logical Data Model）：简称为数据模型，是用户从数据库看到的模型，也是具体的数据管理系统所支持的数据模型，如网状数据模型、层次数据模型等。该模型既要面向用户，又要面向系统，主要用于数据库管理系统的实现。

（3）物理数据模型（Physical Data Model）：是面向计算机的物理表示模型，即描述数据在存储介质上的组织结构。它不但与具体的 DBMS 有关，而且还与操作系统和硬件有关。

4. 数据模型的分类

如果从模型的发展角度看，数据模型可分为概念数据模型（Conceptual Data Model）、层次数据模型（Hierarchical Data Model）、网状数据模型（Network Data Model）、关系数据模型（Relation Data Model）和面向对象数据模型（Object Data Model）。由于层次数据模型和网状数据模型都有一定的局限性，现在已经不再使用。下面重点介绍概念数据模型（简称为概念模型）、关系数据模型和发展中的面向对象数据模型。

4.2.2　概念模型

概念模型（Conceptual Model）是从概念和视图等抽象级别上描述数据，是现实世界到信息世界的第一层抽象。这种数据具有较强的语义表达能力，能够方便、直观地表达客观对象或抽象概念，另一方面，它还应该简单、清晰、易于用户理解。因此，概念模型是数据库设计人员进行数据库设计的有力工具，也是数据库设计人员和用户之间进行交流的语言。

概念模型的表示方法很多，其中最著名的是美籍华人陈平山（Peter Ping Shan Chen，P.P.S.Chen）

在 1976 年提出的实体－联系方法（Entity-Relationship Approach，E-R），该方法是用 E-R 来描述客观世界并建立概念模型的工程方法，简称 E-R 方法。

1. E-R 模型要素

该方法使用图解的方法描述数据库的概念模型，也称为 E-R 模型或 E-R 图，通常用 5 个要素来描述，即：实体、实体属性、实体型、实体集、联系等。

（1）实体（Entity）：指客观存在并可相互区别的事物，是将要搜集和存储的数据对象，它可以是具体的人、事、物，也可以是抽象的概念或联系。例如，一个职工、一个学生、一个部门、一门课程等，都是实体。

（2）实体属性（Entity attribute）：指实体所具有的某一种特性，是实体特征的具体描述，是实体不可缺少的组成部分。一个实体可以由若干个属性来刻画。例如"人"是一个实体，而"姓名"、"性别"、"工作单位"、"特长"等都是人的属性。

（3）实体型（Entity type）：指具有相同属性的特征和性质，用实体名及其属性名集合来抽象和刻画同类实体。例如，学生（学号、姓名、性别、出生年月、籍贯）就是一个实体型。

（4）实体集（Entity set）：指同型实体的集合。例如，全体学生就是一个实体集。我们把能唯一标识实体的属性集称为"码"，把属性的取值范围称为"域"。

（5）联系（Relation）：指不同实体集之间的联系。例如"班级"、"学生"、"课程"是三个实体，它们之间有着"一个班级有多少学生"，"一个学生需要修读多少门课程"等联系。两个实体之间的联系可分为以下 3 类：

① 一对一联系（1:1）。例如一个班级只有一个正班长，并且只能够在本班任职。

② 一对多联系（1:n）。例如一个班级可以有多个学生，而一个学生只能属于一个班级。

③ 多对多联系（n:m）。一个学生可以修读多门课程，而一门课程又有很多学生选修。

2. E-R 模型的表示

E-R 模型一般用图形方式来表示。E-R 图提供了表示实体、属性和联系的图形表示法。

（1）实体：用矩形表示，矩形框内写明实体名。

（2）属性：用椭圆形表示，并且用无向边与其相应的实体相连。

（3）联系：用菱形表示，菱形框内写明联系名，通常与实体相连，而实体与无向边连接，并且在无向边旁边标注上联系的类型。

在设计比较复杂的数据库应用系统时，往往需要选择多个实体，对每种实体都要画出一个 E-R 图，并且要画出实体之间的联系。画 E-R 图的一般步骤是先确定实体集与联系集，把参加联系的实体联系起来，然后再分别为每个实体加上实体属性。当实体和联系较多时，为了 E-R 图的整洁，可以省去一些属性。

【实例 4-4】设有一个简单的学生选课数据库，包含学生、选修课程和任课教师 3 个实体，其中学生可以选修多门课程，每门课程可有多个学生选修，一名教师可以担任多门课程，但一门课程只允许一名教师讲授。那么，学生、课程、教师各实体的属性如下：

　　　　学生：学号、姓名、性别、年龄；

　　　　课程：课程号、课程名、学时数；

　　　　教师：姓名、性别、职称。

该选课数据库的 E-R 图可表示为如图 4-11 所示。

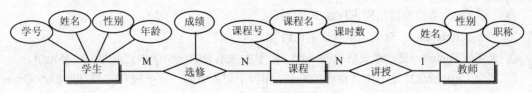

图 4-11　学生选课系统的 E-R 图

4.2.3　关系数据模型

关系数据模型（Relation Data Model）是在层次模型和网状模型之后发展起来的一种逻辑数据模型，它具有严格的数据理论基础，并且其表示形式更加符合现实世界中人们的常用形式。特别是 1970 年 6 月 IBM 公司 San Jose 研究所的埃德加·科德（Edgar F.Codd）研究员在《Communications of ACM》上发表了"大型共享数据库的数据关系模型"（A relational model of data for large shared databases）的论文，把数学中一个称为关系代数的分支应用到存储大量数据问题中，首次明确而清晰地提出了关系模型的概念，从而奠定了关系数据库（Relation Data Base，RDB）的理论基础。从此，开创了数据库的关系方法和关系规范化理论的研究，从理论到实践都取得了辉煌成果。在理论上，确立了完整的关系理论、数据依赖理论以及关系数据库的设计理论等；在实践上，开发了许多著名的关系数据库管理系统，使关系数据库系统很快就成为数据库系统的主流。为此，科德获得 1981 年度图灵奖。

1. 关系数据模型的结构

关系模型实际上就是一个"二维表框架"组成的集合，每个二维表又可称为关系，所以关系模型是"关系框架"的集合。在关系型数据库中，对数据的操作（数据库文件的建立，记录的修改、增添、删除、更新、索引等操作）几乎全部归结在一个或多个二维表上。通过对这些关系表的复制、合并、分类、连接、选取等逻辑运算来实现数据的管理。

【实例 4-5】设计一个教学管理数据库，可以包含以下几种关系：学生关系、教师关系、专业关系、课程关系、学习关系、授课关系。教学管理关系模型如图 4-12 所示。

（1）学生关系

学　号	姓　名	性别	出生日期	专业代码	班　级
20121101	赵建国	男	02/05/1990	S1101	201211
20121102	钱学斌	男	12/23/1989	S1101	201211
20121103	孙经文	女	01/12/1990	S1101	201211
20122101	李建华	男	11/12/1989	S1102	201212
…	…	…	…	…	…

（2）教师关系

教师号	姓名	性别	年龄	职　称
T1101	张三	男	47	教　授
T1102	李四	女	38	副教授
T1103	王五	男	32	讲　师
T1104	赵六	男	30	实验师
…	…	…	…	…

（3）专业关系

专业代码	专业名称	带头人
S1101	计算机	李　杰
S1102	自动化	杨　波
S1103	通信工程	谢文展
…	…	…

（4）课程关系

课程号	课程名	学时
C1101	计算机导论	80
C1102	计算机网络	64
C1103	数据库技术	80
…	…	…

（5）学习关系

学　号	课程号	成绩
20121101	C1101	91
20121102	C1102	83
20121103	C1103	88
…	…	…

（6）授课关系

教师号	课程号
T1101	C1101
T1102	C1102
T1103	C1103
…	…

图 4-12　教学管理关系模型示意图

我们可以把关系模型的结构进行如下定义：

① 关系（Relation）。对应通常所说的二维表。

② 元组（Tuple）。是二维表格中的一行，如学生关系表中一个学生记录即为一个元组。

③ 属性（Attribute）。是二维表格中的一列，相当于记录中的一个字段（field）或数据项（item）。例如，学生关系表中有 4 个属性（学号，姓名，出生日期，性别）。

④ 码（Key）。是唯一可标识下个元组的属性或属性组，也称候选码（Candidate Key）。若一个关系有多个候选码，则选定其中一个为主码（Primary Key），组成主码的属性称为主属性。例如，学生登记表中学号可唯一确定一个学生，为学生关系的候选码，同时也被选为主码。码有时也被称为键，如主键。

⑤ 域（Domain）。是属性的取值范围，例如，性别的域是（男，女）。

⑥ 关系模型（Relational Model）。是对关系的描述，一般表示为：

关系名（属性 1，属性 2，…，属性 n）

例如，图 4-12 中的教员关系可描述为：姓名，出生日期，性别，职称。

2. 关系数据模型的操纵与完整性约束

关系数据模型的操纵主要包括查询、插入、删除和更新数据。这些操作必须满足关系的完整性约束条件。关系的完整性约束条件包括三大类：实体完整性、参照完整性和用户自定义完整性。其中实体完整性和参照完整性是关系模型必须支持的完整性约束条件。

① 实体完整性。一个关系的主关键字不能取空值，所谓"空值"是指"不知道"或"无意义"的值。例如，成绩登记表中"学号"、"课程号"是主关键字，两个字段都不能取空值，但是"成绩"字段可以取空值，它表示该同学选了这门课程但没有参加考试，所以没有成绩。

② 参照完整性。表与表之间常常存在某种联系，如成绩登记表中只有学号，没有学生姓名，学生登记表和成绩登记表之间可通过学号相等查找学生姓名等属性取值。成绩登记表中的学号必须是确实存在的学生的学号。成绩登记表中的"学号"字段和学生登记表中的"学号"字段相对应，而学生登记表中的"学号"字段是该表的主码，是成绩登记表的"外码"。成绩登记表成为参照关系，学生登记表成为被参照关系。关系模型的参照完整性是指一个表的外码要么取空值，要么和被参照关系中对应字段的某个值相同。

③ 用户自定义的完整性。用户根据数据库系统的应用环境的不同，自己设定的约束条件。例如，成绩登记表中的"成绩"字段的取值只能在 0～100 之间。

在非关系模型中，操作对象是单个记录。而关系模型中数据操作是集合操作，操作对象和操作结果都是关系，即若干元组的集合。另外，关系模型把对数据的存取路径隐蔽起来，用户只要指出"干什么"，而不必详细说明"如何干"，从而大大地提高了数据的独立性。

3. 关系数据模型的特点

关系模型是目前所有数据模型应用最广的模型，其原因是：

① 关系模型与非关系模型不同，它建立在严格的数学概念之上，具有坚实的理论基础。

② 关系模型的概念单一。无论是实体还是实体之间的联系都用关系来表示，对数据的检索结果也是关系。所以其数据结构简单、清晰，用户易懂易用。

③ 关系模型的存取路径对用户透明，从而具有更高的数据独立性，更好的安全保密性，也简化了程序员的工作和数据库开发建立的工作。

正是由于关系模型以关系代数为语言模型，以关系数据为理论基础，形式基础好、数据独立性强、数据库语言非过程化等优点而得到了迅速发展和广泛应用。自 1970 年埃德加·科德（Edgar

F.Codd)首次提出关系模型后，关系数据库得到了快速的发展。20 世纪 80 年代以来，计算机厂商推出的数据库管理系统都支持关系模型，关系数据库成为数据库市场的主流产品，得到了非常广泛的使用。

当然，关系数据模型也有其缺点，由于存取路径对用户透明，查询效率不高。为了提高性能，必须对用户的查询请求进行优化，但却增加了开发数据库管理系统的负担。

4.2.4 面向对象数据模型

随着计算机技术的飞速发展，数据库技术的应用领域不断拓宽，其处理对象从格式化的数据发展到非格式化的多媒体数据，从二维的数据发展到多维的空间数据，从静态数据发展到动态数据，从规定类型的数据发展到自定义复合数据，而传统的关系数据模型难以满足这些要求。另一方面，自 20 世纪 80 年代起，面向对象技术在计算机软件的各个领域获得了广泛应用和发展，而且能适应这些新应用的需求。因此，面向对象的数据模型随之应运而生。

面向对象数据模型（Object-oriented Data Model）是最新数据模型，是将面向对象技术应用于数据库技术的结果。面向对象模型基于层次模型、网状模型或关系模型，用对象（Object）、类（Class）和继承（Inheritance）等概念来描述数据结构和约束条件，用与对象相关的方法（method）来描述集，具有类的可扩展性、数据抽象能力、抽象数据类型与方法的封装性、存储主动对象以及自动进行类型检查等特点。

面向对象数据模型是将数据库技术与面向对象程序设计方法相结合的数据模型。面向对象数据模型的存储以对象为单位，每个对象包含对象的属性和方法，具有类和继承等特点。

【实例 4-6】将图 4-11 所示的概念模型设计成面向对象数据模型。

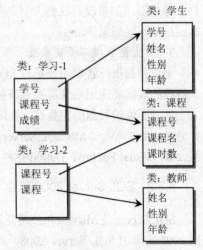

我们可将图 4-11 所示概念模型（学生、课程、教师）分为 2 个类：学习-1（学生和课程实体的联系）和学习-2（课程和教师实体的联系）。其中，"学习-1" 类属性 "学号" 的取值为 "学生" 类中的对象，属性 "课程号" 的取值为 "课程" 类中的对象；"学习-2" 类属性 "课程号" 的取值为 "课程" 类的对象，属性 "姓名" 取值为 "教师" 类的对象。这样，图 4-13 所示的分类便充分表达了图 4-11 中 E-R 图的全部语义。

图 4-13 学生选课的面向对象模型

1. 面向对象模型的优点

① 能有效地表达客观世界和有效地查询信息。

② 能很好地解决应用程序语言与数据库管理系统对数据类型支持的不一致问题。

③ 可维护性好。

2. 面向对象模型的缺点

① 技术不够成熟。面向对象模型还存在着标准化问题；是修改 SQL，还是用新的面向对象查询语言来进行程序设计，目前还没有解决。

② 理论还有待完善。到现在为止还没有关于面向对象分析的一套清晰的概念模型，怎样设计独立于物理存储的信息还不明确。

§4.3　常用数据库管理系统

计算机科学技术的飞速发展，加速了数据库技术的发展。数据库技术的应用需求，促进了数据库管理系统（Data Base Management System，DBMS）的研究进程。DBMS 是针对数据模型进行设计的，可以看成是某种数据模型在计算机上的具体实现。

4.3.1　DBMS 的基本类型

目前，在我国流行的 DBMS 绝大多数是基于关系模型建立起来的关系数据库管理系统，按功能大小将其分为三种类型。

1. 中小型数据库管理系统

中小型数据库管理系统是以微机系统为运行环境的 DBMS，例如 Visual FoxPro、Delphi、Access等。由于这类系统主要作为支持一般事务处理需要的数据库环境，强调使用的方便性和操作的简便性，所以有人称之为桌面型 DBMS。这类系统的主要特点是对硬件要求较低、应用面广、普及性好、易于掌握。

2. 大型数据库管理系统

大型数据库管理系统是以 Oracle、Sybase、Informix、IBM DB2 为代表的大型 DBMS。这些系统更强调系统在理论上和实践上的完备性，具有更巨大的数据存储和管理能力，提供了比桌面型系统更全面的数据保护和恢复功能，更有利于支持全局性及关键性的数据管理工作，所以也被称为主流 DBMS。这类系统是数据管理的主力军，它们在许多庞大的计算机信息系统的建立和应用中起到主导作用。如果没有这些大型、高效、功能完善的 DBMS，大型的计算机信息管理系统的建设和应用是不能想象的。

3. 中大型数据库管理系统

中大型数据库管理系统是以 SQL Server 为代表的、功能特点界于以上两类之间的 DBMS。中大规模的数据库应用系统需要系统能够存储大量的数据，要有良好的性能，要能保证系统和数据的安全性以及维护数据的完整性，要具有自动高效的加锁机制以支持多用户的并发操作，还要能够进行分布式处理等等。MS SQL Server 等高性能数据库管理系统能够很好地满足这些要求，而类似于 Access、Visual FoxPro、Delphi 这样的单机型数据库管理系统是难以胜任以上要求的。

4.3.2　SQL Server 2008 简介

SQL Server 是 Microsoft 公司开发的数据库管理平台，自 1988 年推出第一个版本 SQL Server 1.0 到 2008 年推出 SQL Server 2008，该产品经历了 20 余年的重大变革和提升，由一个简单的数据库管理系统平台发展成为包含数据管理、数据库设计、数据分析服务、数据安全服务、数据智能服务等功能的综合性大型数据库系统平台。

SQL Server 2008 是一个典型的、面向高端用户的大型关系型数据库管理系统，具有强大的数据管理功能，提供了丰富的管理工具支持数据的完整性管理、安全性管理和作业管理等。SQL Server 2008 支持标准 ANSI SQL，把标准 SQL 扩展成为更为实用的 Transact-SQL。SQL Server 2008 具有分布式数据库和数据仓库功能，能进行分布式事务处理和联机分析处理，支持客户机服务器结构。另外 SQL Server 2008 还具有强大的网络功能，支持发布 Web 页面以及接收电子邮件。总之，SQL Server 2008 是目前广为使用的数据库管理系统。

Microsoft SQL Server 2008 是建立在 SQL Server 2005 的基础上的新一代数据库管理产品，是一个用于大规模联机事务处理（OLTP）、数据仓库和电子商务应用的数据库平台，也是用于数据集成、分析和报表解决方案的商业智能平台，该平台使用集成的商业智能工具提供企业级的数据管理。SQL Server 2008 提供了一套综合的、能满足不断增长的企业业务需求的数据平台，在安全可靠和可扩展的平台中运行关键业务型应用程序。在合理开发数据应用程序的同时，降低数据基础架构的管理成本。SQL Server 2008 中不仅包含了可以扩展服务器功能以及大型数据库的技术，而且还提供了性能优化工具。无论在性能、稳定性、易带性方面都有相当大的改进，其性能主要体现在以下几个方面。

1. 数据仓库和商业智能服务

SQL Server 2008 提供了一个全面的平台，可以在用户需要的时候发送数据信息，在整个企业中实现商业智能。SQL Server 2008 是真正意义上的企业级产品，支持数据仓库，可以组织大量的稳定数据以便于分析和检索。SQL Server 2008 的综合分析、集成和数据迁移功能使各个企业无论采用何种基础平台都可以扩展其现有应用程序的价值。构建于 SQL Server 2008 的商业智能（BI）的解决方案使所有员工可以及时获得关键信息，从而在更短的时间内制定更好的决策。

2. 集成的数据管理

SQL Server 2008 提供了一组综合性的数据管理组件，如 Microsoft Visual Studio、Analysis Services、Integration Services、Reporting Services，还有新的开发工具，如 Business Intelligence Development Studio 和 SQL Server Management Studio，这些组件的紧密集成使 SQL Server 2008 与众不同。无论是开发人员、数据库管理者、信息工作者，还是决策者，SQL Server 2008 都可以为他们提供创新的解决方案，使他们从数据中更多的获益。

3. 支持 XML 技术

XML 是可扩展标记语言（Extensible Markup Language）的简称，可以根据用户自定义标记来存储和处理数据，主要用来处理半结构化的数据。XML 具有很多优点：例如，建立在 Unicode 基础上、XML 解析器随处可见且与平台无关、可以跨平台传递数据、在任意系统中使用。目前，应用程序在交换数据或存储设置时，大多数采用 XML 格式。SQL Server 2008 系统提供了 XML 数据类型，完全支持关系数据和 XML 数据，使企业单位能够以最合适自身需要的格式进行数据存储、管理和分析。

4. .NET Compact Framework

.NET Compact Framework 为快速开发应用程序提供了可重用的类。从用户界面开发、应用程序管理，再到数据库的访问，这些类可以缩短开发时间和简化编程任务。SQL Server 2008 与.NET Compact Framework 3.5 密切相关，数据库引擎中加入了.NET 的公共语言执行环境。使用.NET 语言（如 Visual C#.NET 和 Visual Basic.NET 等）可以创建数据库对象，方便了数据库应用程序的开发。

5. 与 Microsoft Office 2010 完美结合

SQL Server 2008 能够与 Microsoft Office 2010 完美地结合。例如，SQL Server 报表服务能够直接把报表导出生成为 Word 文档。使用 ReportAuthoring 工具，Word 和 Excel 都可以作为 SSRS 报表的模板，Excel SSAS 新添了一个数据挖掘插件，提高了性能。

4.3.3　Access 2010 简介

Access 2010 是 Office 中的组件之一，是以微机系统为运行环境的中小型 DBMS，与其他 DBMS 一样，既可以管理简单的文本、数字字符等数据信息，又可以管理复杂的图片、动画、音频等各种类型的多媒体数据信息，其功能非常强大，而操作却十分简单。

Access 从 20 世纪 90 年代初期 Access 1.0 的诞生到目前的 Access 2010，经过多次版本升级，现已成为一种功能强大、使用方便的关系数据库管理系统。Access 概念清晰、简单易学、功能完备，特别适合于数据库技术的初学者使用。虽然 Access 是一个中小型 DBMS，但它可以有效地组织、管理和共享数据库信息，可用于中、小企业的信息管理以及在网站中作为后台数据库，能更加高效、便捷地完成各种中小型数据的开发和管理工作，因而深受用户青睐，并得到广泛应用。

1. Access 2010 的版本

微软推出的 Office 2010 共有六个版本：免费初级版、家庭和学生版、家庭和商业版、标准版、专业版、专业增强版。其中，专业增强版是功能最全的最高版本。

2. Access 2010 的主要功能

Access 2010 不仅具有其他数据库管理系统的许多功能特点，还有 Access 自身的功能特点。

（1）数据管理：Access 可以有效地组织、管理和共享数据库信息，把数据库信息与 Web 结合起来，为局域网和互联网共享数据库的信息奠定了基础。

（2）数据分析：Access 有强大的数据处理、统计分析能力，利于数据查询，可以方便地进行各类汇总、平均等统计，并可灵活设置统计的条件。比如在统计分析上万条记录、十几万条记录及以上的数据时，速度快且操作方便，这一点是 Excel 无法与之相比的。

（3）开发软件：Access 可用来开发生产管理、销售管理、库存管理等各类企业管理软件，其最大优点是易学，因而非常适合非计算机专业人员用作开发工具，实现管理人员开发软件的"梦想"。

§4.4 数据库应用系统设计

数据库应用系统（Data Base Application System，DBAS）是指由系统开发人员利用数据库系统资源开发出来的、面向某一类实际应用的应用软件系统。数据库应用系统已成为现代信息技术的重要组成部分，是现代计算机信息管理以及应用系统的基础和核心。数据库应用系统设计是指对于给定的应用环境，构造最优的数据库模式，建立数据库及其应用系统，使之能够有效地存储数据。

4.4.1 数据库应用系统设计要求

数据库设计是否合理的一个重要指标是数据能否高度共享、具有消除不必要的数据冗余、避免数据异常、防止数据不一致性，这也是数据库设计要解决的基本问题。具体说，一个成功的数据库应用系统应满足以下基本要求。

1. 良好的共享性

建立数据库的目的是为了实现数据资源的共享。因此，在设计一个数据库应用系统时，必须把各个部门、各方面常用的数据项全部抽取到位，能为每一用户提供执行其业务职能所要求的数据的准确视图。同时，还必须有并发共享的功能，考虑多个不同用户同时存取同一个数据的可能性。此外，不仅要为现有的用户提供共享，还要为开发新的应用留有余地，使数据库应用系统具有良好的扩展性。

2. 数据冗余最小

数据的重复采集和存储将降低数据库的效率，要求数据冗余最小。比如在一个单位数据库中，可能多个管理职能部门都用得到职工号、姓名、性别、职务（称）、工资等，若重复采集势必造成大量的数据重复（冗余）。因此，像这样的公用数据必须统一规划以减小冗余。

3. 数据的一致性要求

数据的一致性是数据库重要的设计指标，否则会产生错误。引起不一致性的根源往往是数据冗余。若一个数据在数据库中只存储一次，则不可能发生不一致性。虽然冗余难免，但它是受控的，所以数据库在更新、存储数据时必须保证所有的副本同时更新，以保证数据的一致性要求。

4. 实施统一的管理控制

数据库对数据进行集中统一有效的管理控制，是保证数据库正常运行的根本保证。所以必须组成一个称为数据库管理的组织机构（DBA），由它根据统一的标准更新、交换数据，设置管理权限，进行正常的管理控制。

5. 数据独立

数据独立就是数据说明和使用数据的程序分离，即数据说明或应用程序对数据的修改不引起对方的修改。数据库系统提供了两层数据独立：其一，不同的用户对同样的数据可以使用不同的视图。例如人事部门在调资前事先从数据库中把每个职工的工资结构调出来，根据标准进行数据修改，此时只在人事部门自己这个视图范围内更改，而没有宣布最后执行新工资标准前，数据库中的工资还是原来的标准，此时若其他部门要调用工资的信息，还是原来的。这种独立称为数据的逻辑独立性；其二，可改变数据的存储结构或存取方式以适应变化的需求，而无须修改现有的应用程序。这种独立称为数据的物理独立性。

6. 减少应用程序开发与维护的代价

所设计的数据库必须具有良好的可移植性和可维护性，这是在数据库建设中必须充分考虑的问题。

7. 安全、保密和完整性要求

数据库系统的建立必须保障数据信息的一致、安全与完整，避免受到外界因素的破坏。

8. 良好的用户界面和易于操作性

在设计时除了设计好例行程序进行常规的数据处理外，还要允许用户对数据库执行某些功能而根本不需要编写任何程序，努力实现操作的简单化与便捷化。

4.4.2　数据库应用系统设计过程

数据库应用系统以数据库为基础，数据库应用系统的设计以数据库为核心。数据库的设计过程是按照：概念模型→逻辑模型→物理模型来进行的。在数据处理过程中，数据加工经历了现实世界、信息世界和数据世界这三个阶段，数据模型与数据抽象及转换过程如图 4-14 所示。

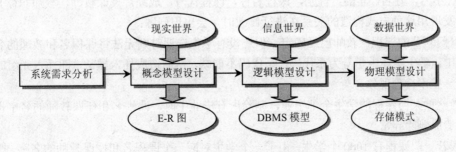

图 4-14　数据转换过程抽象

数据库应用系统设计遵循软件工程的方法，其基本步骤为：需求分析→概念结构设计→逻辑结构设计→物理结构设计→数据库的建立和测试→数据库运行和维护 6 个阶段，如图 4-15 所示。

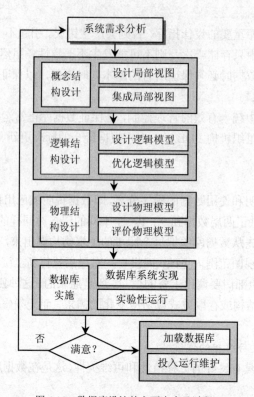

图 4-15　数据库设计的主要内容及过程

下面，我们以高校教学管理应用系统为例，介绍开发数据库应用系统的设计方法。

1. 需求分析

需求分析是对组织的工作现状和用户需求进行调查、分析，明确用户的信息需求和系统功能，提出拟建系统的逻辑方案。这里的重点是对建立数据库的必要性及可行性进行分析和研究，确定数据库在整个数据库应用系统中的地位，确定出各个数据库之间的关系。

学生处要录入新生的信息、处理毕业生的信息、产生各种各样的学生统计表。教务处每学期要制定教学执行计划、给教师排课、产生课程表、统计学生选课记录、登录学生成绩、产生学生成绩单和补考通知单等。各个系经常要查询教师、学生、课程、成绩等情况。

在建立学生选课数据是，我们可能很容易想到的是将学生选课数据关系设为：

STC｛学号，姓名，年龄，性别，课程名称，课程代号，成绩，授课教师，教师职称｝但稍加分析就会发现用这种方式构造的关系在进行修改时，会出现问题：

① 一门新开的课程，教师已经确定，但还没有学生选课时则无法将课程名和教师的名字插入到数据库中，学生实体中学号为系代码，系代码不能缺，从而造成插入异常，即插入元组时出现不能插入的一些不合理现象。

② 当就读某门课程的学生全部毕业，删除所有毕业生时，课程名和任课教师的名字也就删除了，从而造成删除异常。

③ 假若一门课程有 1000 个学生，由于一个学生对应一个课程名和授课教师的名字，则该课程名和授课教师的名字要重复 1000 次，这种在数据库中的不必要的重复存储就是数据冗余，造成存储异常。由于数据的重复存储，会给更新带来很多麻烦，造成更新异常。

产生异常的原因是感性认识中存在问题，换句话说，该关系模式是凭主观想象设计的，它存在多个不同主题的数据，即学生、课程、成绩和授课教师。

2. 概念结构设计

概念结构设计的目标是将需求分析阶段得到的用户需求抽象为反映现实世界信息需求的数据库概念结构（概念模式），描述概念模式的有效工具是实体—联系（entity-relation，E-R）图。概念结构设计包括三个步骤：设计局部 E-R 图、集成局部 E-R 图为全局 E-R 图、优化全局 E-R 图。

【实例 4-7】学生选课系统的数据实体应当有学生、教师、课程及成绩，而且它们之间的关系为：学生选修课程、教师讲授课程。其中学生的属性包括：学号、姓名、性别、年龄；教师的属性包括：姓名、性别、年龄、职称等；课程的属性包括：课程号、课程名、学时、学分等。它们之间的关系用实体-联系图表示，如图 4-16 所示。

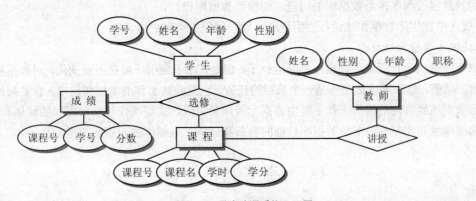

图 4-16　学生选课系统 E-R 图

3. 逻辑结构设计

概念结构设计的结果是得到一个与计算机软硬件的具体性能无关的全局概念模式。逻辑结构设计的目标是把概念结构设计阶段的 E-R 图转换成与具体的 DBMS 产品所支持的数据模型相一致的逻辑结构。逻辑结构设计包括两个步骤：将 E-R 图转换为关系模型、对关系模型进行优化，优化工作要用到函数依赖、关系范式等知识；得到优化后的关系数据模型，就可以向特定的关系数据库管理系统转换，实际上是将一般的关系模型转换成符合某一具体的能被计算机接受的 RDBMS 模型。

【实例 4-8】根据概念模型转换成关系模型的转换规则，可把图 4-16 所示的 E-R 图转换成下面的关系模型，其中关系的码（主键）用下划线标示。

学生情况表={<u>学号</u>，姓名，年龄，性别}

教师授课表={<u>姓名</u>，年龄，性别，职称}

课程表={<u>课程号</u>，课程名，学时，学分}

学生选课表={<u>学号</u>，<u>课程号</u>，分数}

在建立正确的关系模型后，根据具体的关系数据库管理系统（Oracle、Sybase、Informix、IBM DB2、MS SQL-Server、Visual FoxPro、Delphi、Access 等）对该模型进行定义，并将以上三个表的有关定义和约束条件存放在数据库的词典中，供系统调用。

4. 物理结构设计

数据库在实际的物理设备上的存储结构和存取方法称为数据库的物理结构。数据库的物理设计目标是在选定的 DBMS 上建立起逻辑结构设计确立的数据库的结构，物理结构设计依赖于给定的硬件环境和数据库产品。

为了实现数据的存储需要，先确定必须收集和存储的数据对象并对这些数据的存储结构进行设计，确定选课数据库中应包括该校所有教师、学生、课程、成绩等要存储的数据对象。

5. 数据库实施

数据库实施阶段的工作就是根据逻辑设计和物理设计的结果，在选用的 RDBMS 上建立起数据库。具体讲有如下三项工作：

① 建立数据库的结构，以逻辑设计和物理设计的结果为依据，用 RDBMS 的数据定义语言书写数据库结构定义源程序，调试执行源程序后就完成了数据库结构的建立。

② 载入实验数据并测试应用程序，实验数据可以是部分实际数据，也可以是模拟数据，应使实验数据尽可能覆盖各种可能的实际情况，通过运行应用程序，测试系统的性能指标。如不符合，是程序的问题修改程序，是数据库的问题，则修改数据库设计。

③ 载入全部实际数据并试运行应用程序，发现问题做类似处理。

6. 数据库运行和维护

数据库经过试运行后就可以投入实际运行了。但是，由于应用环境在不断变化，对数据库设计进行评价、调整、修改等维护工作是一个长期的任务，也是设计工作的继续和提高。在数据库运行阶段，对数据库经常性的维护工作主要由数据库管理员完成，主要工作包括数据库的转储和恢复、数据库的安全性和完整性控制、数据库性能的监督和分析、数据库的重组织与重构造等。

本章小结

（1）目前广泛使用的是关系数据模型，面向对象数据模型及其面向对象数据库管理系统的研究和开发虽然取得了大量的成果，但要广泛应用，还有很多理论和技术问题需要研究解决，真正得到广泛应用的仍是关系数据库管理系统。

（2）数据库管理系统是由一组相关联的数据集合和一组用以访问这些数据的程序组成。数据库管理系统的基本目标是为用户提供一个方便、高效地存取数据的环境。

（3）数据库系统是一个由硬件和软件构成的系统，主要用来管理大量数据、控制多用户访问、定义数据管理构架、执行数据库操作等。数据库系统的主要应用是信息管理。

（4）随着数据库技术应用的深入，数据库应用系统已成为现代信息技术的重要组成部分，是现代计算机信息管理以及应用系统的基础和核心。

（5）数据库技术与网络通信技术、人工智能技术、多媒体技术等相互结合和渗透，是新一代数据库技术的显著特征。数据库技术随着信息技术发展而发展，目前，数据库朝着分布式数据库、面向对象数据库、知识数据库、数据挖掘和 Web 数据库方向发展。

习题四

一、选择题

1. 在数据管理技术发展中，文件系统与数据库系统的重要区别是数据库具有（　　）。

　　A. 数据可共享　　　　B. 数据不共享　　　C. 特定数据模型　　　D. 数据管理方式

2. DBMS 对数据库中的数据进行查询、插入、修改和删除操作，这类功能称为（　　）。

  A. 数据定义功能　　　　　　　　B. 数据管理功能

  C. 数据控制功能　　　　　　　　D. 数据操纵功能

3. 数据库的概念模型独立于（　　）。

  A. 具体计算机　　　　B. E-R 图　　　　C. 信息世界　　　　D. 现实世界

4. 设同一仓库存放多种商品，同一商品只能放在同一仓库，仓库与商品是（　　）。

  A. 一对一关系　　　　　　　　　B. 一对多关系

  C. 多对一关系　　　　　　　　　D. 多对多关系

5. 关系数据模型使用统一的（　　）结构，表示实体与实体之间的联系。

  A. 数　　　　　　　　B. 网络　　　　　　C. 图　　　　　　D. 二维表

6. 在 E-R 图中，用来表示实体的图形是（　　）。

  A. 矩形　　　　　　　B. 椭圆形　　　　　C. 菱形　　　　　D. 三角形

7. 用二维表来表示实体及实体之间联系的数据模型是（　　）。

  A. 关系模型　　　　　B. 网状模型　　　　C. 层次模型　　　　D. 链表模型

8. 数据库设计的根本目标是要解决（　　）问题。

  A. 数据共享　　　　　　　　　　B. 数据安全

  C. 大量数据存储　　　　　　　　D. 简化数据维护

9. 在数据库系统的三级模式结构中，用来描述数据库整体逻辑结构的是（　　）。

  A. 外模式　　　　　　B. 内模式　　　　　C. 存储模式　　　　D. 概念模式

10. 在关系数据库中，元组在主关键字各属性上的值不能为空，这是（　　）约束的要求。

  A. 实体完整性　　　　　　　　　B. 参照完整性

  C. 数据完整性　　　　　　　　　D. 用户定义完整性

二、判断题

1. 信息是一种资源，能为某一特定目的提供决策依据。　　　　　　　　　　（　　）

2. 计算机处理的数字才称为数据，字符和图形不能称为数据。　　　　　　（　　）

3. 索引是在数据库表中对一个或多个列的值进行排序的结构。　　　　　　（　　）

4. 为了实行对数据进行管理和处理，必须将收集到的数据有效地组织并保存起来，这就形成了数据库。

                        （　　）

5. 数据库系统是一个包括软件和硬件的完整系统。　　　　　　　　　　　（　　）

6. 数据库的设计过程是按照概念模型→逻辑模型→物理模型来进行的。　（　　）

7. 数据模型的三个要素是：数据结构、数据操作和完整性约束。　　　　　（　　）

8. 实体-联系模型是基于记录的数据模型。　　　　　　　　　　　　　　　（　　）

9. 关系数据模型是目前数据库系统中的主要的数据模型。　　　　　　　　（　　）

10. 一个数据库只能有一个内模式。　　　　　　　　　　　　　　　　　　（　　）

三、问答题

1. 图书馆与图书仓库是同一个概念吗？

2. 数据库管理系统主要完成什么功能？

3. 数据库管理系统有哪些主要特点？

4. 什么概念模型？

5．关系数据模型是什么结构？

6．关系数据模型有哪些特点？

7．什么是面向对象数据库？

8．数据库设计的要求是什么？

9．数据库系统的体系结构是指什么？

10．数据库系统由哪些部分组成？

四、讨论题

1．你认为目前的数据库还存在哪些不足？

2．你认为数据库的发展与计算机发展有何关系？

3．你认为目前广泛使用的关系数据模型是否还有哪些不足？

4．你认为数据库技术的发展与哪些学科的研究进展有关？

第 5 章　多媒体技术应用基础

【问题引出】计算机多媒体技术是当今最引人注目的新技术。多媒体技术不仅极大地改变了计算机的使用方法，促进了信息技术的发展，而且使计算机的应用深入到前所未有的领域，开创了计算机应用的新时代。在信息化的今天，学习和掌握多媒体技术是极为重要的。

【教学重点】多媒体的基本概念、多媒体计算机、多媒体信息处理技术、多媒体技术的应用与发展。

【教学目标】掌握多媒体的基本概念、多媒体计算机的基本组成和操作使用；熟悉多媒体信息处理技术；了解多媒体技术的基本应用和多媒体技术发展方向。

§5.1　多媒体概念

5.1.1　媒体与多媒体

1. 媒体及其类型

"媒体（Medium）"在计算机领域中有两种含义：一是指用以存储信息的实体，如磁盘、磁带、光盘和半导体存储器等；二是指信息的载体，如数字、文字、声音、图形、图像、视频和动画等。国际电话与电报咨询委员会（Consultative Committee International Telegraph and Telephone，CCITT）制定了媒体分类标准，将媒体分为 5 种类型。

（1）感觉媒体（Perception Medium）：指能够直接作用于人的感官，让人产生感觉的媒体。如人类的各种语音、文字、音乐，自然界的各种声音、图形、静止和运动的图像等。

（2）表示媒体（Representation Medium）：指为了加工、处理和传输感觉媒体而研究、构造出来的媒体，它是用于传输感觉媒体的手段，即对语言、文本、图像、动画等进行数字编码。

（3）表现媒体（Presentation Medium）：指感觉媒体与用于通信的电信号之间转换用的一类媒体。表现媒体又分为输入表现媒体（如键盘、鼠标、光电笔、数字化仪、扫描仪、麦克风、摄影机等）和输出表现媒体（如显示器、打印机、扬声器、投影仪等）。

（4）存储媒体（Storage Medium）：指用于存储表现媒体的介质，即存放感觉媒体数字化以后的代码的媒体。存放代码的存储媒体有计算机内存、软盘、硬盘、光盘、磁带等。

（5）传输媒体（Transmission Medium）：传输媒体也称为传输介质，是指将表现媒体从一处传送到另一处的物理载体，如双绞线、同轴电缆、光纤、空间电磁波等。

在上述各种媒体中，表示媒体是核心。计算机处理媒体信息时，首先通过表现媒体的输入设备将感觉媒体转换成表示媒体，并存放在存储媒体中，计算机从存储媒体中获取表示媒体信息后进行加工、处理，最后利用表现媒体的输出设备将表示媒体还原成感觉媒体。通过传输媒体，计算机可将从存储媒体中得到的表示媒体传送到网络中的另一台计算机。

2. 多媒体

"多媒体"一词译自英文 multimedia，是由 multiple 和 media 复合而成。multiple 的中文含义是"多样的"，media 是 Medium（媒体）的复数形式。与多媒体相对应的一词称作为单媒体

（monomedia），多媒体是两种以上单媒体组成的结合体。国际电信联盟（International Telecommunication Union，ITU）对多媒体含义的表述是：使用计算机交互式综合技术和数字通信网技术处理的多种表示媒体，使多种信息建立逻辑连接，集成为一个交互系统。

多媒体与单媒体的关系如图 5-1 所示。通常，多媒体包含有以下 6 种基本媒体元素。

图 5-1　单媒体与多媒体的关系

（1）文本（Text）：指以 ASCII 码存储的文件，是最常见的一种媒体形式。

（2）图形（Graphics）：指由计算机绘制的各种几何图形和工程视图等。

（3）图像（Image）：指由摄像机或扫描仪等输入设备获取的实际场景的静止画面。

（4）声音（Sound）：指数字化声音，如解说、背景音乐、各种音响等。

（5）动画（Animation）：指借助计算机生成一系列可供动态演播的连续图像。

（6）视频（Video）：指由摄像机等输入设备获取的活动画面，即视频图像。它是一种模拟视频图像，因此在输入计算机之前需经过 A/D 转换才能够编辑和存储。

3．多媒体技术

多媒体元素的种类很多，表现方式也很多。在屏幕上显示时，多媒体元素可以不同的形式（全面、部分、重叠、特殊效果等）表现出来，而且可以是静态或动态的。但是，并不是将不同形式的信息以不同的方式拼凑在一起就是多媒体，必须将多媒体所含的元素进行合理的组织和安排，才能发挥各种媒体元素的特长，形成一个完美的多媒体节目。

多媒体技术（Multimedia Technology）就是将文本、声音、图形、图像、视频、动画等多种媒体信息通过计算机进行数字化获取（采集）、编码、存储、传输、处理和再现等，使多种媒体信息建立逻辑连接，并集成一个具有交互性的技术。简单地说，多媒体技术就是利用计算机综合处理文本、声音、图形、图像、视频、动画等多种媒体信息的技术。

4．多媒体系统

我们把多种媒体的组合称为多媒体系统，它是由硬件和软件组成的综合处理系统。今天人们常说的多媒体系统就是以计算机为核心，能对文本、声音、图形、图像、视频、动画等多种媒体进行输入、输出、编辑、传输等综合处理的系统。目前，市场上多媒体产品和系统的种类繁多，层出不穷。这些产品和系统对各种媒体的处理能力不同，如果按功能任务划分，可分为开发系统、演示系统、训练/教育系统和家用系统。

（1）开发系统（Development System）：具有多媒体应用系统的开发能力，因此系统配有功能强大的计算机，齐全的声、文、图信息的外部设备和多媒体演示制作工具，主要应用于多媒体应用制作、非线性编辑等。

（2）演示系统（Presentation System）：是一个增强型的桌上系统，可以完成多种媒体的应用，并与网络连接，主要应用于高等教育和会议演示等。

（3）训练/教育系统（Training/Education System）：是单用户多媒体播放系统，以计算机为基础配有 CD-ROM 驱动器、音响和图像的接口控制卡及其外设，主要应用于家庭教育、教育培训和小型商业销售等。

（4）家用系统（Home System）：通常配有 CD-ROM，采用一般家用电视机作演示，主要用于家庭学习、娱乐等。

5.1.2　多媒体的技术特征

多媒体的技术特征主要包括信息载体的多维性、集成性、交互性和实时性 4 个方面。这既是区别于传统计算机的主要特征，也是在多媒体技术研究中必须解决的主要问题。

1. 多维性

多维性是指信息媒体的多样化，包括文字、声音、图像、动画等，它扩大了计算机所能处理的信息空间，使人们思想的表达不再限于顺序的、单调的、狭小的范围内，而有充分自由的余地。通过对信息的变换、创作、加工，使其有更广阔和更自由的表现空间，如视觉、听觉、触觉等。

2. 集成性

集成性是指将多种媒体有机地组织在一起，共同表达一个完整的多媒体信息，使图、文、声、像一体化。经多媒体技术处理后，能充分发挥其综合作用，效应更加明显。因此，多媒体技术的集成性主要表现在两个方面：一是多媒体信息的集成；二是处理这些媒体信息的设备的集成。

3. 交互性

交互性是指人与计算机能实行"对话"，以便进行人工干预和控制。随着计算机多媒体技术的广泛应用，交互性已成为多媒体系统的主要特性之一，要求以最适合人类习惯、最容易接受的形式（如键盘、鼠标、操纵杆、话音等）与计算机进行交互，以更为有效的控制手段提高信息的利用率。交互式应用的高级阶段还有待于虚拟现实（Virtual Reality）技术的进一步研究和发展。

4. 实时性

多媒体技术是将多种媒体集成在一起，其中有些媒体（如声音和图像）与时间密切相关，这就决定了多媒体技术必须要支持实时处理。所谓实时，是指在人的感官系统允许的情况下进行多媒体交互，就像"面对面"交流一样，声音和图像是连续的。

5.1.3　多媒体的数据特点

由于多媒体系统是多种媒体的集合，所以多媒体系统的数据与传统的（数值或文本）数据形式相比，具有许多的差别，多媒体的数据特点主要表现在以下 4 个方面。

1. 数据类型多

传统的数据处理中的数据类型主要有整型、实型、布尔型和字符型等，而多媒体数据处理中的数据类型除了上述常规数据类型外，还要处理图形、图像、声音、文本、音乐、动画、动态影像视频等复杂数据类型。即使同属于图像一类，也还可分为黑、白、彩色、高分辨率、低分辨率等多种格式。因此，无论是在媒体的输入还是在媒体的表现上，尤其是多媒体的综合上，都会带来一系列的问题。同时，媒体的种类还在随着系统的不断扩展而继续增多。

2. 数据量巨大

传统的数值、文本类数据一般都采用编码加以表示，数据量并不是很大。但在多媒体环境下，有许多媒体形式数据量是惊人的，两者之间的差别可大到几千、几万甚至几十万倍。例如一幅 640×480 分辨率、256 种颜色的彩色照片，存储量要 0.3MB 字节；CD 质量双声道的声音，达到每秒 1.4MB 字节；动态视频就更大了，一般将达每秒几十兆字节。即使经过压缩，数据量也仍然很大。这对于数据的处理、存储、传输都是个难题。因此，系统就必须能够适应这种数据的量级。

3. 数据存储差别大

常规的数据项一般是几个字节或几十个字节，因此在组织存储时一般采用定长记录处理，存取方便，存储结构简单清晰，而多媒体数据则不同。这种差别首先体现在量上，有的媒体存储量很少，而有的媒体存储量却惊人；其次体现在内容上，不同类型的媒体由于格式、内容的不同，相应的类型管理、处理方法及内容的解释方法等也不同，很难用某一种方法来统一处理这种差别；第三，类型的差别不仅仅体现在空间上，而且还体现在时间上，时基类媒体（如声音、影像视频等）的引入，与原先建立在空间数据基础上的信息组织方法会有很大的不同。

4. 数据输入与输出复杂

因为是多媒体，所以不仅输入与输出信号类型多，而且输入与输出方式也较复杂。在多媒体数据的输入过程中有两种方式，即多通道异步输入方式和多通道同步输入方式。

（1）多通道异步输入方式：允许在通道、时间都不相同的情况下输入各种媒体数据并存储，最后按合成效果在不同的设备上表现出来。如图 5-2 所示。

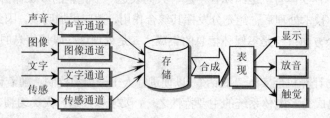

图 5-2　多通道异步输入与输出

这种方式也是目前绝大多数系统所采用的方式。例如，从扫描仪录入照片、从录音设备数字化声音、从键盘输入字符等。

（2）多通道同步输入方式：要求系统具有多通道同时输入并分解媒体的能力。由于涉及的设备众多，多媒体数据的输入与输出就要复杂得多。如图 5-3 所示。

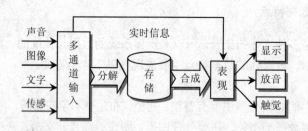

图 5-3　多通道同步输入与输出

这种多道输入和多道输出，使得多媒体系统具有信息表示的多样性和信息处理的复杂性。

§5.2　多媒体计算机

多媒体计算机技术（Multimedia Computer Technology，MCT）利用计算机技术，将文字、声音、图形、图像、动画等多种媒体以数字化方式集成在一起，从而使计算机具有了表现、处理、存储多种媒体信息的综合能力。我们把能同时处理多种信息媒体的计算机称为多媒体计算机。多媒体计算机系统与常规计算机系统的区别主要在于所处理的信息类型的多样性。多媒体计算机系统应包括多媒体计算机硬件系统、多媒体计算机软件系统、多媒体创作工具和多媒体应用程序等几个部分。

5.2.1 多媒体计算机硬件系统

多媒体计算机是多媒体技术的一个应用实例。在多媒体计算机中，使用最广泛、最基础的是多媒体个人计算机（Multimedia Personal Computer，MPC），它是在微型计算机的基础上融合高质量的图形、立体声、动画等多媒体组合所构成的能处理语言、声音、图像的一个完整系统。这种信息表示的多元化和人－机关系的自然化，正是计算机应用追求的目标和发展趋势。

1. MPC 的基本配置

多媒体计算机硬件系统由高档微机与多媒体外设构成，MPC 系统的组成如图 5-4 所示。

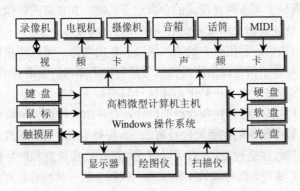

图 5-4　多媒体计算机系统的组成

MPC 标准规定多媒体计算机的最低配置可以用一个简单的公式表示为：

　　MPC=微型机（PC）+CD-ROM+声音卡

构成 MPC 的途径有两种：一是直接购买 MPC；二是在原有 PC 上升级，即购买多媒体升级套件，使普通 PC 升级为 MPC。由图 5-4 可知，MPC 与 PC 在硬件配置方面的主要区别是在 MPC 中增添了触摸屏、声音卡、视频卡及其与声音卡和视频卡相连的设备等。

（1）触摸屏（Touch Screen）：是多媒体输入设备，主要用在触摸式多媒体信息查询系统中。这些查询系统可以根据具体的应用领域摄取、编辑、储存多种文字、图形、图像、动画、声音以及视频等信息。使用者只要用手指触摸屏幕上的图像、表格或提示标志，就可以得到图、文、声、像并茂的信息，十分直接、方便、快捷、直观与生动。

（2）声频卡：也称为声音卡或声卡，是多媒体计算机中处理声音数据的部件，是计算机中加工和传送声音数据的一块插接卡。它是普通 PC 向多媒体 PC 升级时，在声音媒体方面需要增加的主要部件，因此它必须和多媒体 PC 全面兼容，使标准多媒体软件不做任何修改便可在声卡上使用。在多媒体计算机的各种声卡中，Creative labs 公司的声霸卡系列是最早开发的，也是最有影响的产品，目前市场上普遍销售的其他牌子的声卡大多数和它兼容。

声频卡是一块插在主板总线扩展槽中的专用电路板，其基本功能有：

① 将音频信号进行模-数（A/D）转换。由于音频卡可以接收作为模拟量的自然声音（如子键盘演奏的声音）、从麦克风引入的说话或唱歌声音，对于这些模拟量，音频卡能够保存它们的声音并经过变换，转化成数字化的声音，这就是模-数转换（Analog to Digital Converter）。经过模-数转换的数字化声音以文件形式保存在计算机里，可以利用声音处理软件将其进行加工和处理。模拟音频数字化后的文件占据的磁盘空间很大，1 分钟的立体声占用的磁盘空间为 10MB，所以声卡在记录和回放数字化声音时要进行压缩和解压，以节省磁盘空间。

② 将音频信号进行数-模（D/A）转换。这个功能与（A/D）正好相反，音频卡把数字化声音转换成作为模拟量的自然声音，这就是数-模转换（Digital to Analog Converter）。转换后的声音通过音频卡的输出端送到声音还原设备，例如耳机、有源音箱、音响放大器等。

③ 完成混音和音效处理。利用音频卡上的数字信号处理器 DSP 对数字化声音进行处理，包括完成高质量声音的处理、音乐合成、制作特殊的数字音响效果等。可以将来自音乐合成器、模拟音频输出和 CD-ROM 驱动器的 CD 模拟音频以不同音量大小混合在一起，送到声卡输出端口进行输出。通过计算机唱卡拉 OK 主要就是利用声卡的混音器。

④ 实现立体声合成。经过数-模转换的数字化声音保持原有的声道模式，即立体（STEREO）模式或 NOMO 模式。音频卡具备两种模式的合成运算功能，并可将两种模式互相变换。通过合成语音或音乐后，计算机就能朗诵文本或演奏出高保真的合成音乐。

⑤ 提供输入与输出接口。利用声卡的输入端口和输出端口，可以将模拟信号引入声卡，然后转换成数字量；还可以将数字信号转换成模拟信号送到输出端口，驱动音响设备发出声音。

声频卡是 MPC 必选配件，有了声频卡，才使计算机有了"听"、"说"、"唱"的功能。

（3）视频卡：是计算机中处理视频数据的部件，是将激光视盘机、摄像机等设备输出的视频图像信号转换成计算机数字图像的主要硬件设备之一。视频卡插在计算机主板的扩展槽内，通过配套的驱动程序和视频处理程序进行工作，它可以将连续变化的模拟视频信号转化成计算机能够识别处理的数字信号，编辑、处理、保存成数字化文件。视频卡是一种统称，并不是必须的。视频卡按其功能可分成以下几种类型：

① 视频采集卡。采集功能是各种视频卡的基本功能，视频采集的模拟视频信号源可以是录像机、摄像机、摄影机等。这些模拟信号表示的图像经过视频卡后转换为数字图像，并以文件的形式存储到计算机上，这一过程也叫数字化、获取、捕获、捕捉、抓帧等。原来保存在录像带、激光视盘等介质上的图像信息，可以利用视频采集卡转录到计算机存储设备中。此外，也可以通过摄像机将现场的图像实时输入计算机中。

② 视频输出卡。计算机的 VGA 显示卡输出不能直接连接录像机和电视机，必须进行编码，完成这种编码任务的接口卡称为视频输出卡或编码卡。它将以 RGB 形式表示的信息编码为组合视频输出信号，然后送到电视机或录像机。经过计算机加工处理后的视频数据可以用计算机文件的方式进行发行、交流，但更通常的方式是以录像带的形式进行传播或者直接在电视机上收看。

③ 解压卡。是指能看 VCD 电影的 MPEG 解压卡，因此也俗称"电影卡"。这种卡大都有视频输出端和音频输出端，它们可以接到电视机或大屏幕投影仪上播放 VCD。

④ 压缩卡。主要是为制作影视节目和电子出版物用的。影视节目和电子出版物各有国际标准，影视节目制作采用 Motion-JPEG 标准，电子出版物和 VCD 采用 MPEG 压缩。目前市场上大部分压缩卡产品只符合 MPEG-1 标准，符合 MPEG-2 标准的还不多。但是 MPEG-2 的发展趋势很好，特别是 DVD 产品上市，更促进了 MPEG-2 的发展。

除了 Motion-JPEG 和 MPEG 压缩卡之外，还有一类符合静止图像压缩标准 JPEG 的压缩-解压缩卡，它们主要针对彩色或黑白静止图像的压缩。

⑤ 电视接收卡。标准的视频采集卡都具备将模拟视频信号输入到计算机并显示输出的功能，采集卡的视频输入端可以接录像机、摄像机等模拟视频设备，所缺少的只是高频电视信号的接收、调解电路。只要在采集卡的基础上增加这一部分电路，就可以收看电视节目，成为电视接收卡。

2. MPC 的功能特征

由于 MPC 具有集图、文、声、像于一体的信息处理能力，因而它与普通的 PC 相比，既有共同点，又有特殊性，即 MPC 应具备以下基本特征。

（1）必不可少的 CD-ROM：一张光盘可以提供高达 650MB 的存储容量，可以录制音乐、动画节目、各个领域的文献资料等。例如字典、百科全书、科技文稿等；可为用户提供最新的科技资料。要使 MPC 具有交互式播放和阅读功能，CD-ROM 是不可缺少的配置。

（2）高质量的数字音响功能：通常，MPC 应具有将语音、音乐转换成数字信号（A/D）或将数字信号转换成语音、音乐的（D/A）功能，并可以把数字信号存放到硬盘上，再从硬盘上重放。此外，MPC 还配有音乐合成器和乐器接口 MIDI，可分别用来增加播放复合音乐和外接电子乐器、编辑乐曲的功能。

（3）图文、声音同步播放：MPC 可以显示来自光盘上的文字、动画、影视节目等。可以使画面、声音、字幕同步。

（4）具有管理多媒体的软件平台：目前，已有比较多的多媒体视听软件，这些软件大多以 Windows 环境为操作平台，因而可以很方便地在 MPC 上运行。

MPC 所提供的多媒体环境正在改变人们使用计算机的方式，人们不仅可以从显示器上读取文字、图形、图像等信息，而且还可以同步听到声音。利用多媒体系统提供的编辑功能，还能够对图像、影视进行配音和录制。

5.2.2　多媒体计算机软件系统

多媒体信息是文字、声音、图形、图像等多种信息的综合，每种信息都由相应的软件来处理，最后采用信息的合成技术把它们组织起来，这就要求多媒体软件能够处理多种信息，例如信息的录入、修改、剪辑（声音和动画）等。如果说硬件是多媒体系统的躯体，那么软件就是多媒体系统的灵魂。由于多媒体涉及种类繁多的各种硬件，要处理形形色色差异巨大的各种多媒体数据，因此，如何将这些硬件有机地组织到一起，使用户能够方便使用多媒体数据，则是多媒体软件的主要任务。

多媒体软件可划分成不同的层次或类别，这种划分是在发展过程中形成的，并没有绝对的标准。如果按软件功能可划分为 5 类：多媒体驱动软件、支持多媒体的操作系统或操作环境、多媒体应用软件、多媒体编辑创作软件和多媒体数据准备软件。从层次上来看，可分为 5 层，如图 5-5 所示。

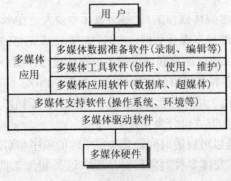

图 5-5　软件系统分层示意图

1．媒体驱动软件

多媒体驱动软件是指直接和硬件打交道的软件。它完成设备的初始化、各种设备操作以及设备的打开、关闭、基于硬件的压缩解压、图像快速变换等基本硬件功能调用等。多媒体驱动软件一般随着硬件提供。

2．多媒体支持软件

多媒体支持软件是指支持多媒体播放的软件，如多媒体操作系统、"即插即用"软件和支持"自动运行"的功能软件。

（1）多媒体操作系统：是多媒体软件的核心，负责多媒体环境下多任务的调度，保证音频、视频同步控制以及信息处理的实时性；提供多媒体信息的各种基本操作和管理；具有对设备的相对独立性和可扩充性。目前，在微型计算机中较通用的支持软件主要采用 Windows 系统。Windows 2000/XP/Windows 7 支持多媒体的特征主要体现在：

① 使用图形用户界面（Graphic User Interface，GUI）、具有动态连接库（Dynamic Linking Library，DDL）和动态数据交换（Dynamic Data Exchange，DDE）功能、提供对多媒体支持和目标连接嵌入（Object Linking Embed，OLE）等。

② 完全支持即插即用（Plug and Play，PNP）。当添加了多媒体硬件设备时，计算机系统会自动搜索检测这些设备，自动加载驱动程序并启动和运行它，免去了为设备设置跳线、开关、加载驱动程序的工作。

【提示】PnP 功能要求 CMOS 的 PCI/PnP Setup 窗口中 Plug and Play Aware OS 项要选择 Yes，某些 PnP 卡无法检测到时，选 No。

（2）支持自动运行功能软件：是指当插入光盘时，系统会自动寻找光盘上的 autorun.inf 文件来执行。通常的 VCD 采用 MPEG 格式，可用播放软件（如超级解霸）中的自动探测搜索程序来检测执行。MPEG 格式的 VCD 盘中，一般有 7 个子目录，其中 CDDA 和 KARAOKE 两个子目录为空，所有播放文件都放在 MPEGAV 子目录中。用 Windows 内置的支持数字音频及 MIDI 和数字视频的"媒体播放器（Media Player）"软件也可以播放这些文件。媒体播放器支持的多媒体文件主要有 avi、mid.rmi、vav.mp3、mpg.dat、mov.mpe 等。

3．多媒体数据准备软件

多媒体数据准备软件是指用于采集多种媒体数据的软件，如声音录制、编辑软件；图像扫描及预处理软件；全动态视频采集软件；动画生成编辑软件等。从层次角度来看，多媒体数据准备软件不能单独算作一层，它实际上是创作软件中的一个工具类部分。

4．多媒体编辑创作软件

多媒体编辑创作软件又称多媒体创作工具，是多媒体专业人员在多媒体操作系统之上开发的供特定应用领域的专业人员组织编排多媒体数据，并把它们连接成完整的多媒体应用的系统工具。多媒体编辑创作软件能对声音、文本、图形和图像等多种媒体进行控制、管理和编辑，并按用户要求生成多媒体应用软件。目前的多媒体编辑创作软件可分为 3 个档次：高档创作工具可用于影视系统的动画制作及特技效果；中档用于培训、教育和娱乐节目制作；低档可用于商业简介、家庭学习材料的编辑。并且，按照编辑创作方式可分为 4 种类型。

（1）基于时标：其特点是以可视的时间轴来决定事件的顺序和对象显示上演的时段。这种时间轴包括多行道或频道，以便安排多种对象同时呈现。这类制作工具的典型产品有 Director 和 Action。

（2）基于图标：其特点是把操作封装到图符中（Icdon），将图符拖到工作区，建立流程图，编译得到多媒体的应用程序。这类制作工具的典型产品有 Authorware 和 Icon Author。

（3）基于页式：其特点是按书的页（Page）或卡（Card）进行组织，每一屏被描述为一页，将每页内的多级对象进一步分为前景和背景，背景的设置在用户想生成的一系列页中共享通用元素。这类制作工具的典型产品是 HyperCard 及 Asymetrix 公司的 Multimedia Tool Book。

（4）基于事件驱动：其特点是建立一个事件驱动的超媒体模型（Event Driver Hypermedia Model，EDHM），通过事件驱动解决同步和交互问题。这类制作工具的典型产品有 ArK。

用程序语言来编辑和创作多媒体软件需要大量编程，难度大，效率低，现在已很少采用。

5. 多媒体应用软件

多媒体应用软件是在多媒体硬件平台上设计开发的面向应用的软件系统，由于与应用密不可分，有时也包括那些用软件创作工具开发出来的应用软件。目前，多媒体应用软件的种类繁多，既有可以广泛使用的公共型应用支持软件，如多媒体数据库系统等，也有不需二次开发的应用软件。这些软件已开始广泛应用于教育、培训、电子出版、影视特技、动画制作、电视会议、咨询服务、演示系统等各个方面，也可以支持各种信息系统，如通信、I/O、数据管理等。而且，它还将逐渐深入到社会生活的各个领域。

§5.3　多媒体信息处理技术

计算机只能识别和处理用 0 和 1 表示的二进制信息，对于英文字符，采用 ASCII 码进行存取；对于汉字，是通过汉字内码、汉字字形码等不同形式的编码进行存储和显示的。多媒体信息是文字、声音、图形、图像等多种信息的综合，多媒体技术的核心就是对这些信息进行数字化处理，只有将其数字化，才能在计算机中存储。多媒体信息处理技术包括音频信息处理、图形图像信息处理、视频信息处理、数据压缩技术等。

5.3.1　音频信息处理

1. 声音的基本概念

声音是人类进行交流和认识自然的主要媒体形式，语言、音乐和自然声构成了声音的丰富内涵，人类一直被包围在丰富的声音世界之中。在信息处理中把声音信息称为音频信息。

声音是由物质振动所产生的一种物理现象，是通过一定介质传播的一种连续的波，在物理学中称为声波。声音方法学和音频处理技术就是用来处理这些声波的。声音的强弱体现在声波的振幅上，音调的高低体现在声波的频率上。声波是随时间连续变化的模拟量，可使用一种连续变化的物理信号波形来描述，如图 5-6 所示。

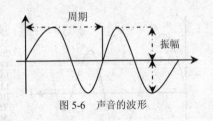

图 5-6　声音的波形

（1）振幅：是指波形的最高（峰）点或最低（谷）点与时间轴的距离。它是声波波形的高低幅度，表示声音信号的强弱程度。

（2）周期：是指两个相邻声波之间的时间长度，即重复出现的时间间隔，以秒（s）为单位。

（3）频率：是指声音信号每秒钟变化的次数，即为周期的倒数，以赫兹（Hz）为单位。

人的听觉器官能感知的声波频率大约在 20～20kHz 之间，分为 3 类：次声波、可听声波和超声波。把频率低于 20Hz 的声波称为次（亚）声波（Subsonic）；频率范围在 20Hz～20kHz 的声波称为可听声波（Audio）；频率高于 20kHz 的声波称为超声波（Ultrasonic）。人类说话的声音信号频率通常为 300Hz～3kHz，所以把在这种频率范围的信号称为语音（Speech）信号。

声音的质量是用声音信号的频率范围来衡量，通常称为"频域"或"频带"，不同种类的声源其频带也不同。一般而言，声源的频带越宽，表现力越好，层次越丰富。现在公认的声音质量分为 4 级，如表 5-1 所示。

表 5-1　声音质量的频率范围

声音质量	频率范围（Hz）	声音质量	频率范围（Hz）
电话质量	200～3400	调频广播	20～15000
调幅广播	50～7000	数字激光唱盘	10～20000

2. 声音的数字化

把声音的模拟信号转换成数字信号的过程称为声音的数字化，它是多媒体技术中一个非常重要的技术。声音的数字化是通过对声音信号的采样、量化和编码来实现的。图 5-7 显示了声波的采样、量化和编码过程。

（1）采样：将模拟音频信号转换为数字音频信号时在时间轴上每隔一个固定的时间间隔对声音波形曲线的振幅进行一次取值，我们把每秒钟抽取声音波形振幅值的次数称为采样频率，单位为 Hz。显然，采样频率越高（采样的间隔时间越短），从声波中取出的数据就越多，声音就越真实。在多媒体声音中，为了满足不同的需要，提供了 3 种标准的采样频率：44.1kHz（高保真效果）、22.05kHz（音乐效果）和 11.025kHz（语音效果）。采样频率越高，所对应的数字信息就越多，保存这些信息的存储空间就会越多。

（2）量化：将采样所得到的值（通常是反映某一瞬间的声波幅度的电压值）加以数字化。

（3）编码：将量化的数字用二进制数来表示。

【实例 5-1】图 5-7（a）声音波形是一个连续变化的模拟量，现对其进行采样，把 1 秒钟分成 30 等份，若每隔 1/30 秒从该波形中取出一点，便得到 30 个采样点。如果采用 8 位二进制数表示声波振幅的变化范围，把最低的波谷设置为 0，最高的波峰设置为 255，这样就把这段波形表示成了 30 个 0～255 之间的数字，如图 5-7（b）所示，这就是采样的量化。然后，把其中的每个数字表示成相应的二进制数，如图 5-7（c）所示，这就是对量化值的编码。

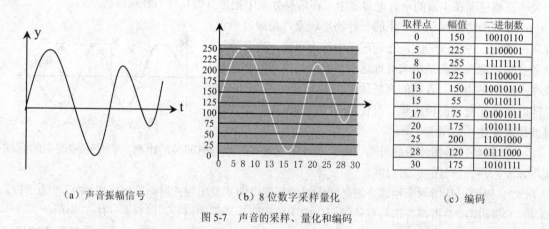

（a）声音振幅信号　　　　　　（b）8 位数字采样量化　　　　　　（c）编码
图 5-7　声音的采样、量化和编码

声音技术的产品主要是声卡，又称音效卡或声音卡。在声卡中，采样编码后的二进制数字的个数称为声卡的位。图 5-7（c）所示用 8 位二进制数表示声音编码的声卡称为 8 位声卡，16 位声卡比 8 位声卡音响效果更好，现在的许多声卡都是 64 位。

声音数字化的质量由以下 3 个指标因素所决定：

① 采样频率。单位时间内对模拟信号采样的次数。采样频率越高，采样的信息越逼真。

② 量化位数。对每个采样点量化的二进制位数。量化位数越多，信息表示越精确。

③ 声道数。指声音通道的个数，表明声音记录只产生一个波形（单音或单声道）还是两个波形（立体声或双声道）。立体声听起来要比单音丰满优美，但需要两倍于单音的存储空间。

通过对上述影响声音数字化质量因素的分析，可以得出声音数字化数据量的计算公式：

声音数字化的数据量=采样频率（Hz）×量化位数（bit）×声道数/8（B/s）

根据上述公式，可以计算出不同的采样频率、量化位数和声道数的各种组合情况下的数据量，如表 5-2 所示。

表 5-2　采样频率、量化位数、声道数与声音数据的关系

采样频率	量化位数(bit)	声道数(KB/s)	
		单声道	双声道
11.025（语音）	8	10.77	21.53
	16	21.53	43.07
22.05（音乐）	8	21.53	43.07
	16	43.07	86.13
44.1（高保真）	8	43.07	86.13
	16	86.13	172.27

3. 音频的文件格式

用来存放数字化声音的文件称为音频文件（波形文件），任何数字化声音都可用音频文件在计算机中进行存储。在多媒体技术中，音频信息的常用文件格式有 WAV、AIF、VOC、MIDI、CD、RML、MP3 等。

（1）WAV 格式：又称波形文件，其文件扩展名为.wav。它是 Microsoft 和 IBM 共同开发的 PC 标准音频文件格式，该文件数据来源于对模拟声音波形的采样。用不同的采样频率对模拟的声音波形进行采样可以得到一系列离散的采样点，以不同的量化位数（8 位或 16 位）把这些采样点的值转换成二进制编码，存入磁盘，形成声音的 WAV 文件。由于没有压缩算法，因此无论进行多少次修改和剪辑都不会产生失真，而且处理速度也相对较快。

（2）AIF 格式：是 Apple 计算机的波形音频文件格式。另外，还有一种比较常用的波形文件格式是 SND。

（3）VOC 格式：是 Creative 公司的波形音频文件格式，也是声霸卡（Sound Blaster）使用的音频文件格式，主要用于 DOS 文件。

（4）MIDI 格式：是音乐乐器数字接口（Musical Instrument Digital Interface）的缩写，是 Yamaha、Roland 等公司于 1983 年联合制定的一种规范。MIDI 规定了电子乐器与计算机之间的连接电缆与硬件方面的标准，以及电子乐器之间、电子乐器与计算机之间传送数据的通信协议，使得不同厂商生产的电子音乐合成器可以互相发送和接收彼此的音乐数据。

（5）CD（Compact Disk）格式：是光盘存储高保真度音乐文件的格式，文件扩展名为.cda。

（6）RML 格式：是 Microsoft 公司的 MIDI 文件格式，它可以包括图片、标记和文本。Windows 98/2000 中的 Windows media player 提供了用于音频操作的功能，它可以播放多种多媒体文件，包括上面介绍的各种音频文件。而"录音机"除了可以播放.wav 文件外，还能录制声音。当然必须具备有声卡、麦克风等硬件设备。除此之外，"录音机"还可以录制 CD-ROM 上播放的 CD 音乐或连接在计算机上的家用音箱上播放的乐曲。

（7）MP3（MPEG Audio layer 3）格式：是按 MPEG 标准压缩技术制作的数字音频文件，它是一种有损压缩。通过记录未压缩的数字音频文件音高、音色和音量信息，在它们的变化相对不大时，用同一信息替代，并且用一定的算法对原始声音文件进行代码替换处理，这样就可以将原始数字音频文件压缩得很小，可调 12:1 的压缩比。因此，一张可存储 15 首歌曲的普通 CD 光盘，如果采用 MP3 文件格式即可存储超过 160 首 CD 音质的 MP3 歌曲。

4. 音频信息的获取

获取音频信息的方法是多种多样，但既经济又简单的方法有以下 4 种。

（1）利用光盘中的声音文件：可以直接选用光盘或磁盘上数字音频库中的音频文件，在一些声卡产品的配套光盘中也提供许多 WAV、MIDI 格式的声音文件。

（2）网上下载声音文件：可以上网下载音频文件。目前网上流行 MP3 音乐，下载和使用这些音乐作品应获得版权的许可。

（3）利用现有资源进行转录：利用相应软件对 CD 唱盘或录音带上的音乐转录为数字声音文件，然后加工和处理。也可以通过计算机声卡的 MIDI 接口，从带 MIDI 输出的乐器中采集音乐，形成 MIDI 文件；或用连接在计算机上的 MIDI 键盘创作音乐，形成 MIDI 文件。

（4）利用录音软件直接录制：利用音频卡和相关的录音软件可以直接录制 WAV 音频文件。用户可以对所录制的声音进行复杂的编辑，或者制作各种特技效果。比如对立体声进行空间移动效果处理，使声音渐近、渐远、产生回音等。如果使用专业录音棚录制，虽然也可以获得高保真音质，但这种录制方式需要专业的隔音设备和录音设备，成本较高。

声音处理技术发展的热点是语音识别、语音合成和声音的压缩技术。随着计算机科学技术的不断发展，人们已经不能满足于通过键盘和显示器同计算机交互信息，而是迫切需要一种更加自然的，更能为普通用户所接受的方式与计算机交流，即通过人类自己交换信息的、最直接的语言方式与计算机进行交互。为此，就诞生了一门新的学科——计算机语音学。它包括语音编码、语音合成、语音识别等各个研究方向。随着多媒体计算机功能的不断增强，语音识别和合成技术将逐渐成熟，功能不断完善，将会使得计算机真正变得"能听"、"能说"。

5.3.2 图形、图像信息处理

1. 图形、图像的基本概念

计算机屏幕上显示出来的画面、文字，通常有两种描述方法：一种画面格式称为矢量图形或几何图形方法，简称图形；另一种画面格式叫做点阵图像或位图图像，简称图像（Image）。图形、图像是使用最广泛的一类媒体，人际之间的相互交流大约有 80% 是通过视觉媒体实现的，其中图形、图像占据着主导地位。

（1）图形（Graphics）：是用一组命令来描述的，这些命令用来描述构成该画面的直线、矩形、圆、圆弧、曲线等的形状、位置、颜色等各种属性和参数。图形一般是用工具软件来绘出的，并可以很方便地对图形的各个组成部分进行移动、旋转、放大、缩小、复制、删除、涂色等各种编辑处理。

（2）图像（Bitmap）：是指在空间和亮度上已经离散化的图像，一般用扫描仪扫描图形、照片、图像，并用图像编辑软件进行加工生成。图像采用像数点的描述方法，适合表现有明暗、颜色变化的画面，如照片、绘图等。通常情况下，图像都是彩色的。彩色可用亮度、色调和饱和度来描述，通常把色调和饱和度通称为色度，因此，亮度表示某彩色光的明亮程度，而色度则表示颜色的类别与深浅程度。

（3）图形与图像的区别：图形与图像的区别除了在构成原理上的区别外，还有以下区别。

① 图形的颜色作为绘制图元的参数在指令中给出，所以图形的颜色数目与文件的大小无关；而图像中每个像素所占据的二进制位数与图像的颜色数目有关，颜色数目越多，占据的二进制位数也就越多，图像的文件数据量也会随之迅速增大。

② 图形在进行缩放、旋转等操作后不会产生失真；而图像有可能出现失真现象，特别是放大若干倍后可能会出现严重的颗粒状，缩小后会掩盖部分像素点。

③ 图形适应于表现变化的曲线、简单的图案和运算的结果等；而图像的表现力较强，层次和色彩较丰富，适应于表现自然的、细节的景物。

④ 图形侧重于绘制、创造和艺术性，而图像则偏重于获取、复制和技巧性。在多媒体应用软件中，目前用得较多的是图像，它与图形之间可以用软件来相互转换。利用真实图形绘制技术可以将图形数据变成图像；利用模式识别技术可以从图像数据中提取几何数据，把图像转换成图形。

2．图像的基本属性

图像的基本属性用来表示诸如线的风格、宽度和色彩等影响输出效果的内容，具体包括图像分辨率、颜色模型和颜色深度等，它们是图像数字化的基本参数。

（1）分辨率（Resolution）：是衡量图像细节表现力的技术参数，分辨率的种类有很多，其含义也各不相同。

① 屏幕分辨率。指屏幕上水平方向与垂直方向的像素个数，即屏幕上最大的显示区域。以 640×480 屏幕分辨率为例，表明在满屏情况下，水平方向有 640 个像素，垂直方向有 480 个像素，那么一幅 320×240 的图像只占显示屏的 1/4；相反，2400×3000 的图像在这个显示屏上就不能完整显示。

② 图像分辨率。指数字化图像的大小，即该图像的水平与垂直方向的像素个数。通常使用每英寸多少像素（dot per inch，dpi）表示。图像分辨率和图像尺寸一起决定文件的大小及输出的质量。对同样大小的一幅图，分辨率越高，则像素点越小，图像越清晰，所产生的文件也越大，在工作中所需的内存和 CPU 处理时间也就越多。

③ 输出分辨率。指输出图像的每英寸点数，是针对输出设备而言的。通常激光打印机的输出分辨率为 300dpi～600dpi，激光照排机要达到 1200dpi～2400dpi 甚至更高。

（2）颜色模型：用于划分和标准化颜色。自然界绝大多数颜色可以分解成红、绿、蓝三种颜色，这就是色度学中最基本的三色原理。把三种基色光按不同比例相加称之为相加混色。多媒体系统中常用的颜色模型主要有 RGB、HSL、CMYK、Lab 和索引色等。不同颜色模型的图像描述和重现色彩的原理及所能显示的颜色数量是不同的，对不同的应用场合需要做不同的处理和转换。

（3）颜色深度：也称图像的位深，是数字图像中每个像素上用于表示颜色的二进制数字位数，它反映了构成图像的颜色总数目。例如，深度为 1 的图像只能有两种颜色（一般为黑色和白色，但也可以是另外两种色调或颜色），这样的图像称为单色图像。如果一幅图像上的每个像素使用 1 个字节表示这个像素的颜色，那么这幅数字图像的色深就是 8 位的，可产生出 256 种不同的颜色。如果一幅图像的每个像素用 R、G、B 三个分量表示，每个分量使用 8 位，则一个像素需要 24 位来表示，该图像可以表达的颜色数为 $2^{24}=16777216$，这样的数字图像称为真彩色图像。颜色深度越大，表达单个像素的颜色和亮度的位数越多，图像文件就越大，但这样的图像效果越接近真实。

3．图形、图像的文件格式

在计算机中扩展名为.wmf、.dxf、.mgx、.cgm 等文件都是矢量图形文件，只不过绘制图形的软件不同罢了，微机中常用的矢量图形软件有 Designer 和 CorelDRAW。而图像文件格式比较多，常用的文件格式有 BMP、GIF、TIFF、PNG、JPEG、PCX、TGA、JPG/PIC、MMP 等。大多数图像软件都支持多种格式的图像文件，以适应不同的应用环境。

（1）BMP（bitmap）格式：是 Microsoft 公司为其 Windows 系列操作系统设置的标准图像文件格式。由于这种格式的文件比较大，所以在多媒体节目制作中通常不直接使用。

（2）GIF（Graphics Interchange Format）格式：是由 CompuServe 公司于 1987 年为制定彩色图像传输协议而开发的文件格式，它支持 64000 像素分辨率的显示，主要用来交换图片，为网络传输和 BBS 用户使用图像文件提供方便。目前，大多数图像软件都支持 GIF 文件格式，它特别适合于动画制作、网页制作及演示文稿制作等领域。GIF 文件格式的最大特点是对于灰度图像表现最佳；采用改进的 LZW 压缩算法处理图像数据；图像文件短小，下载速度快。

（3）TIFF（Tag Image File Format）格式：是 Aldus 和 Microsoft 公司为扫描仪和桌面出版系统研制开发的工业标准格式，分为压缩和非压缩两种。非压缩格式可独立于软、硬件环境。

（4）PNG（Portable Network Graphic）格式：是 20 世纪 90 年代中期开发的图像文件格式，其目的是企图替代 GIF 和 TIFF 文件格式，同时增加一些 GIF 文件格式所不具备的特性。PNG 用来存储彩色图像时其颜色深度可达 48 位，存储灰度图像时可达 16 位。PNG 文件格式的特点是：流式读写性能；加快图像显示的逐次逼近显示方式；使用从 LZ77 派生的无损压缩算法，以及独立于计算机软硬件环境，等等。

（5）JPEG（Joint Photographic Experts Group）格式：是一种比较复杂的文件结构和编码方式的文件格式。它是用有损压缩方式去除冗余的图像和彩色数据，在获得极高压缩率的同时能展现十分丰富和生动的图像。换句话说，就是可以用最少的磁盘空间得到较好的图像质量。因此，JPEG 文件格式适用于互联网上用作图像传输，常在广告设计中作为图像素材，在存储容量有限的条件下进行携带和传输。JPEG 文件格式的特点是：适用性广，大多数图像类型都可进行 JPEG 编码；对于数字化照片和表达自然景物的图片，JPEG 编码方式具有非常好的处理效果。对于使用计算机绘制的具有明显边界的图形，JPEG 编码方式的处理效果不佳。

（6）PCX 格式：是 Zsoft 公司开发的图像文件格式，各种扫描仪生成的图像均为这种格式。

（7）TGA 格式：是 Truevision 公司为支持图像捕捉而设计的一种图像文件格式。它支持任意大小的图像，并且具有很强的颜色表达能力，已广泛用于真彩色扫描和动画设计。

（8）JPG/PIC 格式：是采用 JPEC 算法进行图像数据压缩的静态图像文件格式，其特点是压缩后的图像文件非常小，并可以调整压缩比，所以广泛使用在不同的平台和 Internet 上。

（9）MMP 格式：是 Anti-Video 公司以及清华大学在其设计制造的 Anti-Video 和 TH-Video 视频信号采集板中采用的图像文件格式。

4. 图像信息的获取

把自然的影像转换成数字化图像的过程叫做图像获取过程，该过程的实质是进行模-数转换，即通过相应的设备和软件，把作为模拟量的自然影像转换成数字量。图像信息的获取一般可通过以下 3 种方法。

（1）通过扫描获取：这是一种最简单的方法，高档扫描仪甚至能扫描照片的底片，能得到高精度的彩色图像。数字照相机的使用，为图像的采集带来了极大的方便，而且经济。

（2）通过抓图软件获取：屏幕抓图软件能抓取屏幕上任意位置的图像。在使用像超级解霸这样的软件播放 VCD 时，能从 VCD 画面中抓取图像，这就极大地拓展了图像的来源。现在有许多图形软件可以用来创建、修改或编辑点阵图，例如 Paint、Paint Brush、Photoshop 等。此外，还可从相应公司网站上下载试用版本或从国内软件下载站下载。

（3）从网站获取：从 Internet 的网站上也能查找一些图片素材，或利用相应的图片进行适当的修改处理，这是最简便的方法。

5.3.3　多媒体数据压缩技术

信息进行二进制编码（数字化）后，就可以用计算机进行存储和处理了。然而，如声音、动画和视频等多媒体信息的数据量很大，给存储和处理都带来了很大的困难。因此人们想到，能否在保留原数据表达的信息不变或者在稍有变动但不至于影响使用的同时，尽量减少表达这些信息的数据量呢？这就是数据压缩的思想。

1. **数据压缩方法**

数据压缩是对数据重新进行编码，其目的是减少存储空间，缩短信息传输的时间。数据压缩不仅有利于节省存储空间，而且在数据传输时可以有效地提高效率。编码压缩方法有许多种，从不同的角度有不同的分类方法，最常用的是根据质量有无损失（是否产生失真）分为无损压缩和有损压缩两类。图 5-8 给出了无损压缩和有损压缩的一些常用方法。

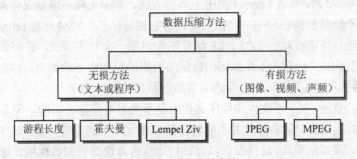

图 5-8　数据压缩方法

（1）无损压缩方法：就是数据的完整性是受到保护的，原始数据与压缩并解压缩后的数据完全一样。无损方法主要用于要求重构的信号与原始信号完全一致的场合，一个很常见的例子是磁盘文件的压缩。在这种压缩方法中，压缩和解压算法是完全互反的两个过程。在处理过程中没有数据丢失，冗余的数据在压缩中时被移走，在解压时则再被加回去。无损压缩方法有三种：游程长度编码、霍夫曼编码、Lempel Ziv 算法。

① 游程长度编码（Run-Length Encoding，RLE）。这种算法的大致思想是将数据中连续重复出现的符号用一个符号和这个符号重复的次数来代替。

【实例 5-2】00000000　111111　777……77　111……11　000……0　8888

8 个 0　　6 个 1　　30 个 7　　50 个 1　　30 个 0　　4 个 8

对这 128 个值按 4 位编码，则共需 128×4/8=64Byte。

若记为"8 个 0、6 个 1、30 个 7、50 个 1、30 个 0、4 个 8"，则可以这样表示：

　　8AOA6A1A30A7ASOAlA30AOA4A8

即用数字及其个数简化编码，用数据未出现过的字符 A 将数字和其个数隔开，同时也将其他数字及其个数对隔开，以免混淆。这个特殊的字符 A 就称为同步码。显然，这样一来，数据量大大减少了，而原来要表达的信息也完全保留了下来。这种不损失任何原始信息的压缩方法就是无损压缩，也称为熵编码（entropy encoding）。用无损压缩方法压缩后的数据进行重构（或称为还原、解压缩），重构后的数据与原始数据完全相同。

游程长度编码是最简单的压缩方法，可以用来压缩由任何符号组成的数据。它不需要知道字符出现的频率，并且当数据由 0 和 1 表示时十分有效。

在行程编码的例子中，每个灰度级都用固定的 4 位二进制编码。但实际上，每一个灰度级在一幅灰度图像中出现的概率是不一样的，有的灰度级的像素出现的次数很多，而有的灰度级则出现很少次，那么如果给出现次数多的灰度级编码短一些，则能减少整个图像二进制编码的长度。这种压缩思想是 1948 年和 1949 年分别由香农（Shannon）和范诺（Fano）首先提出并实现，他们的算法被称为香农－范诺算法。

② 霍夫曼编码（Huffman code）。1952 年，霍夫曼提出了类似的且编码效率更高的算法。对于出现更为频繁的符号，分配较短的编码，而对于出现较少的符号，分配较长的编码。出现频率高的字符编码要比出现频率低的字符编码短。

③ Lempel Ziv（LZ）编码。有许多场合，开始时不知道要编码数据的统计特性，有时，也不一定允许事先知道它们的统计特性。在这样的情况下，霍夫曼编码就不适合了。LZ 算法是一种词典编码法。词典编码的思想是 Abraham Lempel 和 Jakob Ziv 在 1977 年提出来的，因而称为 LZ77。LZ77 是不断查找正在压缩的字符序列是否在以前某处出现过，如果有，则用以前老串的位置代替当前的新串。1978 年，J.Ziv 和 A.Lempel 提出了新的方法，即如果将词编制成词典，当遇到词典中的词时，只要以一个比词短的编号——"码"来代替它就可以了。1984 年，Terry A.Welch 进一步改进了该算法，因此新算法被称为 LZW。LZW 算法先编制一个基本词典，该词典由待压缩数据当中出现过的每个字符构成，然后在不断编码的待压缩数据的过程中不断扩充，词典中的每个词都有一个编号"码"。数据经过 LZW 算法压缩的结果是一系列的码。

（2）有损压缩方法：在文本文件和程序文件中是不允许有信息丢失的，但是在图片和视频中是可以接受的，因为我们的眼睛和耳朵并不能够分辨出如此细小的差别。对于这些情况，使用有损数据压缩方法可大大提高压缩比，这使得在以每秒传送数百万位的音频和视频数据时只需花费更少的时间和空间以及更廉价的代价。

由于多媒体信息的广泛应用，为了便于信息的交流、共享，对声音、视频数据的压缩有专门的组织制定压缩编码的标准和规范，如 JPEG 和 MPEG 两种类型的标准，它们实际上都同时应用了多种压缩算法，经有损压缩后可能还采用无损压缩算法进一步压缩。

① 静态的数字图像专家组（Joint Photographic Experts Group，JPEG）是由国际标准化组织（ISO）和国际电工技术委员会（International Electrotechnical Commission）两个国际组织联合组成的一个专家组，负责制定的静态的数字图像数据压缩标准。由 JPEG 开发的算法就是 JPEG 算法，并且是国际上通用的标准，因此又称为 JPEG 标准，是适合于连续色调、多级灰度，彩色或单色静止图像数据压缩的国际标准。JPEG 开发了两种基本的压缩算法。一种是采用离散余弦变换（Discrete Cosine Transform，DCT）为基础的有损压缩算法；另一种是采用以预测技术为基础的无损压缩算法。使用有损压缩算法时，在压缩比为 25:1 的情况下，解压得到的图像与原始图像相比较，非图像专家难于发现二者的差异，因此得到了广泛应用。为了在保证图像质量的前提下进一步提高压缩比，近年来，JPEG 着手制定 JPEG 2000 标准，该标准采用以离散小波变换（Discrete Wavelet Transform，DWT）为基础的有损压缩算法。

② 活动图像专家组（Moving Picture Experts Group，MPEG）是 1988 年由 ISO 和 IEC 成立的联合专家组，负责开发电视图像数据和声音数据的编码、解码和它有的同步等标准。由 MPEG 制定的标准就是 MPEG 标准，该标准包括 MPEG 视频、MPEG 音频和 MPEG 系统三个部分的多个标准。其方法是先利用动态预测及差分编码方式去除相邻两张图像的相关性，因为对于动态图像而言，除了正在移动的物体附近，其余的像素几乎是不变的，因此可以利用相邻两张甚至多张来预测像素

可能移动的方向与亮度值，再记录其差值。将这些差值利用转码和分频式编码将高低频分离，然后用一般量化或向量量化的方式舍去一些画质而提高压缩比，最后再经过一个可变长度的不失真型压缩算法如霍夫曼编码而得到最少位数的结果，这种结果可以得到 50:1 到 100:1 的压缩比。

2. 压缩软件的处理对象

压缩软件的处理对象是档案文件（archives），档案文件指的是包含其他文件的文件，其中被包含的文件往往不仅仅是打包在一起，而且是经过压缩的。常见的压缩文件即档案文件的扩展名有 ZIP、RAR、LZH、ARJ 和 ARC 等。

档案文件是很有用的，首先绝大多数从 Internet 下载的文件都是档案文件，这样做的好处在于可以将多个相关文件一次性传送，同时压缩使得所需的传送时间大大缩短。另外可以将一些重要但不太常用的文件打包制作成档案文件后保存，既便于管理又可节约空间。

§5.4 多媒体技术的应用与发展

5.4.1 多媒体技术的应用

从 1984 年美国苹果公司推出被认为是代表多媒体技术兴起的 Macintosh 系列机，引入位图的概念及使用窗口和图标作为用户界面开始，至今已有近 30 年历史了。随着计算机多媒体技术的发展和标准化的推进，多媒体计算机的应用在不断地拓展并渗透到各个领域。

1. 多媒体教学

多媒体技术最令人振奋的发展莫过于在现代教育中的应用，特别是多媒体计算机辅助教学是当前国内外教育技术发展的重要分支，已成为计算机辅助教学中的一个重要组成部分。它主要体现在两个方面：一是计算机辅助教学（Computer Assisted Instruction，CAI），即用计算机帮助或代替教师执行部分教学任务，为学生传授知识和提供技能训练，直接为学生服务。这些用于执行教学任务的计算机程序称为课程软件（Courseware，课件）或 CAI 软件。其次，则是计算机管理教学（Computer Managed Instruction，CMI），它是针对不同的目的设计开发的信息管理和处理程序，用于管理和指导教学过程、帮助教师构造测试和评分、管理教学计划、教学资源等，直接为教师和教育管理部门提供服务。例如各类学科的试题库、校长办公系统等属此类软件。就目前来讲，多媒体技术在现代教育中应用效果最为明显的是计算机辅助教学。多媒体教学软件的制作，通常是采用专用的多媒体编辑创作工具软件来实现的。

2. 多媒体视频会议系统

多媒体视频会议系统是随着计算机技术的发展，特别是计算机网络技术的发展，已使通信事业获得了异常强大的生命力，近年来迅速发展的多媒体技术，将使通信事业朝着声音、图像（静态、动态）、文本等在内的综合服务方面有更大的发展，从而将给人们的工作和生活方式带来极大的进步。多媒体视频会议系统就是这种新型通信手段之一，它可以点对点通信，也可以多点对多点的通信。目前，视频会议应用范围主要有 4 个方面。

（1）远程会议：任意两点之间随时可以召开会议，也可以同时召开三点或者更多点之间的视频会议，实现面对面的交流，从而节省时间和费用，提高管理效率，提升客户服务。

（2）远程办公管理：远程办公与实时监控管理正在被越来越多的部门重视，已成为提升管理效率和管理决策，及时解决重大问题，从而实现提高竞争力的重要手段。

（3）远程业务培训：时空限制与有限资源目前仍然是制约培训工作进行的一个主要因素，视频会议系统的实施将极大地方便部门的各种培训业务，提高培训工作的时效，降低成本。

（4）远程协同工作：系统或集团公司各地之间的协同工作，也是视频会议系统提供的一个重要功能，各地之间可以通过视频会议系统随时进行工作协调和资源共享。

3．多媒体电子出版物

随着多媒体技术的发展和广泛应用，出版业已经进入多媒体光盘出版时代。电子图书（E-book）、电子报纸（E-newspaper）、电子杂志（E-magazine）、电子声像制品等多媒体电子出版物的大量涌现，对传统的新闻出版业形成了强大冲击。

4．多媒体数据库

随着多媒体数据的引入，对数据的管理方法又开始酝酿新的变革。传统数据库模型主要针对的是整数、实数、定长字符等规范数据。当图像、声音、动态视频等多媒体信息引入计算机之后，可以表达的信息范围将大大扩展，但多媒体数据不规则，没有一致的取值范围，没有相同的数据量级，也没有相似的属性集，因此提出了许多新的问题。

在传统数据库系统中引入多媒体的数据和操作是一个极大的挑战，这不只是要把多媒体数据加入到数据库中就可以完成的问题。传统的字符型和数值型数据虽然可以对很多的信息进行管理，但由于这一类数据的抽象特性，应用范围毕竟十分有限。为了构造出符合应用需要的多媒体数据库，必须解决诸如用户接口、数据模型、体系结构、数据操纵、系统应用等一系列问题。

5.4.2　多媒体技术的发展

多媒体技术的应用使原来只能处理数字和文字信息的传统计算机成为可同时处理文字、声音、图形、图像的多媒体计算机，并以方便、形象地交互性改变了人-机界面，已广泛应用于教育、工商、通信、医疗、军事、娱乐等各个方面，不仅推动了许多产业的快速发展，而且将极大地改变人类的生活方式。但是，在多媒体技术方面，还存在着许多不尽人意的地方，例如图像、动画的处理速度不够理想，不能对图像进行自动识别，高质量图像的数据压缩比仍需要改进，图像及语音的识别，动画图像压缩和软件支撑等技术还需做进一步的研究。此外，多媒体的标准化也是需要面对的一个极其重要的问题。多媒体技术的研究与发展趋势主要表现在以下 5 个方面。

1．进一步完善计算机支持的协同工作环境

计算机支持的协同工作环境（Computer Supported Collaborative Work，SCW）。目前多媒体计算机硬件体系结构、多媒体计算机视频和音频的接口软件不断改进，尤其是采用了硬件体系结构设计和软件、算法相结合的方案，使多媒体计算机的性能指标进一步提高。但还有一些问题有待解决，例如要满足计算机支撑的协同工作环境的要求，还需进一步研究；多媒体信息空间的组合方法，解决多媒体信息交换、信息格式的转换及其组合策略；由于网络迟延，存储器的存储等待，传输中不同步及多媒体同步性的要求等。这些问题的解决，将使多媒体计算机形成更为完善的计算机支撑的协同工作环境，消除空间和时间的距离障碍，以便更好地实现信息共享，为人类提供更加完善的信息服务。

2．智能多媒体技术的发展

1993 年 2 月，英国计算机学会在 Leeds 大学举行了多媒体系统和应用（Multimedia System and Application）国际会议。会上，英国 Michael D.Vdlon 做了关于建立多媒体系统的报告，明确提出了研究智能多媒体问题。智能多媒体技术的意义是多方面的，而对我国的作用和意义则更加重大，它体现在：

- 印刷体汉字、联机手写体以及脱机手写体汉字的识别；

- 汉语的自然语言理解和机器翻译；
- 特定人、非特定人以及连续汉语语音的识别和输入。

智能多媒体计算机的研究主要包括：文字的识别和输入；汉语语音的识别和输入；自然语言理解和机器翻译；图形的识别和理解；机器人视觉和计算机视觉；知识工程和人工智能。把人工智能领域里的某些研究课题和多媒体计算机技术相结合，是多媒体计算机长远的发展方向，提高多媒体计算机系统的智能是永恒不变的主题。

3. 虚拟现实技术

虚拟现实（Virtual Reality，VR），也称为虚拟环境（Virtual Environments）、同步环境（Synthetic Environments）、人造空间（Cyberspace）、人工现实（Artificial Reality）、模拟器技术（Simulator Technology）等，国内有人称之为"灵镜"。事实上，它们所表达的均是同一个概念：虚拟现实技术是采用计算机技术生成的一个逼真的视觉、听觉、触觉及嗅觉等的感觉世界，用户可以用人的自然技能对这个生成的虚拟实体进行交互考察。虚拟现实技术是计算机软硬件技术、传感技术、仿真技术、机器人技术、人工智能及心理学等高速发展的结晶。这种高度集成的技术是多媒体技术发展的更高境界，也是近年来十分活跃的研究领域。

VR 技术虽然是一门新兴的技术，近年来 VR 研究取得了很大进展。目前，VR 技术的应用主要领域有：娱乐业、虚拟军事演练环境、产品设计、模拟教学、艺术创作等。

4. 可视化技术

虚拟现实技术的应用，使多媒体系统中被处理的数据可以被虚拟化为可视数据，处理数据的过程也可以可视化（Visualization）。可视化增加了文本提示、图形、图像、动画表现，使数据处理过程更加直观，结果更容易理解。目前，已经有人开始了智能系统的可视化、仿真过程的可视化等领域的研究，这些研究将与多媒体结合，以达到可视化的目标。与此同时，可听化也开始引入研究之中。

随着多媒体技术的日益成熟，使多媒体技术在通信技术和广播电视声像技术的基础上得到了飞速发展。它将数字音频、数字视频、数字动画及其他多种最先进的技术与计算机融合在一起，为计算机对多种媒体的处理展现了一个新的领域。

本章小结

（1）多媒体技术是在信息数字化基础上，将多种媒体信息综合起来构成的一种全新的信息表现手段。它将文本、图形、语音、音乐、静止图像、动态图像等日常生活中常见的媒体信息与计算机的交互控制相融合，使计算机对多种媒体的数字化信息具有编辑、修改、存储、播放等功能。多媒体技术的最大的特点是具有集成性、交互性、多维性和实时性。

（2）多媒体技术涉及面很广，基本技术包括：音频处理技术、图像处理技术、视频和动画技术、多媒体同步技术、多媒体网络技术、超文本和超媒体技术等；关键技术包括数据压缩技术、大规模集成电路技术、大容量光盘存储技术、实时多任务操作系统等。目前，多媒体计算机正朝着协同工作环境、智能化、虚拟现实、可视化、可听化的方向发展。

（3）多媒体应用系统种类繁多，较为典型的多媒体应用系统有：多媒体教学系统、多媒体视频会议系统、多媒体电子出版物和多媒体数据库系统等。多媒体的应用已深入到人类生活的各个领域。随着多媒体技术的成熟与应用，将不断改善人们的工作和生活方式。

习题五

一、选择题

1. 下列（　　）不属于多媒体技术的特点。

   A．多样性　　　　　　　B．交互性　　　　　　　C．实时性　　　　　　　D．群体性

2. 一般说来，要求声音的质量越高，则（　　）。

   A．量化级数越低和采样频率越低　　　　　　B．量化级数越高和采样频率越高

   C．量化级数越低和采样频率越高　　　　　　D．量化级数越高和采样频率越低

3. （　　）指的是能直接作用于人们的感觉器官，让人产生感觉的媒体。

   A．表示媒体　　　　B．感觉媒体　　　　C．表现媒体　　　　D．存储媒体

4. SWF 文件是 Macromedia 公司开发的（　　）文件。

   A．动画格式　　　　B．影像格式　　　　C．声音格式　　　　D．文本格式

5. 对声音信号的采样是把时间连续的（　　）转换成数字音频信号。

   A．模拟和数字信号　　B．数字信号　　　　C．模拟信号　　　　D．间断信号

6. 多媒体数据的输入方式有（　　）。

   A．单通道异步输入方式和多通道同步输入方式

   B．多通道异步输入方式和单通道同步输入方式

   C．单通道异步输入方式和单通道同步输入方式

   D．多通道异步输入方式和多通道同步输入方式

7. 下列选项中的（　　）不属于多媒体计算机应具备的基本特征。

   A．可实现图文、声音同步播放　　　　　　B．有管理多媒体的软件平台

   C．有液晶显示器和大容量硬盘　　　　　　D．有高质量的数字音响功能

8. 多媒体编辑创作软件按照编辑创作方式划分的类型中不包括（　　）。

   A．基于时标　　　　B．基于图标　　　　C．基于页式　　　　D．基于对象

9. 多媒体个人计算机的英文缩写是（　　）。

   A．VCD　　　　　　B．APC　　　　　　C．MP4　　　　　　D．MPC

10. 下列选项中（　　）属于音频文件格式。

    A．GIF 格式　　　　B．MP3 格式　　　　C．JPEG 格式　　　　D．AVI 格式

二、判断题

1. 采样频率越高，得到的波形越接近于原始波形，音质就越好。　　　　　　　　　　（　　）

2. 屏幕分辨率又叫图像分辨率。　　　　　　　　　　　　　　　　　　　　　　　　（　　）

3. 多媒体元素只能以静态的形式表现。　　　　　　　　　　　　　　　　　　　　　（　　）

4. 多媒体技术是一门基于计算机的综合性技术。　　　　　　　　　　　　　　　　　（　　）

5. 多媒体计算机和普通计算机没有区别。　　　　　　　　　　　　　　　　　　　　（　　）

6. 在音频信息的处理中要降噪。　　　　　　　　　　　　　　　　　　　　　　　　（　　）

7. 颜色深度越大，图像颜色就越暗淡。　　　　　　　　　　　　　　　　　　　　　（　　）

8. JPEG 格式采用的是无损压缩，因此能展现丰富和生动的图像。　　　　　　　　　（　　）

9. 霍夫曼编码是有损压缩方法。　　　　　　　　　　　　　　　　　　（　　）

10. 多媒体视频会议系统可以实现多点实时交互式通信。　　　　　　　　（　　）

三、问答题

1. 什么是多媒体？

2. 多媒体数据特点是什么？

3. 什么是多媒体计算机技术？

4. 声频卡的基本功能是什么？

5. 视频卡主要包括哪些类型？

6. 多媒体软件可以分为哪几类？

7. 多媒体驱动软件是什么？

8. 什么是图形？

9. 图形与图像有什么区别？

10. 什么叫做无损压缩？

四、讨论题

1. 你认为多媒体技术发展的关键是什么？

2. 你认为多媒体技术的理想模式是什么？

3. 你认为目前多媒体计算机还存在哪些不足？

第 6 章　计算机网络技术应用基础

【问题引出】计算机网络是计算机技术和通信技术紧密结合的产物，它的诞生使计算机体系结构发生了巨大变化。在当今社会发展中，计算机网络起着非常重要的作用，它不仅改变了人们的生产和生活方式，并且对人类社会的进步做出了巨大贡献。那么，什么是计算机网络，它是怎样发展形成的，分为哪些基本类型，具有哪些基本应用等，这就是本章所要讨论的问题。

【教学重点】本章主要介绍计算机网络的形成与发展、计算机网络的基本结构组成、计算机局域网、计算机因特网，以及因特网提供的服务等。

【教学目标】通过对本章的学习，了解计算机网络的发展过程；熟悉计算机网络的基本结构组成；了解局域网的计算模式；掌握 Internet 的基本应用。

§6.1　计算机网络概述

什么是计算机网络，至今没有严格的定义，但我们可以认为计算机网络是：把分布在不同地点，并具有独立功能的多个计算机系统，通过通信设备和线路连接起来，在功能完善的网络软件和协议的管理下，以实现网络中资源共享为目标的系统。其中，资源共享是指在网络系统中的各计算机用户均享受网内其他各计算机系统中的全部或部分资源。

6.1.1　网络的发展过程

计算机网络从 20 世纪 60 年代开始发展至今，经历了从简单到复杂、从单机到多机、由终端与计算机之间的通信演变到计算机与计算机之间的直接通信，其发展经历了 4 个阶段。

1. 远程联机阶段

远程联机阶段可以追溯到 20 世纪 50 年代。它是由一台大型计算机充当主机（Host），与若干台远程终端（Terminal）通过通信线路连接起来，构成面向终端的"计算机网络"。在此方式下，用户通过终端设备将数据处理的要求通过通信线路传给远方主机，经主机处理后再将结果传回给用户。例如 20 世纪 60 年代美国的航空联网订票系统，用一台大型主机连接了遍布全美 2000 多个用户终端。由于当时的终端只是一些输入与输出设备，本身不具备数据处理能力，所以这一阶段的主机—终端式的网络，严格来说还不能算是真正意义上的计算机网络。

2. 互联网络阶段

20 世纪 60 年代中期，英国国家物理实验室（National Physics Laboratory, NPL）的戴维斯（Davies）提出了分组（Packer）的概念。1969 年美国国防部高级研究计划署（Advanced Research Projects Agency, ARPA）研制出了分组交换网 ARPANET（通常称为 APPA 网），将分布在不同地区的多台计算机主机（Host）用通信线路连接起来，彼此交换数据、传递信息，形成了真正意义上的计算机网络，其核心技术则是分组交换技术。起初，ARPANET 只有 4 个结点，1973 年发展到 40 个结点，1983 年已达到 100 多个结点。ARPANET 通过有线、无线和卫星通信线路，覆盖了从美国本土到欧洲与夏威夷的广阔地域。ARPANET 是这一阶段研究的典型代表，也是计算机网络技术发展的一个重要里程碑。

　　ARPANET 的研制成功，为促进网络技术的发展起到了重要的作用。它促进了网络体系结构与网络协议的发展，其研究成果为网络理论体系的形成奠定了基础，同时也为 Internet 的形成奠定了基础。ARPANET 投入运行，使计算机网络的通信方式由终端与计算机之间的通信发展到计算机与计算机之间的直接通信，从此计算机网络的发展就进入了一个崭新时代。

　　3. 标准化网络阶段

　　从 20 世纪 70 年代开始，计算机网络大都采用直接通信方式。1972 年后，国际上各种以太网、局域网、城域网、广域网等迅速发展，各个计算机生产商纷纷发展各自的计算机网络系统。网络系统是非常复杂的系统，计算机之间相互通信涉及许多复杂的技术问题。因此，随之而来的是计算机网络体系与网络协议的国际标准化问题。

　　为了实现计算机网络通信，实现网络资源共享，计算机网络采用对解决复杂问题十分有效的分层解决问题的方法。1974 年，美国 IBM 公司公布了它研制的系统网络体系结构 （System Network Architecture，SNA）。不久，各种不同的分层网络系统体系结构相继出现。

　　对各种体系结构来说，同一体系结构的网络产品互联是非常容易实现的，而不同系统体系结构的产品却很难实现互联。但社会的发展迫切要求不同体系结构的产品都能够很容易地得到互联，人们迫切希望建立一系列的国际标准，渴望得到一个"开放"系统。为此，国际标准化组织（International Standards Organization，ISO）于 1977 年成立了专门的机构来研究该问题，并且在 1984 年正式颁布了"开放系统互联基本参考模型"（Open System Interconnection Basic Reference Model）的国际标准 OSI，这就产生了第三代计算机网络。

　　4. 网络互联与高速网络

　　进入 20 世纪 90 年代，计算机技术、通信技术以及建立在互联计算机网络技术基础上的计算机网络技术得到了迅猛的发展。特别是 1993 年美国宣布建立国家信息基础设施（National Information Infrastructure，NII）后，全世界许多国家纷纷制订和建立本国的 NII，从而极大的推动了计算机网络技术的发展。使计算机网络进入了一个崭新的阶段，这就是计算机网络互联与高速网络阶段。目前，全球以 Internet 为核心的高速计算机互联网络已经形成，Internet 已经成为人类最重要的、最大的知识宝库。网络互联和高速计算机网络就成为第四代计算机网络。回顾最近几年以来的发展历史，可以清楚地看到，以计算机网络为中心的数字化信息技术革命正在引起一场新的经济高增长，并将导致以知识为基础的新时代的到来。

6.1.2　网络的基本功能

　　计算机网络的发展，正迅速改变数据处理的面貌，不仅使计算机世界日新月异，而且改变人们和社会的活动方式。人们通过计算机网络，可以访问千里之遥的计算机中的数据或文件，查询各地有关情报或信息以及检索本地所没有的图书或资料；通过与分布系统相连的终端可以解决科学计算、管理企业、指挥生产等；通过分布系统的家用终端可以在家就医、上班、听课和办公等。就目前来讲，网络的功能可概括为以下 6 个方面。

　　1. 资源共享

　　资源共享是计算机网络的一个核心功能，它突破了地理位置的局限性，使网络资源得到充分利用，这些资源包括硬件资源、软件资源和数据资源。

　　（1）硬件资源：包括各种类型的计算机、大容量存储设备、计算机外部设备，如彩色打印机、静电绘图仪等。

　　（2）软件资源：包括各种应用软件、工具软件、系统开发所用的支撑软件、语言处理程序、数据库管理系统等。

（3）数据资源：包括数据库文件、数据库、办公文档资料、企业生产报表等。

（4）信道资源：广义的通信信道可以理解为电信号的传输媒体。通信信道的共享是计算机网络中最重要的共享资源之一。

2. 处理机间通信

处理机间通信是计算机网络最基本的功能之一，它使不同地区的网络用户可通过网络进行对话，以实现计算机与计算机、计算机与终端之间相互交换数据和信息。

3. 提供分布式处理能力

分布式处理，就是把要处理的任务分散到各个计算机上运行，而不是集中在一台大型计算机上。这样，不仅可以降低软件设计的复杂性，而且还可以大大提高工作效率，降低成本。

4. 集中管理

对地理位置分散的组织和部门，可通过计算机网络来实现集中管理，如数据库情报检索系统、交通运输部门的定票系统、军事指挥系统等。

5. 负载分担

当网络中某台计算机的任务负荷太重（过载）时，新的作业可分散到网络中的其他计算机，起到了分布式处理和均衡负荷的作用。

6. 提高可靠性

在一个网络系统中，当一台计算机出现故障时，可立即由系统中的另一台计算机来代替其完成所承担的任务。同样，当网络的一条链路出了故障时，可选择其他的通信链路进行连接。网络系统的可靠性对于空中交通管理、工业自动化生产线、军事防御、电力供应系统、银行营业系统等方面都显得十分重要，必须保证实时性管理和不间断运行系统的安全性和可靠性。

6.1.3 网络的基本类型

由于计算机网络自身的特点，其分类方法有多种。通常可按网络的覆盖范围分类、按传输介质分类、按通信信道分类、按传输技术分类等。较常使用的分类方法是根据网络连接的地理范围，将计算机网络分成局域网、城域网和广域网。

1. 局域网（Local Area Network，LAN）

局域网是局部地区网络的简称。局域网的作用范围是几百米到十几千米，所以一个企业或一个大学内部，都可组建局域网。如图 6-1 所示。

局域网是 20 世纪 70 年代末微型计算机大量出现后才

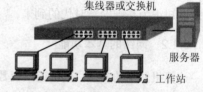

图 6-1 局域网连接示意图

发展起来的。进入 80 年代，由于微型机的普及应用，局域网得到迅速发展，形成了多种类型。如果根据传输速率分类，可分为传统局域网和高速局域网。我们把数据传输速率在 100Mb/s 以上的局域网称为高速局域网。目前的高速局域网有百兆以太网、千兆以太网、万兆以太网、交换式以太网、虚拟局域网和无线局域网等。

2. 城域网（Metropolitan Area Network，MAN）

顾名思义，城域网的规模局限在一座城市范围内，覆盖的地理范围从几十千米至数百千米。城域网的连接如图 6-2 所示。

城域网是局域网的延伸，用于局域网之间的连接。城域网的传输介质和布线结构方面涉及范围较广，例如在一个城市范围内的各个部门的计算机连网，可实现大量用户的多媒体信息传输，包括语音、动画、视频图像、电子邮件和超文本网页等。

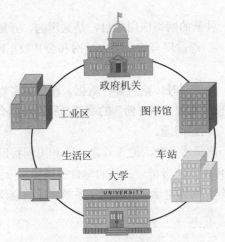

图 6-2　城域网连接示意图

3. 广域网（Wide Area Network，WAN）

广域网又称远程网，覆盖的地理范围从数百千米到数千千米，甚至上万千米。广域网用在一个地区、行业甚至在全国范围内组网，达到资源共享的目的。例如国家邮电、公安、银行、交通、航空、教学科研等部门组建的网络。广域网一般要使用远程通信线路，例如载波线路、微波线路、卫星通信线路或专门铺设的光缆线路等。广域网、城域网和局域网之间的连接如图 6-3 所示。

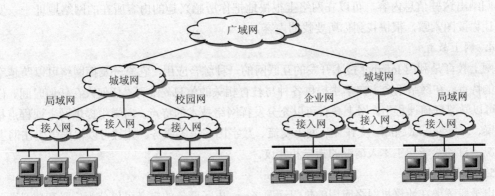

图 6-3　广域网、城域网和局域网的连接关系示意图

6.1.4　网络的基本应用

计算机网络技术的发展给传统的信息处理工作带来了革命性的变化，同时也给传统的管理带来了很大的冲击。目前，计算机网络的应用主要体现在以下 7 个方面。

1. 数字通信

数字通信是现代社会通信的主流，包括网络电话、可视图文系统、视频会议系统和电子邮件服务。

（1）网络电话：网络电话又称为 IP 电话，狭义上指通过因特网打电话，广义上包括语音、传真、视频传真等多项通信业务。网络电话有两种方式：一种是从计算机到计算机通话，用户双方通过在计算机中安装的软件，在因特网上实现端对端实时通话，但质量较差；另一种是利用电话和计算机通话，该方式包括三种形式：电话到计算机、计算机到电话、电话到电话。由于后一种与传统的电话相连接的是普通电话线路，能够实现传统电话的各项功能，因而是目前最有前途和市场的一种方式。

（2）可视图文系统：是一种新的网络应用项目，是共用的、开放型的信息服务系统。用户在自己的电话上并联一个可视终端，通过现有的公用电话网和公共数据网，就可以检索到分布在全国的可视图文数据库的信息。

（3）视频会议系统：是一种能同时传输声音、数据、图像的多媒体网络系统。它是利用计算机技术、通信技术和数字电视技术实现"面对面"的交谈。利用视频会议系统，使分布在各地的人员在这个系统上互相"面对面"讨论问题。

（4）电子邮件服务：是当前最流行的沟通工具之一。利用因特网的传输功能，把各个用户输入的信件在网络范围内迅速地传递，使得每一封信的综合投递价格降到几分钱。

事实上，除电子邮件服务外，网络电话、可视图文系统、视频会议系统也是网络多媒体技术的典型应用。

2. 分布式计算

分布式计算包括两个方面：一是将若干台计算机通过网络连接起来，将一个程序分散到各计算机上同时运行，然后把每一台计算机计算的结果搜集汇总，整体得出结果；另一种是通过计算机将需要大量计算的题目送到远处网络上的大型计算机中进行计算并返回结果。

3. 信息查询

计算机网络是提供资源共享的最好工具。Internet 是一个连接全世界各种计算机的超级大网，其信息量之大，内容之丰富，堪称为信息的汪洋大海。通过"搜索引擎"，用少量的"关键"词来概括归纳出这些信息内容，可以在网络上很快地把你所感兴趣的内容所在的网络地址一一罗列出来，让你按图索骥，很快找到你所要找的内容。

4. 网上教育

网上教育是利用 Internet 技术开发的互联网的一种综合应用，它充分发挥网络可以跨越空间和时间的特点，在网络平台上向学生提供各种与教育相关的信息。做到"任何人在任何时间、任何地点，可以学习任何课程"。网上教育可以充分发挥网络技术的特点，向学生提供网上课程点播、网上答疑、习题库、试题库、交作业、网上交流、数字图书馆等服务。并且可以根据学生在网上的学习情况，自动给予学生本人情况的指导和建议。

5. 电子商务

电子商务现在计算机网络应用的热门话题之一。电子商务的定义可以分为广义和狭义两类。广义的电子商务（Electronic Business）包罗万象，包括电子业务、电子政务、电子医务、电子军务、电子教务、电子公务和电子家务等；狭义的电子商务（Electronic Commerce）含义比较明确，指人们利用电子化网络化手段进行商务活动，例如在网络上的电子商情、电子广告、电子交易、电子购物、电子签约、电子支付、电子转账和电子结算等活动。我们现在通常讲的电子商务是指狭义的电子商务。

电子商务给企业提供了一个虚拟全球性贸易环境，提高了商务活动的服务质量和服务水平，大大节省了通信、出差等办公费用，增强了企业的竞争能力。人们把企业间的电子商务称为 B2B（B TO B）模式，把企业与客户间的电子商务称为 B2C 模式（B to C）。人们身边的当当网、卓越网、淘宝网、各家网上银行等，都是 B2C 模式的电子商务实例。

6. 办公自动化

办公自动化（Office Automation，OA）是指将计算机技术、网络与通信技术、信息技术和软科学等先进技术及设备运用于各类办公人员的各种办公活动中，从而实现办公活动的科学化、自动化，最大限度提高工作质量、工作效率和改善工作环境。办公自动化的内容包括：文档管理、电子邮件管理、工作任务管理、工作日程管理、会议管理、信息发布、公文流转管理、专题讨论功能、信息查询功能、各种专项办公室管理功能等。

7. 企业管理与决策

企业管理信息系统是采用管理科学与信息技术相结合的方式，以计算机及其网络为基础，为管理和决策服务的信息系统。目前，正在朝开发"智能化"的决策支持系统迅速发展。

§6.2　网络的组成与结构

如同计算机系统一样，一个完整的网络系统，它由网络硬件系统和网络软件系统所组成，并按照一定的体系结构构成。

6.2.1　网络硬件的组成

计算机网络硬件系统是由计算机（主机、服务器、工作站、终端）、通信处理机（集线器、交换机、路由器）、通信线路（同轴电缆、双绞线、光纤）、信息变换设备等构成。

1. 主计算机

主计算机（Main Computer）简称为主机（Host），是计算机网络中承担数据处理的计算机系统，它可以是单机（大型机、中型机、小型机或高档微型计算机）系统，也可以是多机系统。主计算机是资源子网的主要组成单元，应具有一定处理能力的硬件和相应的接口，并装有本地操作系统、网络操作系统、数据库、用户应用系统等软件。

在一般的局域网中，主机通常被称为服务器（Server），是为客户提供各种服务的计算机，因此对其有一定的技术指标要求，特别是主/辅存储容量及其处理速度要求较高。根据服务器在网络中所提供的服务不同，可将其划分为文件服务器、打印服务器、通信服务器等。

（1）文件服务器（File Server）：用来管理用户的文件资源并同时处理多个客户机的访问请求，客户机从服务器下载要访问的文件到本地存储器。

在计算机网络中，文件服务器对网络的性能起着非常重要的作用。在大型网络上，可以使用专门生产的用作文件服务器的微型计算机（即超级服务器）、小型机或大型机。

（2）打印服务器（Printing Server）：用来控制和管理网络上用户打印机和传真设备的访问，接受打印作业的请求，解释打印作业格式和打印机的设置，管理打印队列。

（3）通信服务器（Communication Server）：用来负责处理网络中各用户对主计算机的通信联系以及网与网之间的通信，或者通过通信线路处理远程用户对本网络的数据传输。通信服务内容包括对正文、二进制数据、图像数据以及数字化声像数据的存储、访问和收发等。

2. 网络工作站

除服务器外，网络上的其余计算机主要是通过执行应用程序来完成工作任务的，我们把这种计算机称为网络工作站（Network Workstation）或网络客户机（Network Client），它是网络数据主要的发生场所和使用场所，用户主要通过使用工作站来利用网络资源并完成自己作业。

3. 网络终端

网络终端（Network Terminal）是用户访问网络的界面，它可以通过主机连入网内，也可以通过通信控制处理机连入网内。网络终端可分为智能终端和便携式终端两种：智能终端是带有外部设备（如键盘）的微、小型机；便携式终端则是带有无线电收发机的轻便终端，通过无线电与数里之遥的子网交换站连接。

4. 通信处理机

通信处理机在通信子网中又称为网络结点。它一方面作为资源子网的主机、终端连接的接口，将主机和终端连入网内；另一方面它又作为通信子网中分组存储转发结点，完成分组的接收、校验、存储和转发等功能，实现将源主机信息准确发送到目的主机的作用。

5. 通信线路

通信线路（链路）是为通信处理机与通信处理机、通信处理机与主机之间提供通信信道。计算机网络采用了多种通信线路，如电话线、双绞线、铜轴电缆、光纤、无线通信信道、微波与卫星通信信道等。一般在大型网络中和相距较远的两结点之间的通信链路都利用现有的公共数据通信线路。

6. 信息变换设备

信息变换设备是对信号进行变换，以适应不同传输介质的要求。这些设备一般有：将计算机输出的数字信号变换为在电话线上传送的模拟信号的调制解调器、无线通信接收和发送器、用于光纤通信的编码解码器等。

6.2.2　网络软件的组成

在计算机网络系统中，除了各种网络硬件设备外，还必须具有网络软件。因为在网络上，每一个用户都可以共享系统中的各种资源，那么，系统如何控制和分配资源，以何种规则实现网络中各种设备彼此间的通信，如何管理网络中的各种设备等等，都离不开网络软件的支撑。因此，网络软件是实现网络功能必不可少的软件环境，它包括网络协议软件、网络通信软件、网络操作系统、网络管理软件、网络应用软件等。

1. 网络协议软件

网络协议是网络通信的数据传输规范，网络协议软件是用于实现网络协议功能的软件，常见的有 TCP/IP、NetBEUI、IPX/SPX、NWLink 等。其中 TCP/IP 是当前异种网络互联应用最为广泛的网络协议。

2. 网络通信软件

网络通信软件是用于实现网络中各种设备之间进行通信的软件，使用户能够在不必详细了解通信控制规程的情况下，很容易地就能控制自己的应用程序与多个站进行通信，并对大量的通信数据进行加工和管理。目前，所有主要的通信软件都能很方便地与主机连接，并具有完善的传真功能、传输文件功能和生成原稿功能。

3. 网络操作系统

网络操作系统是网络软件中最主要的软件，是网络硬件设备和用户应用之间的接口。它使网络中各个设备既有自己的独立性，又可互相协作完成网络中的任务。系统资源的共享和管理用户的应用程序对不同资源的访问都是由操作系统来实现的。目前网络操作系统有三大阵营：UNIX 网络操作系统、Microsoft 网络操作系统和 Linux 网络操作系统。

（1）UNIX 网络操作系统：是具有丰富的应用软件支持，并以其良好的网络管理功能为广大计算机网络用户所接受的标准多用户操作系统。UNIX 的各种版本都把网络功能放在首位。目前UNIX 网络操作系统的版本有 AT&T 和 SCO 的 UNIX SVR3.2、UNIX SVR4.0、UNIX SVR4.2。

（2）Microsoft 网络操作系统：在 Windows 2000 之前有代表性的网络操作系统是 Windows NT，

其功能不仅包括了局域网而且包括了大型网络。现在流行使用是 Windows Sever 2008。

（3）Linux 网络操作系统：与上述传统网络操作系统最大的区别是 Linux 开放源代码。正是由于这点，它才能够引起人们的关注。Linux 符合 UNIX 标准，但不是 UNIX 的变种。

4. 网络管理软件

网络管理软件是用来对网络资源进行管理以及对网络进行维护的软件，种类很多，功能各异。例如对远程网络中的打印序列和打印机的工作管理，观察所有网络分组的传送情况，帮助遇到困难和出现问题的用户处理应用程序，检查网络中有无病毒等。

5. 网络工具软件

网络工具软件是网络中不可缺少的软件。例如网页制作离不开网页制作工具软件；设计浏览器离不开网络编程软件。网络工具软件的共同特点是，它们不是为用户提供在网络环境中直接使用的软件，而是一种为软件开发人员提供的开发网络应用软件工具。

6. 网络应用软件

网络应用软件是为网络用户提供服务，在网络上为用户解决实际问题的软件。网络软件最重要的特征是，它研究的重点不是网络中各个独立的计算机本身的功能，而是如何实现网络特有的功能。例如，在 Internet 中用户最常使用的 Web 浏览器就是网络应用软件。

6.2.3　网络的拓扑结构

拓扑学是几何学的一个分支。拓扑学首先把实体抽象成与其大小、形状无关的点，将连接实体的线路抽象成线，进而研究点、线、面之间的关系，即拓扑结构（Topology Structure）。

在计算机网络中，抛开网络中的具体设备，把服务器、工作站等网络单元抽象为"点"，把网络中的电缆、双绞线等传输介质抽象为"线"。这样，从拓扑学的观点看计算机网络系统，就形成了由"点"和"线"组成的几何图形，从而抽象出网络系统的几何结构。因此，计算机网络的拓扑结构就是指计算机网络中的通信线路和结点相互连接的几何排列方法和模式。拓扑结构影响着整个网络的设计、功能、可靠性和通信费用等许多方面，是决定局域网性能优劣的重要因素之一。计算机网络中的拓扑结主要有总线型、星型、树型、环型、网状型等。

1. 总线型拓扑结构（Bus-Network Structure）

总线型拓扑结构是指所有结点共享一条数据通道，一个结点发出的信息可以被网络上的多个结点接收。由于多个结点连接到一条公用信道上，所以必须采取某种方法分配信道，以决定哪个结点可以发送数据。总线型拓扑结构主要是使用 MS Lan Manager 为管理核心的网络系统。

总线型拓扑结构采用一根传输总线，所有的站点都通过硬件接口连接在这根传输线上，网络中的多个处理机、存储器和外围设备等共同享用同一通路，因而总线成了数据交换的唯一公共通路，如图 6-4 所示。

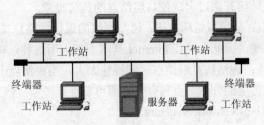

图 6-4　总线型拓扑结构示意图

（1）总线型拓扑结构的优点：该结构的优点是简单、灵活，容易布线，可靠性高，容易扩充，不需要中央控制器，数据通道的利用率高，一个站点发送的信号其他站点都可接收，而且某个站点自身的故障一般不会影响整个网络。所以，相当多的网络产品都采用总线型拓扑结构。

（2）总线型拓扑结构的缺点：该结构的缺点在于一是总线上的数据传输很容易成为整个系统的瓶颈，其次是故障诊断很困难，而且总线故障会导致整个系统的崩溃。此外，因为总线上同时连接了多个结点，但在任一时刻只允许一个结点使用总线进行数据传输，其他结点只能处于接收或等待状态，因此效率低。

使用这种结构必须解决的一个问题是确保结点用户使用媒体发送数据时不能出现冲突（总线作为公共传输介质为多个结点共享，可能出现同一时刻有两个或两个以上的结点利用总线发送数据的情况，造成网络数据传输"冲突"，从而使数据传输失败）。在点到点链路配置时，这是相当简单的。如果这条链路是半双工操作，只需使用很简单的机制便可保证两个结点用户轮流工作。在一点到多点方式中，对线路的访问依靠控制端的探询来确定。然而，在 LAN 环境下，由于所有数据站点都是平等的，不能采取上述机制。对此，研究了一种在总线共享型网络使用的媒体访问方法：带有碰撞检测的载波侦听多路访问，即 CSMA/CD。

2. 星型拓扑结构（Star-Network Structure）

星型拓扑结构是美国 DATA Point 公司开发的符合令牌协议的高速局域网络。它是以中央结点为中心，把若干外围结点连接起来的辐射式互联结构，如图 6-5 所示。

（1）星型结构的优点：该结构的突出优点是简单，很容易在网络中增加新的站点，容易实现数据的安全性和优先级控制以及网络监控，外围结点的故障对系统的正常运行没有影响。

（2）星型结构的缺点：该结构的缺点是各外围结点之间的互相通信必须通过中央结点，中央结点出现故障会使整个网络不能正常工作。

3. 树型拓扑结构（Tree-Network Structure）

树型拓扑结构是星型结构的扩展，它是分层次结构，具有根结点和分支结点，如图 6-6 所示。

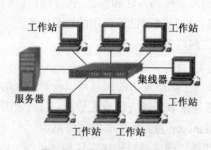
图 6-5　星型拓扑结构示意图

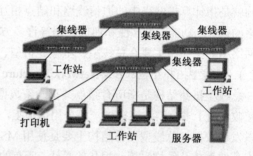
图 6-6　树型拓扑结构示意图

在树型结构中的所有结点形成了一个层次化的结构，树中的各个结点都为计算机。一般来说，层次结构不宜过多，以免转接开销过大，使高层结点的负荷过重。

（1）树型结构的优点：与星型结构相比，树型网络的通信线路总长度短，成本低，易于推广，适用于分级管理和控制系统。因此，现代 Internet 基本上都采用这种结构。

（2）树型结构的缺点：该结构对根结点的依赖性太大，当根结点出现故障时，全网不能正常工作，因此要求根结点和各层的分支结点具有较高的可靠性。

4. 环型拓扑结构（Ring-Network Structure）

环型拓扑结构是 IBM 公司推出的 IBM Token Ring 网络结构，它将网络结点连接成闭合环路，其特点是符合 TCP/IP 协议和 IEEE 802.5 标准。在环型结构中，所有结点通过点到点通信线路连接成闭合环路,数据将沿一个方向逐站传送,因此每个结点的地位和作用是相同的,并且每个结点都能获得执行控制权。环型结构的显著特点是每个结点用户都与两个相邻的结点用户相连,因而存在点到点链路,于是便有上游结点和下游结点之称。用户 N 是用户 N+1 的上游结点用户,N+1 是 N 的下游结点用户。如果 N+1 结点需将数据发送到 N 结点,则几乎要绕环一周才能到达 N 结点。如图 6-7 所示。

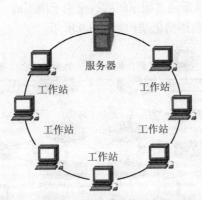

图 6-7　环型拓扑结构示意图

（1）环型拓扑结构的优点：该结构的优点是能连接各种计算机设备（从大型机到 PC）,采用的电缆长度短,可采用光纤传输介质,并且控制软件简单、实时性强等。

（2）环型拓扑结构的缺点：该结构的缺点是环路中每个结点与连接结点之间的通信线路都会成为网络可靠性的屏障,网络的故障检测困难,网络中任何一个结点或线路的故障都会引起整个系统的中断。另外,对于网络结点的加入、退出以及环路的维护和管理都比较复杂。

5. 网状拓扑结构（Net link-Network Structure）

网状拓扑结构中的所有结点之间的连接是任意的,目前实际存在与使用的广域网基本上都采用网状拓扑结构,如图 6-8 所示。

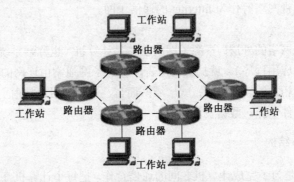

图 6-8　网状拓扑结构示意图

（1）网状拓扑结构的优点：该结构的优点是可靠性高、容错能力强。

（2）网状拓扑结构的缺点：该结构的缺点是结构复杂,必须采用路由选择算法和流量控制方法,并且不易维护和管理。

在局域网中,由于使用的中央设备不同,其物理拓扑结构（各设备之间使用传输介质的物理连接关系）和逻辑拓扑结构（设备之间的逻辑链路连接关系）也将不同。例如,使用集线器连接所有计算机时,其结构只能是一种具有星型物理连接的总线型拓扑结构,而只有使用交换机时才是真正的星型拓扑结构。

6.2.4　网络的逻辑结构

计算机网络要完成数据处理与数据通信两大任务，因此可从逻辑功能上将计算机网络划分为资源子网和通信子网两大组成部分。在 Internet 中，用户计算机需要通过校园网、企业网或 Internet 服务提供商连入地区主干网，然后通过国家间的高速主干网形成一种由路由器互联的大型、层次结构多的互联网络。现代计算机网络简化结构如图 6-9 所示。

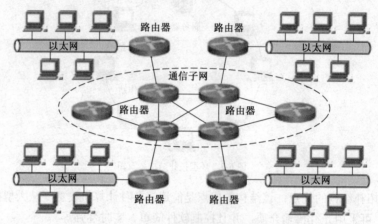

图 6-9　现代计算机网络逻辑结构示意图

1. 通信子网

通信子网是计算机网络的内层。通信子网的主要任务是将各种计算机互连起来，完成数据传输、交换和通信处理。就局域网而言，通信子网由网卡、缆线、集线器、中继器、网桥、路由器、交换机等设备和相关软件组成；就广域网而言，通信子网由一些专用的通信处理机结点交换机及其运行的软件、集中器等设备和连接这些结点的通信链路组成。目前，我国正在积极研究利用普通电线、移动电话通信系统、电视网络等作为 Internet 的通信子网。

2. 资源子网

资源子网是计算机网络的外层。资源子网的主体是计算机（也称端系统）以及终端设备和各种软件资源（包括用户的应用程序）。就局域网而言，资源子网通常由连网的服务器、工作站、共享的打印机和其他设备及相关的软件组成；就广域网而言，资源子网通常由主计算机系统、终端、相关的外设和各种软硬件资源、数据资源组成。

6.2.5　网络的体系结构

所谓网络体系，就是为了完成计算机之间的通信合作，把每个计算机互联的功能划分成定义明确的层次，规定了同层次进程通信的协议及相邻层之间的接口及服务，我们将这些同层进程间通信的协议以及相邻层接口统称为网络体系结构（Network Architecture），并将其通信协议常称为网络协议（Network Protocol1）。它是一种通信规则，是为网络通信实体之间进行数据交换而制定的规则、约定和标准。1977 年，国际标准化组织（International Standard Organization，ISO）为适应网络向标准化发展的需求，成立了 SC16 委员会，在研究、吸取了各计算机厂商网络体系标准化经验的基础上，制定了开放系统互联参考模型（Open System Interconnection/Reference Model，OSI/RM），形成网络体系结构的国际标准。

1. 通信系统的层次结构

为了便于理解，我们以邮政通信系统为例，以此引出计算机网络通信的相关概念。因为几乎每个人对现行的邮政系统发送、接收信件的过程都比较熟悉。分析邮政系统的结构以及完成信件的发送与接收过程之后，我们将对计算机网络通信和网络体系结构有一个比较直观的了解，而且对介绍电子邮件的发送和接收有着重要的参考意义。

【实例 6-1】目前实际运行的邮政通信系统结构如图 6-10 所示，信件发送与接收过程如下。

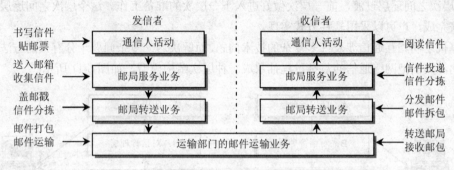

图 6-10　实际邮政系统信件发送、接收过程示意图

如果你在北京工作，而你的家在广州。当你想给广州的亲人写封信时，第一步是书写信的内容；第二步是按国内信件的信封书写标准，在信封的上方写收信人的地址及其邮政编号，在信封的中部写收信人的姓名，信封的右下方写发信人的地址；第三步是将信件封在信封里并贴上邮票；第四步是需要将信件投入邮箱。这样，发信人的工作就已经完成了，他并不需要了解如何收集与传输信件。

在信件投入邮箱后，邮递员将按时从各个邮箱收集信件，检查邮票邮资是否正确，盖邮戳后转送地区邮政枢纽局。邮政枢纽局的工作人员再根据信件的目的地址与传输的路线，将送到相同地区的邮件打成一个邮包，并在邮包上贴上运输的线路、中转点的地址。如果从北京到广州不需要中转，那么所有当天从北京到广州的信件将打在一个包里，贴上标签后由铁路或飞机运送到广州。邮包送到广州地区邮政枢纽局后，邮政枢纽局的分拣员将拆包，并将信件按目的地址分拣传送到各区邮局，再由邮递员将信件送到收信人的邮箱。收信人接到信件，确认是自己的信件后，再拆信、读信。这样，一个信件的发送与接收过程完成。

事实上，实际的邮政系统是一个复杂的系统。从图 6-10 看出至少涉及如下几个概念问题：

① 从书写信件开始，到收信人收到信件，其间要经过多个步骤，这个步骤等价于层次。

② 发信方与收信方所需完成的层次是相等的，但层次过程的方向是相反的。

③ 发信人员必须按照国内信件的信封书写标准，在信封的相应位置写上收信人的地址、姓名和发信人的地址。

④ 各地邮局及其工作人员必须按照信封上提供的信息，并遵照邮件的邮寄要求，完成信件邮寄任务。

2. 网络系统的层次结构

计算机网络是将独立的计算机及其终端设备等实体通过通信线路连接起来的复杂系统。在这个系统中，由于计算机的机型不同，终端各异，线路类型、连接方式、通信方式等各不相同，这就给网络中各结点间的通信带来了很多的不便，不同厂家不同型号计算机通信方式各有差异，通信软件需要根据不同情况进行开发，特别是异型网络的互联，它不仅涉及基本数据的传输，同时还涉及网络的服务和应用等问题。

为了实现彼此间的通信，就需要有支持计算机间通信的硬件和软件，而各种不同型号的计算机之间的通信硬件和软件标准不一，开发研制就更为复杂。为了简化对复杂计算机网络的研制工作，需要各厂家有一个共同遵守的标准。采用的基本方法是针对计算机网络所执行的各种功能，设计出一种网络系统结构层次模型，这个层次模型包括两个方面的内容：

① 将网络功能分解为许多层次，在每个功能层次中，通信双方必须共同遵守许多约定和规程，以免混乱。

② 层次之间逐层过渡，前一层次做好进入下一层次的准备工作。这个层次之间逐层过渡可以用硬件来完成，也可以采用软件方式实现。

计算机之间相互通信涉及许多复杂的技术问题，而解决这一复杂问题十分有效的方法是分层解决。为此，人们把网络通信的复杂过程抽象成一种层次结构模型，如图 6-11 所示。

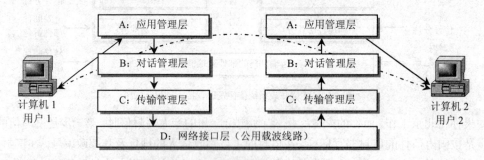

图 6-11　层次结构模式工作示意图

假定用户从计算机 1 上操作，需要用计算机 2 的应用程序，那么，除了通过公用载波线路将这两台计算机连接起来之外，在实际操作过程中，两台计算机内部也将完成比较复杂的通信过程，在图 6-11 中将这个复杂过程划分为 4 个层次。

"用户 1"从"计算机 1"的终端上输入各种命令，这些命令在"应用管理层"中得到解释和处理，然后把结果提交给"对话管理层"，要求建立与"计算机 2"的"用户 2"的联系。对话建立以后转入传输管理层（编址、路由选择、报文分组），要求对要传送的内容进行编址，并进行路由选择和报文分组等工作。分组传送的报文经网络接口层的控制，变成二进制的脉冲信号，沿公用传媒介质（信道）发送出去。也就是说，"用户 1"从"计算机 1"输入的命令，要经过 A、B、C、D 这 4 个层次的处理才能发送到物理信道（公用载波线路）中去。

"用户 2"通过"计算机 2"从信道中接收信号时首先要经过"网络接口层"，将二进制脉冲信号接收下来，然后根据编址情况，将分组的报文重新组合在一起，再送到"对话管理层"去与"用户 1"建立联系，最后送到"应用管理层"去执行应用程序。也就是说，接收方的"用户 2"从"计算机 2"上接收数据也要经过 D、C、B、A 这 4 个层次才能完成接收任务。由此可见，网络的分层体系结构层次模型，包含两方面内容：

① 将网络功能分解为多个层次，在每一个功能层次中，通信双方必须共同遵守许多约定和规程。我们把网络通信每一个功能层次中双方共同遵守的约定和规程称为同层协议。

② 层次之间逐层过渡，上一层向下一层提出服务要求，并且做好进入下一层次的准备工作，下一层完成上一层提出的要求。我们把两个相邻层次之间要完成的过渡条件称作接口协议，简称为接口（interface）。它是同一结点内，相邻层之间交换信息的接点。例如，在邮政系统中，邮局与投递信件人之间、邮局信件打包和转运部门、转运部门与运输部门之间，都是双方所规定的接口。

3. 通信规则约定

从以上邮政通信过程与网络通信过程分析可知，在一定意义上，它们两者的信息传递过程有很多相似之处。认真分析两个系统的组织方法与工作流程，能给我们很多有益的启示。

① 从图 6-10 和图 6-11 可知，两个系统都是层次结构，并且均可等价成 4 层结构的系统。

② 不同的层次有不同的功能任务，但相邻层之间的功能动作是密切相关，即上一层为下一层做好准备，下一层完成上一层的要求。

③ 在邮政通信系统中，写信人要根据对方熟悉的语言，确定是用中文还是英文，或是用其他文字；在书写信封时，不同的国家有不同的规定，例如，国内信件收信人的地址写在左上角，而美国却恰好相反，收信人的地址写在右下角。

④ 计算机网络系统中，必须规定双方之间通信的数据格式、编码、信号形式；要对发送请求、执行动作以及返回应答予以解释；事件处理顺序和排序等。在计算机网络中把为数据交换而制定的规则、约定和标准统称为网络协议（Network Protocol），简称为协议。

4. 网络协议的分层

层次是人们处理复杂问题的基本要素。网络发展非常迅速，因此网络协议的增加和修改是不可避免的。网络中需要一个有层次的、结构化的协议集合把网络的通信任务划分成不同的层次，每一层都有一个清晰、明确的任务，每层的任务由相应的协议来完成；各层协议之间具有相对独立性，层与层之间具有单向依赖性，每一层建立于它的下层之上，并向上一层提供服务。这样，若要修改网络协议的某一方面，只需要修改某一层相关的协议即可。由此可见，计算机网络采用层次结构，使各层之间相互独立，具有简化网络设计、灵活性强、易于实现和维护等优点，并有利于促进标准化。

5. TCP/IP 模型

美国国防部高级研究计划局（Advanced Research Projects Agency，ARPA）从 20 世纪 60 年代开始致力于研究不同类型计算机网络之间的相互连接问题，并成功开发出了著名的传输控制协议/网际协议（Transmission Control Protocol/Internet Protocol，TCP/IP）。发展至今，TCP/IP 已成为 Internet 的技术核心。此外，TCP/IP 协议还是建立企业内联网（Intranet）的基础。

§6.3　计算机局域网

局域网（LAN）是将较小地理区域内的各种数据通信设备连接在一起的通信网络。随着计算机应用的普及，局域网得到迅速发展，并广泛应用于各领域的办公自动化、工业自动化、实验自动化，以及工业、农业、商业、交通、运输、医疗、卫生、教育、国防、科研等部门。

6.3.1　局域网的基本概念

局域网涉及许多重要概念和关键技术，例如局域网参考模型和协议标准、局域网的技术特点、决定局域网性能的主要因素、局域网的连接方式、局域网中的计算模式等。

1. 局域网的标准

1980 年 2 月，电器和电子工程师协会（Institute of Electrical and Electronics Engineers，IEEE）成立了局域网标准委员会，称为 IEEE 802 委员会，它为各种不同拓扑结构的局域网制定了一系列的标准，称为 IEEE 802 标准，作为局域网的国际标准。在 IEEE 802 标准中，将局域网模型定义为三层结构：逻辑链路控制层（Logical Link Control，LLC）、介质访问控制层（Media Access Control，MAC）和物理层（Physical Layer）。

2. 局域网的技术特点

局域网的技术特点固然很多，但从应用的角度看，主要有以下 5 个方面。

（1）较小的地域范围：从网络的覆盖地域上看，局域网是相对较小的网络。但到底小到什么程度，覆盖多大的面积，没有特别的规定。可能是一个办公室的几台计算机，也可能是一幢办公楼的几十台计算机，还可能是一个综合实验室的几百台计算机，甚至是一个学校所有计算机组成的网络。总之，局域网的覆盖面积不超过几千米。

（2）高传输速率和低误码率：目前，局域网的传输速率为 10～100Mb/s，最高可达到 1000Mb/s；其误码率一般为 10^{-8}～10^{-11}。传输率是数据通信传输的综合指标，涉及信号信道、频带宽度、数据交换技术和数据通信网（数字数据网、分组交换网、帧中继网）等。

（3）可实现性能好：局域网一般为单位所建，在单位或部门内部控制管理和使用，因此，易于建立、管理、维护和扩展。

（4）局域网的基本技术较简单：决定局域网特性的主要技术要素为网络拓扑结构、传输介质与介质访问控制方式。

（5）支持多种传输介质：局域网可以不同的性能需要，选用价格低廉的双绞线、同轴电缆或价格较贵的光纤，以及无线局域网。

3. 局域网的性能因素

决定局域网性能的主要技术有 3 个方面：连接各种设备的拓扑结构、数据传输介质和介质访问控制方法。

（1）拓扑结构：局域网以及城域网的典型拓扑结构为星型、环型、总线型结构等。

（2）传输介质：局域网的传输介质有同轴电缆、双绞线、光纤、电磁波。双绞线是局域网中最廉价的传输介质，重量轻，安装密度高，最高传输速率已达 1000Mb/s，在局域网中被广泛使用。由于双绞线的广泛应用，同轴电缆正在逐步退出市场。

光纤是局域网中最有前途的一种传输介质，它的传输速率可达 1000Mb/s 以上，抗干扰性强，误码率极低（小于 10^{-9}），传输延迟可忽略不计，并且不受任何强电磁场的影响，也不会泄漏信息，所以不仅被广泛用于广域网，而且也适用于局域网。

对于不便使用有线介质的场合，可以采用微波、卫星、红外线等作为局域网的传输介质，已获得广泛应用的无线局域网就是其典型例子。

（3）介质访问控制方法：是指网络上传输介质的访问方法，也称为网络的访问控制方式。介质访问控制方法是分配介质使用权限的机理、策略和算法，是一项关键技术。例如，对于总线型网络，连接在总线上的各结点彼此之间如何共享总线介质、通路如何分配、各结点之间如何传递信息等，必须制定一个控制策略，以决定在某一段时间内允许哪个结点占用总线发送信息，确保各结点之间能正常发送和接收信息，这就是介质访问控制方法要解决的问题。

4. 局域网的连接

在网络中，各个设备之间必然要有介质的连接，这些连接可以分为两类：

（1）点对点连接（Point-Point Connection）：是在两台设备间建立直接的连接，一条介质仅连接相应的两台设备而不涉及第三方。它在两台设备间独享信道的整个带宽，不存在冲突。点对点连接方式在设备数量少时是一种简单、实用的通信方式，但是在设备增多时就会变得复杂和困难，并且由于不能共享带宽而造成浪费。

（2）多点连接（Multipoint Connection）：在多点连接方式中，多台设备共同使用一条传输介质，从而实现带宽共享，减少浪费。环型、星型和树型物理拓扑使用点到点的连接，总线型和网状拓扑使用多点连接。

6.3.2　局域网的计算模式

计算模式也称网络模式（Network Model），它是指计算机网络处理信息的方式。目前局域网最常用的计算模式主要有客户机/服务器模式、浏览器/服务器模式和对等式模式等。

1. 客户机/服务器（Client/Server，C/S）模式

在 C/S 模式中，客户机是一台能独立工作的计算机，服务器是高档微机或专用服务器。把计算任务分成服务器部分和客户机部分，分别由服务器和客户机完成，数据库在服务器上。客户机接收用户请求，进行适当处理后，把请求发送给服务器，服务器完成相应的数据处理功能后，把结果返回给客户机，客户机以方便用户的方式把结果提供给用户。

C/S 模式的优点是能充分发挥服务器和客户机各自的计算能力，具有比较高的效率，系统可扩充性好，安全性也比较高。不足之处是需要为每个客户机安装应用程序，程序维护比较困难。C/S 模式如图 6-12 所示。

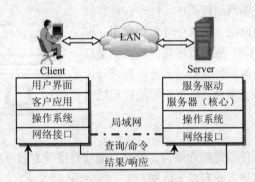

图 6-12　C/S 模式逻辑结构示意图

2. 浏览器/服务器（Browser/Server，B/S）模式

随着 Internet 的广泛应用，基于局域网的企业网开始采用 WWW（World Wide Web）技术构筑和改建自己的企业网（Intranet）。WWW 通常译成环球信息网或万维网，简称为 Web 或 3W。于是，浏览器/服务器这种新型结构模式应运而生。B/S 模式是 1996 年开始形成与发展并迅速流行的新型结构模式，它是一个简单、低廉、以 Web 技术为基础的模式。

B/S 是一种三层结构的分布式计算模式，B/S 模式的客户机上采用了人们普遍使用的浏览器，服务器端除原有的服务器外，通常增添了高效的 Web 服务器，与 C/S 相比，只是多一个 Web 服务器。在 Browser/Server 模式中，一般可分为表示层、功能层、数据层等 3 个相对独立的单元。B/S 三层模式体系结构如图 6-13 所示。

在 B/S 模式中，客户机上只需要安装一个 Web 浏览器软件，用户通过 Web 页面实现与应用系统的交互；Web 服务器充当应用服务器的角色，专门处理业务逻辑，它接收来自 Web 浏览器的访问请求，访问数据库服务器进行相应的逻辑处理，并将结果返回给浏览器；数据库服务器则负责数据的存储、访问和优化。由于所有的业务处理逻辑都集中到应用服务器实现和执行，从而大大降低了客户机的负担，因此，B/S 模式又称为瘦客户机（Thin Client）模式。

B/S 模式的优点是：应用程序只安装在服务器上，无须在客户机上安装应用程序，程序维护和

升级比较简单；简化了用户操作，用户只需会熟练使用简单易学的浏览器软件即可；系统的扩展性好，增加客户比较容易。不足之处是效率不如 C/S 模式高。

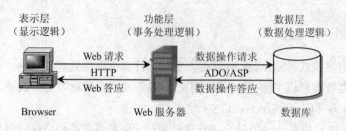

图 6-13　Browser/Server 模式逻辑结构示意图

3. 对等服务器网络模式

对等服务器网络模式也称为"对等网络"应用模式或"点对点（Peer to Peer，P2P）"应用模式。P2P 几乎是在出现 C/S 模式的同时，发展的另一种新的网络应用模式。

对等服务器网络模式中没有专用服务器，每一台计算机的地位平等，在网上的每一台计算机既可以充当服务器，又可以充当客户机，彼此之间进行互相访问，平等地进行通信。计算机之间都有各自的自主权。在对等服务器网络模式中，每一台计算机都负责提供自己的资源，供网络上的其他计算机使用。可共享的资源可以是文件、目录、应用程序等，也可以是打印机、调制解调器或传真卡等硬件设备。另外，每一台计算机还负责维护自己资源的安全性。典型对等结构局域网如图 6-14 所示。

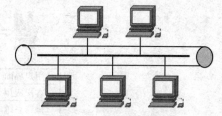

图 6-14　对等结构局域网

4. 三种模式的比较

对等服务器网络模式所使用的拓扑结构、硬件、通信连接等方面与 C/S 和 B/S 结构基本相同，但在硬件、软件、组织和管理方面有以下区别。

（1）硬件结构的区别：与基于服务器网络的主要硬件差别是，对等服务器网络模式不需要功能强大的专用服务器，对网络硬件的要求较低，因此，极大地降低了网络成本。

（2）软件的区别：对等服务器网络模式无须购置专门的网络操作系统，仅使用各台计算机桌面操作系统中内置的连网功能即可组建成对等服务器网络模式。

（3）组织和管理的区别：与 C/S 或 B/S 等基于服务器的网络结构之间的最主要的差别在于网络账户的管理、资源的管理以及管理的难易程度的不同。在对等服务器网络模式中，由于每一台计算机都有绝对的自主权（每台计算机的管理员自行管理自己的资源和财产），因此其管理模式是分散的，每一个计算机既可以起客户机作用也可以起服务器作用。

从技术发展趋势上看，可以认为 B/S 模式最终将取代 C/S 模式，但在目前一段时间内，将是一种 B/S 模式和 C/S 模式同时存在、混合使用的情况。C/S 模式比较适合数据处理，B/S 模式比较适合数据发布。由于 B/S 模式具有系统维护容易、开发效率高、分布计算的基础结构、信息共享度高、扩展性好、广域网支持等优特点，目前已成为企业网中首选的应用模式。

6.3.3　局域网的基本类型

局域网的分类方法有多种。如果从介质访问控制方式划分，可以分为共享式局域网（Shared LAN）与交换式局域网（Switched LAN）。共享式局域网又可分为 Ethernet、Token Bus、Token Ring

与 FDDI，以及在此基础上发展起来的 Fast Ethernet、Gigabit Ethernet、10 Gigabit Ethernet、FDDI Ⅱ 等。如果从网络速度划分，可以分为传统以太网和高速局域网。

1. 传统以太网

以太网（Ethernet）是最早的标准化局域网，也是最流行的局域网。所谓传统以太网，是指那些运行在 10Mb/s 速率的以太网。以太网的核心技术是以太网协议，即数据链路层协议，它是今天运行的大多数局域网所使用的协议。以太网的核心思想是使用共享的公共传输信道，其网络协议是基于 CSMA/CD 总线的物理层和介质访问控制子层协议 IEEE 802.3 标准。

2. 高速局域网

把数据传输速率在 100Mb/s 以上的局域网称为高速局域网。目前的高速局域网有：FDDI、百兆以太网、千兆以太网、万兆以太网、交换式以太网、虚拟局域网和无线局域网等。

（1）光纤分布式数据接口（Fiber Distributed Data Interface，FDDI）：是计算机网络技术发展到调整通信阶段的第一个高速局域网技术，是一种以光纤作为传输介质，传输速率为 100Mb/s 的高速主干网。

（2）百兆以太网（Fast Ethernet）：数据传输速率为 100Mb/s。它保留着传统的 10Mb/s 速率以太网的所有特征，即相同的数据格式、相同的介质访问控制方法和相同的组网方法，而只是把以太网每个比特的发送时间由 100ns 降低到 10ns。

（3）千兆以太网（Gigabit Ethernet，GE）：保留着 100Mb/s 的所有特征，即相同的数据格式、相同的介质访问控制方法和相同的组网方法，而只是把以太网每个比特的发送时间由 100ns 降低到 1ns。千兆以太网已被广泛地应用于大型局域网的主干网中。

（4）万兆以太网（10 Gigabit Ethernet，10GE）：是以太网系列的最新技术，传输速率比千兆以太网提高了 10 倍，通信距离可延伸到 40km，在应用范围上得到了更多的扩展。不仅适合所有传统局域网的应用场合，更能延伸到传统以太网技术受到限制的城域网和广域网范围。

（5）交换式以太网：为了提高网络的性能和通信效率，采用了以太网交换机（Ethernet Switch）为核心的交换式局域网技术。交换机提供了多个通道，它允许多个用户之间同时进行数据传输，因而解决了由集线器构成的网络的瓶颈。

（6）虚拟局域网：是建立在交换技术之上的网络结构技术。所谓虚拟，是指在逻辑上可以通过网络管理来划分逻辑工作组的物理网络，物理用户可以根据自己的需求，而不是根据用户在网络中的物理位置来划分网络。

（7）无线局域网（Wireless Local-Area Network，WLAN）：它挣脱了传统线缆束缚，重新定义了局域网功能，提供了以太网或者令牌网络的功能。与有线网络一样，无线局域网同样也需要传输介质，但它不是使用双绞线或光纤，而是红外线（IR）和无线电射频（RF）。

随着计算机网络的普遍使用，今天已很少建成单一的局域网，而是通过局域网与因特网（英文 Internet 的音译）相连，以实现计算机网络资源的高度共享和计算机网络远程通信。

§6.4　计算机因特网

因特网（Internet）现已成为全球最大的、开放的、由众多网络互联而成的计算机互联网，它连接着全世界数以百万计的计算机和网络终端设备，实现彼此间的数据资源共享。人们通过 Internet 传递信息、检索资料、进行交流等，已成为人们生活和生产中不可缺少的信息工具。

6.4.1　Internet 的基本概念

1．Internet 的发展

Internet 的原型是 1969 年美国国防部远景研究规划局（Advanced Research Projects Agency，ARPA）为进行军事实验建立的网络，名为 ARPANET（阿帕网），其设计目标是当网络中的一部分因战争原因遭到破坏时，其余部分仍能正常运行。ARPANET 初期只连接了 4 台主机，这就是只有 4 个网点的"网络之父"。20 世纪 80 年代初期，ARPA 和美国国防部通信局研制成功用于异构网络的 TCP/IP 协议并投入使用。1986 年在美国国会科学基金会（National Science Foundation，NSF）的支持下，用高速通信线路把分布在各地的一些超级计算机连接起来，以 NFSNET 接替 ARPANET，进而又经过十几年的发展，形成了 Internet。Internet 已完全跳出了当初创建时的意图，其应用范围由最早的军事、国防，扩展到美国国内的学术机构，覆盖了全球的各个领域，运营性质也由科研、教育为主逐渐转向商业化。

1994 年 4 月 20 日，NCFC 工程通过美国 Sprint 公司连入 Internet，实现了与国际互联网的全功能连接。从此中国被国际上正式承认为真正拥有全功能 Internet 的国家。此事被中国新闻界评为 1994 年中国十大科技新闻之一，同时也被国家统计公报列为中国 1994 年重大科技成就之一。

2．Internet 的功能特点

Internet 的迅猛发展给人们带来了一场翻天覆地的革命，无论是从生产方式、生活方式，还是人们的思想意识，都发生了质的改变，并正在越来越多地介入到了我们的生活，成为继报纸、杂志、广播、电视这 4 大媒体之后新兴起的一种信息载体。与传统媒体相比，它具有很多优势和特点，主要体现在以下 5 个方面。

（1）主动性强：Internet 给每个参与者绝对的主动性，每个网上冲浪者都可以根据自己的需要选择要浏览的信息。

（2）信息量大：Internet 是全球一体的，每位 Internet 用户都可以浏览任何国家的网站，只要该网站向 Internet 开放。因此，Internet 中蕴含着充足的信息资源。

（3）自由参与：在 Internet 上，上网用户已经不再是一个被动的信息接收者，而且可以成为信息发布者。在不违反法律和有关规定的前提下，能够自由地发布任何信息。

（4）形式多样：在 Internet 上可以用多种多样的方式传送信息，包括文字、图像、声音和视频等。此外，Internet 的应用多种多样，例如网络远程教学、网络聊天交友、网络 IP 电话、网络游戏、网络炒股和电子商务等。

（5）规模庞大：Internet 诞生之初，谁也没有料想到它会发展得如此迅速，用户群体会如此庞大，这与它的开放性与平等性是分不开的。在 Internet 上，每个参与者都是平等的，都有享用和发布信息的权利。每位用户在接受服务的同时，也可以为其他用户提供服务。

6.4.2　Internet 的 IP 地址

1．IP 地址的概念

在日常生活中，通信双方借助于彼此的地址和邮政编码进行信件的传递。Internet 中的计算机通信与此相类似，网络中的每台计算机都有一个网络地址（相当于人们的通信地址），发送方在要传送的信息上写上接收方计算机的网络地址，信息才能通过网络传递到接收方。在 Internet 上，每台主机、终端、服务器，以及路由器都有自己的 IP 地址，这个 IP 地址是全球唯一的，用于标识该机在 Internet 中的位置。由于目前使用的 IP 协议的版本为 4.0，所以又称为 IPv4，它规定每个 IP

地址用 32 个二进制位表示（占 4 个字节）。假如

第一台计算机的地址编号为　00000000 00000000 00000000 00000000

第二台计算机的地址编号为　00000000 00000000 00000000 00000001

……　　　　　　……

最后一台计算机的地址编号为 11111111 11111111 11111111 11111111

则共有 $2^{32}=4294967296$ 个地址编号，这表明因特网中最多可有 4294967296 台计算机。

然而，要记住每台计算机的 32 位二进制数据编号是很困难的。为了便于书写和记忆，人们通常用 4 个十进制数来表示 IP 地址。书写时，将它分为 4 段，段与段之间用 "." 分隔，每段对应 8 个二进制位。因此，每段能表达的十进制数是 0～255。比如 32 位二进制数：

11111111 11111111 11111111 00000111

就表示为：　255.　255.　255.　7

其转换规则是将每个字节转换为十进制数据即可，因为 8 位二进制数最大为 255，所以 IP 地址中每个段的十进制数不超过 255。这个数据并不是很大，过不了几年就会用完，为此设计了 IPv6，它采用 128 位二进制数表示 IP 地址，这是个很大的数据（2^{128}），足够用许多年。

2. IP 地址的分类

在 Internet 中根据网络地址和主机地址，常将 IP 地址分为五类，如图 6-15 所示。

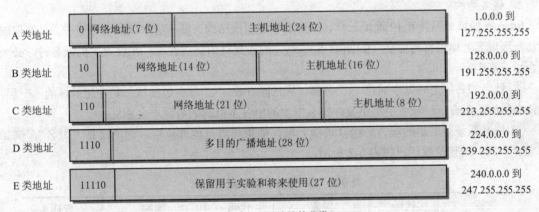

图 6-15　IP 地址的分类

A 类地址主要用于大型（主干）网络，其特点是网络数量少，但拥有的主机数量多。

B 类地址主要用于中等规模（区域）网络，其特点是网络数量和主机数量大致相同。

C 类地址主要用于小型局域网络，其特点是网络数量多，但拥有的主机数量少。

D 类地址通常用于已知地址的多点传送或者组的寻址。

E 类地址为将来使用保留的实验地址，目前尚未开放。

常用的 A、B、C 三类 IP 地址的起始编号和主机数如表 6-1 所示。

表 6-1　A、B、C 三类 IP 地址的起始编号和主机数

IP 类型	最大网络数	最小网络号	最大网络号	最多主机数
A	127（2^7-1）	1	127	$2^{24}-2=16777214$
B	16384（2^{14}）	128.0	191.255	$2^{16}-2=65534$
C	2097152（2^{21}）	192.0.0	223.255.255	$2^8-2=254$

　　Internet 上最高一级的维护机构为网络信息中心，它负责分配最高级的 IP 地址。它授权给下一级的申请成为 Internet 网点的网络管理中心，每个网点组成一个自治系统。网络信息中心只给申请成为新网点的组织分配 IP 地址的网络号，主机地址则由申请的组织自己来分配和管理。自治域系统负责自己内部网络的拓扑结构、地址建立与刷新。这种分层管理的方法能够有效地防止 IP 地址冲突。

6.4.3　Internet 的域名系统

　　IP 地址虽然解决了 Internet 上统一地址的问题，并用十进制数来表示各段的二进制数。但是，这串用数字符号表示的 IP 地址非常难以记忆。因此，在 Internet 上采用了一套和 IP 地址对应的域名系统（Domain Name System，DNS）。

　　1.　域名地址

　　DNS 使用与主机位置、作用、行业有关的一组字符来表示 IP 地址，这组字符类似于英文缩写或汉语拼音。我们把这个符号化了的 IP 地址就称为"域名地址"，简称为"域名"，并由各段（子域）所组成。例如：

　　搜狐的域名为 www.shou.com，对应的 IP 地址为 61.135.150.74。

显然，域名地址既容易理解，又方便记忆。

　　2.　域名结构

　　Internet 的域名系统和 IP 地址一样，采用典型的层次结构，每一层由域或标号组成。最高层域名（顶级域名）由因特网协会（Internet Society）的授权机构负责管理。在设置主机域名时，必须符合以下规则：

　　① 域名的各段之间以小圆点"."分隔。从左向右看，"."号右边的域总是左边的域的上一层，只要上层域的所有下层域名字不重复，那么网上的所有主机的域名就不会重复。

　　② 域名系统最右边的域为一级（顶级）域，如果该级是地理位置，则通常是"国名"，例如 cn 表示中国，地理位置代码如表 6-2 所示。

表 6-2　部分国家的顶级域名代码

国家	代码	国家	代码	国家	代码
中国	cn	巴西	br	加拿大	ca
日本	jp	瑞士	ch	俄罗斯	ru
韩国	kr	英国	uk	澳大利亚	au
丹麦	de	法国	fr	意大利	it

　　如果该级中没有位置代码，那就默认在美国。常用的顶级代码有 7 个，如表 6-3 所示。

表 6-3　美国顶级域名代码

顶级域名	域名类型	顶级域名	域名类型
com	商业组织	mil	军事部门
edu	教育机构	net	网络支持中心
gov	政府部门	org	各种非赢利组织
int	国际组织	国家代码	各个国家

　　因为美国是 Internet 的发源地，所以美国的主机其第一级域名一般直接说明其主机性质，而不

是国家代码。如果用户看到某主机的第一级域名为 com、edu、gov 等，一般可以判断这台主机置于美国。其他国家第一级域名一般是其国家代码。

③ 第二级是"组织名"。由于美国没有地理位置，这一级就是顶级，对其他国家来说是第二级。第三级是"本地名"即省区，第四级是"主机名"，即单位名。

④ 域名不区分大小写字母。一个完整的域名不超过 255 个字符，其子域级数不予限制。

3. 域名分配

域名的层次结构给域名的管理带来了方便，每一部分授权给某个机构管理，授权机构可以将其所管辖的名字空间进一步划分，授权给若干子机构管理，最后形成树形的层次结构，如图 6-16 所示。

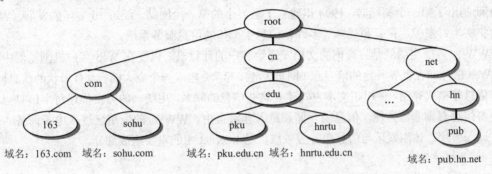

图 6-16　域名结构示意图

在中国，一级域名为（cn），二级域名有：教育（edu）、电信网（net）、团体（org）、政府（gov）、商业（com）等。各省则采用其拼音缩写，如 bj 代表北京、sh 代表上海、hn 代表湖南等。例如广州的 E-mail 的主机域名为：pub.cs.hn.net，其中 cs 表示广州，pub 则是主机名。

4. DNS 服务

用户使用域名访问 Internet 上的主机时，需要通过提供域名服务的 DNS 服务器将域名解析（转换）成对应的 IP 地址。

【实例 6-2】当用户输入域名时，计算机的网络应用程序自动把请求传递到 DNS 服务器，DNS 服务器从域名数据库中查询出此域名对应的 IP 地址并将其返回发出请求的计算机，计算机通过 IP 地址和目标主机进行通信，如图 6-17 所示。

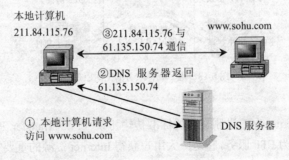

图 6-17　DNS 服务器把域名解析为 IP 地址

Internet 上有许多 DNS 服务器负责各自层次的域名解析任务，当计算机设置的主 DNS 服务器的名字数据库中查询不到请求的域名时，会把请求转发到另外一个 DNS 服务器，直到查询到目标主机。如果所有的 DNS 服务器都查不到请求的域名，则返回错误信息。

6.4.4　Internet 提供的服务

随着计算机网络的普及，其应用范围越来越广，服务方式越来越多。目前，Internet 提供的信息服务方式可分为基本服务方式和扩充服务方式两类。基本服务方式包括电子邮件、远程登录和文件传输；扩充服务方式包括基于电子邮件的服务，如新闻与公告类服务等。

1．WWW 服务

WWW（World Wide Web）通常译成环球信息网或万维网，简称为 Web 或 3W，是 1989 年设在瑞士日内瓦的欧洲粒子物理研究中心的 Tim Berners Lee 发明的。其初衷是为了让世界范围内的物理学家能够同时共享科学数据，需要研究一种进行数据传输的方法。他与 Robert Cailliau 一起于 1991 年研制出了第一个浏览器，1994 年建立了世界上的第一个网站。经过 10 多年的发展，WWW 已成为集文本、图像、声音和视频等多媒体信息于一体的信息服务系统。

WWW 服务的实质就是将查询的文档发送给客户的计算机，以便在 Web 客户机浏览器中显示出来。Web 把分布在世界各地的信息点（网页）链接起来，构成一个庞大的、没有形状的信息网络。它允许信息分布式存储，使用超文本方式建立这些信息的联系，用统一的方案描述每个信息点的位置，使得信息查询非常方便，信息的存储和链入非常自由。WWW 的应用已进入电子商务、远程教育、远程医疗、休闲娱乐与信息服务等领域，是 Internet 中的重要组成部分。

2．电子邮件服务

电子邮件（Electronic Mail，E-mail）服务是目前 Internet 上使用最频繁、应用最广泛的一种服务。据统计，现在世界上每天大约有 2500 万人通过 E-mail 相互联系，而且多数 Internet 用户对 Internet 的了解，都是从接发 E-mail 开始的。E-mail 之所以受到广大用户的青睐，因为与传统通信方式相比，E-mail 能为 Internet 用户提供一种方便、快捷、高效、廉价、多元、可靠的现代化通信服务。身处在世界不同国家、地区的人们通过 E-mail 可在最短的时间内，花最少的钱取得联系，相互收发信件和传递信息。电子邮件服务的工作原理如图 6-18 所示。

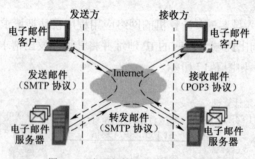

图 6-18　电子邮件服务的工作原理

3．文件传输服务

文件传输服务是 Internet 上二进制文件的标准传输协议（File Transfer Protocol，FTP）应用程序提供的服务，所以又称为 FTP 服务，它是广大用户获得 Internet 资源的重要方法之一，也是 Internet 中最早提供的服务项目之一。FTP 提供了在 Internet 上任意两台计算机之间相互传输文件的机制，不仅允许在不同主机和不同操作系统之间传输文件，而且还允许含有不同的文件结构和字符集。FTP 服务与其他 Internet 服务类型相似，也是采用客户机/服务器工作模式。FTP 服务器是指提供 FTP 的计算机，负责管理一个大的文件仓库；FTP 客户机是指用户的本地计算机，FTP 使每个连网的计算机都拥有一个容量巨大的备份文件库，这是单个计算机无法比拟的。将文件从 FTP 服务器传输到客户机的过程称为下载；而将文件从客户机传输到 FTP 服务器的过程称为上传，其过程如图 6-19 所示。

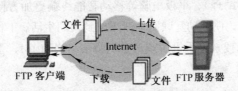

图 6-19　文件上传与下载过程

FTP 服务采用的是典型的客户机/服务器工作模式。远程提供 FTP 服务的计算机称为 FTP 服务器，通常是 Internet 信息服务提供者的计算机，负责管理一个大的文件仓库。用户本地的计算机称为客户机。文件传输的工作过程如图 6-20 所示。

图 6-20　文件传输工作过程示意图

4. 远程登录服务

远程登录（Telnet）是指在网络通信协议 Telnet 的支持下，用户本地的计算机通过 Internet 连接到某台远程计算机上，使自己的计算机暂时成为远程计算机的一个仿真终端，享用远程主机资源。通过远程登录，用户就可以通过 Internet 访问任何一个远程计算机上的资源，并且可以在本地计算机上对远程计算机进行允许的操作。

远程登录是 TCP/IP 协议提供的应用服务之一，它为用户提供类似仿真终端的功能，支持用户通过仿真终端共享其他主机的资源。被访问的主机可以在同一个校园、同一城市，也可以在世界上任何一个地方。

5. 新闻与公告类服务

Internet 的魅力不仅表现在能为用户提供丰富的信息资源，还表现在能与分布在世界各地的网络用户进行通信，并针对某个话题展开讨论。在 Internet 上讨论的话题涉及工作与生活的各个方面。用户既可以发表自己的意见，也可以领略别人的见解。

新闻与公告类服务包括：网络新闻组（Usenet）、电子公告牌（Bulletin Board System，BBS）、现场实时对话（Internet Relay Chat，IRC）也称为 Internet 闲谈。即时通信（Instant Messenger，IM）是 Internet 上的一项全新应用，它实际上是把日常生活中传呼机（BP 机）的功能搬到了 Internet 上，使得上网的用户把信息告之网络上的其他网友同时也能方便地获取其他网友的上网通知，并且能相互之间发送信息、传送文件甚至是通过视频和语音进行交流，更重要的是，这种信息交流是即时的，如 QQ 通信。

6.4.5 移动互联网的应用

移动通信网与互联网相结合而形成的移动互联网，使得人们可以使用智能手机、PDA（Personal Digital Assistant，个人数字助理）、平板电脑等移动智能终端更加方便地使用互联网提供的多项服务。特别是智能手机的普及，使移动互联网逐渐渗透到人们生活、工作的各个领域。目前移动互联网的应用领域主要包括信息搜索、手机游戏、手机阅读、移动 IM、手机视频、移动定位、手机支付等。

1．移动 IM

即时通信（Instant Messenger，IM）是一种即时发送和接收互联网信息的服务，IM 允许两人或多人使用互联网即时传递文字、文件、语音和视频信息。大部分的 IM 软件提供联系人是否在线和能否与联系人交谈等状态消息，例如深圳腾讯计算机系统有限公司开发的基于 Internet 的即时通信软件 QQ 和 Microsoft 公司的 MSN Messenger 软件。

随着智能手机的普及和国内移动通信网络环境的改善，新一代移动 IM 快速涌入市场。通过 WiFi（Wireless Fidelity，无线相容性认证，一种无线联网技术）或 3G（3rd Generation，第三代数字通信）连网的手机可以用语音或现场视频与好友聊天，并可以随时发送图片。如苹果公司的 iMessage 软件可以使 iPhone 或 iPad 用户相互发送文字、图片、视频、通信录以及位置信息等。

近年来，中国的 IM 发展很快，国内的互联网厂商及移动运营商也纷纷推出自己的 IM 产品。中国移动的飞信（Fetion）不但可以免费从 PC 给手机发短信，而且不受任何限制，能够随时与好友聊天。中国移动的飞聊、中国联通的沃友和中国电信的翼聊等三大移动通信运营商开发的手机即时通信软件可以实现跨运营商、跨操作系统平台的多媒体信息即时传送。

2．手机支付

手机支付是指通过手机对银行卡账户进行支付操作，包括手机话费查询和纳税、银行卡余额查询、银行卡账户信息的变动通知、公共事业费缴纳、彩票投注等。同时，利用二维码技术，可以实现航空订票、电子折扣券、礼品券等增值服务。我们相信，未来的手机将集成公交卡、银行卡、钥匙等功能，为市民出行搭乘交通工具和购物带来极大方便。

3．位置服务

基于位置的服务（Location Based Service，LBS）是通过电信移动运营商的无线通信网络，如全球通（Global System for Mobile Communications，GSM）、码分多址（Code Division Multiple Access，CDMA）手机工作制式，或外部定位方式（如 GPS）获取移动终端用户的位置信息，在地理信息系统（Geographic Information System，GIS）的支持下，为用户提供多项服务，例如急救服务、交通导航、找旅馆等，几乎覆盖了生活中的所有方面。特别是交通导航，即使一个司机到了一个完全陌生的地方，能得到导航系统的即时指引，为用户提供了极大方便。

本章小结

（1）计算机网络是计算机技术与通信技术高度发展、紧密结合的产物，网络技术的进步正在对当前信息产业的发展产生着重要的影响。

（2）网络体系结构（Network Architecture）是为了完成计算机间的协同工作，把计算机间互连的功能划分成具有明确定义的层次，规定了同层次进程通信的协议及相邻层之间的接口服务。网络体系结构是网络各层及其协议的集合，它所研究的是层次结构及其通信规则的约定。

（3）单位（部门）组建的计算机网络是局域网，然后与 Internet 相连。对用户而言，构建局域网所涉及的内容主要有拓扑结构、传输介质、连接方式、计算模式等。

（4）Internet 是一个由各种不同类型和规模、独立运行与管理的计算机网络组成的全球范围的计算机网络，由于其资源共享，使人们跨越时间和空间的限制，快速地获取各种信息。

（5）实现网络通信的关键是 Internet 的 TCP/IP 协议，IP 地址能唯一地确定 Internet 上每台计算机与每个用户的位置。对于用户来说，Internet 地址有两种表示形式：IP 地址和域名。

（6）Internet 是世界范围的信息资源宝库，世界各地的人和组织，在遵循相同协议的前提下，进行通信，使用 Internet 信息资源和各种服务。Internet 提供的主要服务包括信息浏览与搜索、文件的下载与上传、语音与图像通信、电子邮件的接收与发送、BBS 的使用等。

习题六

一、选择题

1. 计算机网络的应用越来越普遍，它的最大好处在于（　　）。
   - A. 节省人力物力
   - B. 扩大存储容量
   - C. 实现资源共享
   - D. 实现信息交互

2. 因特网是（　　）。
   - A. 局域网的简称
   - B. 城域网的简称
   - C. 广域网的简称
   - D. 互联网的简称

3. 因特网上的每台正式入网的计算机用户都有一个唯一的（　　）。
   - A. E-mail
   - B. 协议
   - C. TCP/IP
   - D. IP 地址

4. Internet 上每台主机都分配有一个 32 位的地址，每个地址都由两部分组成，即（　　）。
   - A. 网络号和地区号
   - B. 网络号和主机号
   - C. 国家号和网络号
   - D. 国家和地区号

5. Internet 使用的基本网络协议是（　　）。
   - A. IPX/SPX
   - B. TCP/IP
   - C. NetBEUI
   - D. OSI

6. 启动互联网上某一地址时，浏览器首先显示的那个文档，称为（　　）。
   - A. 主页
   - B. 域名
   - C. 站点
   - D. 网点

7. 电子邮件地址由两部分组成，用@号隔开，其中@号前为（　　）。
   - A. 用户名
   - B. 机器名
   - C. 本机域名
   - D. 密码

8. 表示统一资源定位器的是（　　）。
   - A. HTTP
   - B. WWW
   - C. URL
   - D. HTML

9. Internet 上的搜索引擎是（　　）。
   - A. 应用软件
   - B. 系统软件
   - C. 网络终端
   - D. WWW 服务器

10. 在浏览网页时，若超链接以文字方式表示时，文字通常会带有（　　）。
    - A. 括号
    - B. 下划线
    - C. 引号
    - D. 方框

二、判断题

1. 只有通过局域网接入方式才能与 Internet 连接。　　　　　　　　　　　　　　（　　）

2．61.105.122.258 是正确的 Internet 地址。　　　　　　　　　　（　　）

3．IP 地址中常用的是 A、B、C 类地址。　　　　　　　　　　　（　　）

4．在 Internet 上发送邮件时，要求收信人开机，否则邮件会丢失。　（　　）

5．在本地计算机和远程计算机之间上传和下载文件是网络新闻组的主要功能。（　　）

6．TCP/IP 参考模型是一个七层模型。　　　　　　　　　　　　（　　）

7．计算机网络中除了需要硬件设备外，还需要网络软件。　　　　（　　）

8．WWW 浏览器只能用来浏览网页上的文本。　　　　　　　　（　　）

9．移动互联网实际上就是无线网络。　　　　　　　　　　　　（　　）

10．移动互联网实际上就是新一代 Internet 技术。　　　　　　　（　　）

三、问答题

1．什么是因特网？

2．什么是网络体系结构？

3．什么是网络协议？

4．浏览器/服务器模式有哪些主要特点？

5．简述 WWW 的工作方式。

6．电子邮件应用程序的主要功能是什么？

7．域名结构有什么特点？

8．什么是移动互联网？

9．移动互联网目前主要有哪些服务功能？

10．移动互联网与 Internet 有何区别？

四、讨论题

1．你认为计算机网络发展的趋势主要有哪些方面？

2．你认为计算机网络发展的关键技术是什么？

3．你认为确保信息安全主要有哪些方面？

第7章 计算机信息安全技术应用基础

【**问题引出**】计算机科学技术的飞速发展和计算机网络的广泛应用，促进了社会的进步和繁荣，并为人类社会创造了巨大财富。但是，由于计算机及其网络自身的脆弱性、人为的恶意攻击和破坏，也给人类带来了不可估量的损失。因此，计算机及其网络的信息安全问题已成为重要的研究课题。那么，计算机信息安全涉及哪些内容，具有哪些技术措施，这就是本章所要讨论的问题。

【**教学重点**】计算机安全技术概念、防病毒技术、防黑客技术、防火墙技术、计算机密码技术。

【**教学目标**】通过对本章的学习，掌握计算机安全技术的基本概念；熟悉防病毒技术、防黑客技术、防火墙技术、计算机密码技术。

§7.1 计算机信息安全概述

信息安全是一门涉及计算机科学、网络技术、通信技术、密码技术、应用数学、数论、信息论等多种学科的综合性学科。信息安全的目标是保证信息的机密性、完整性和可用性。

计算机信息安全是指计算机系统和计算机中信息的安全。国际标准化委员会对计算机安全的定义是"为数据处理系统和采取技术的安全防护，保护计算机硬件、软件和数据不因偶然的或恶意的原因而遭到破坏、更改或显露"。所采用的保护方式可分为信息安全技术和计算机网络安全技术，其中：信息安全技术包括操作系统的安全防护，数据库的维护、访问控制和密码技术等；计算机网络安全技术用于防止网络资源的非法泄露、修改和遭受破坏，常用的安全技术有防火墙、数据加密、数字签名、数字水印和身份认证等。每一个计算机用户在使用计算机软件或数据时，应遵照国家有关法律规定，尊重该作品的版权，这是使用计算机的基本道德规范。

7.1.1 计算机安全概念

1. 计算机安全的定义

计算机安全（Computer Security）是随着电子技术、信息采集技术、数据处理技术的飞速发展，在自然科学与社会科学的交叉地带融会了系统科学、思维科学等基本概念而形成的高度综合性学科。国际标准化委员会（ISO）的定义是：<u>计算机安全是为数据处理系统建立和采取的技术和管理的安全保护，保护计算机硬件、软件、数据不因偶然的或恶意的原因而遭破坏、更改、显露</u>。我国公安部计算机管理监察司的定义是：<u>计算机安全是指计算机资产安全，即计算机信息系统资源和信息资源不受自然和人为有害因素的威胁和危害</u>。

2. 计算机安全的主要内容

从上述定义可知，计算机安全的研究范围十分广泛，主要包括以下4个方面的内容。

（1）物理安全（Physical Security）：指系统设施及相关设施，包括各种硬件设备、环境、建筑、电磁辐射、数据媒体、灭火报警等。

（2）软件安全（Software Security）：指软件（包括操作系统软件、数据库管理软件、网络软件、应用软件及相关资料）完整，包括软件开发规程、软件安全测试、软件的修改与复制。

（3）数据安全（Data Security）：指系统拥有和产生的数据或信息完整、有效，使用合法，不被破坏或泄露，包括输入、输出、识别用户、存取控制、加密、审计与追踪、备份与恢复。

（4）运行安全（Operation Security）：系统资源和信息资源使用合法，包括电源、人事、机房管理、出入控制、数据与媒体管理、运行管理。

7.1.2　信息安全威胁

目前，Internet 上存在的对计算机（网络）安全的威胁主要表现在以下 4 个方面。

1. 非授权访问

非授权访问是指在未经同意的情况下使用他人计算机资源，如对网络设备及资源进行非正常使用，擅自扩大权限，越权访问信息等违法操作。

2. 信息泄漏或丢失

信息泄漏或丢失是指重要数据信息有意或无意中被泄漏出去或丢失。例如，信息在传输过程中丢失或泄漏；信息在存储介质中丢失或泄漏；窃取者通过建立隐蔽隧道等方式窃取敏感信息等。

3. 破坏数据完整性

破坏数据完整性是指以非法手段窃得对数据的使用权，删除和更新计算机中某些重要信息，以干扰用户的正常使用。

4. 拒绝服务

拒绝服务是指网络服务系统在受到干扰的情况下正常用户的使用受到影响，甚至使合法用户不能进入计算机网络系统或不能得到相应的服务。

7.1.3　信息安全策略

为了保证 Internet 上的计算机能相对安全地工作，应提供一个特定的环境，即安全保护所必须遵守的规则，也就是计算机安全策略，其内容主要有以下 3 个方面。

1. 威严的法律

社会法律、法规与手段是安全的基石，通过建立与信息安全相关的法律、法规，使非法分子慑于法律，不敢轻举妄动。

2. 先进的技术

先进的安全技术是信息安全的根本保障，用户对需要保护的信息选择相应的安全机制，然后集成先进的安全技术。Internet 上的安全技术有防火墙技术、加密技术、鉴别技术、数字签名技术、审计监控技术和病毒防治技术等。

3. 严格的管理

各网络使用机构、企业和单位都应建立相应的信息安全管理办法，加强内部管理，建立审计和跟踪体系，提高整体信息安全意识。实现信息安全管理的措施有访问控制机制、加密机制、认证交换机制、数字签名机制和路由控制机制等。

7.1.4　信息安全管理

计算机系统的安全管理部门应根据管理原则和该系统处理数据的保密性，制定相应的管理制度或采用相应的规范，具体工作主要包括以下 5 个方面。

1. 确定安全管理等级

（1）根据工作的重要程度，确定该系统的安全等级。

（2）根据确定的安全等级，确定安全管理的范围。

2. 严格的机房管理制度

为了计算机的安全，必须建立严格的机房管理制度，主要体现在以下方面。

（1）做好三防：一是防火，应注意人走灯灭，断开电源；二是防盗，注意关好门窗；三是防泄，计算机处理的数据可能有很大一部分是本单位的机密或是非常重要的原始数据。所以，存放数据的软盘必须由专人管理，而装有数据管理系统的硬盘应该设置口令等保密措施，防止数据丢失或泄密。

（2）分区控制：对有安全要求的系统要实行分区控制，要根据职责分离的原则，限制工作人员出入与己无关的区域。无关人员不许进入机房，并采用证件识别或安装自动识别登记系统，如采用磁卡、身份卡等手段对进入机房的人员进行识别、登记管理。

（3）安全教育：加强对机房工作人员的安全教育，不断提高计算机操作人员的技术水平和职业道德，以防人为的破坏。特别要禁止玩电子游戏，因为很多病毒就是由电子游戏软件引入的。对日夜有人上机的机房，要有严格的交接班制度，并作好机器运行的有关详细记录。

3. 严格的操作规程

严格遵守计算机的操作规程。开机时，先开显示器，后开主机；关机时，先关主机，后关显示器。不能带电操作。在开机状态下不要随意插拔各种接口卡、部件和外设电缆。

4. 完备的系统维护制度

对系统进行维护时，应采取数据保护措施，如数据备份等。维护时首先要经主管部门批准，并有安全管理人员在场，故障的原因、维护内容和维护前后的情况都要详细记录。

5. 行之有效的应急措施

要制定系统在发生故障的情况下，如何尽快恢复的应急措施，使损失减至最小。建立人员雇用和解聘制度，对工作调动和离职人员要及时调整相应的授权。

7.1.5　信息安全的法律法规

随着新经济时代的来临，整个世界都在发生着深刻而迅捷的变化。由互联网所带来的这场社会变革，以超乎想象的威力和速度冲击着社会的各个层面，不仅改变了人们生活、工作的各个方面，也产生出许多现实世界中不曾预料的矛盾与纠纷，网络黑客、网上侵权、域名的抢注、商业秘密、个人隐私等，都向司法工作提出挑战，亟待法律进一步去规范和解释。网络社会需要进一步的法律规范，要求人们了解与此相关的法律知识，遵守相关的法律法规。

1. 信息产业的规范管理

为了约束人们使用计算机以及在计算机网络上的行为，我国制定了相应的法律法规。例如我国公安部于 1997 年 12 月颁布的《计算机信息网络国际联网安全保护管理办法》中规定，任何单位和个人不得利用国际互联网危害国家安全、泄露国家秘密，不得侵犯国家、社会和集体的利益以及公民的合法权益，不得从事违法犯罪活动。相应的法规还有《中华人民共和国计算机信息系统安全保护条例》、《中华人民共和国计算机信息网络国际联网管理暂行规定及实施办法》、《中国公众多媒体通信管理办法》、《中华人民共和国计算机信息系统安全申报注册管理办法》等。

随着国家相关产业政策措施的颁布与实施，为中国 IT 产业的顺利发展创造有利的宏观环境，2000 年 4 月，信息产业部签发了"中华人民共和国信息产业部令第 1 号令"，颁布了《电信网码号资源管理暂行办法》，随后又颁布了《互联网电子公告服务管理规定》、《互联网信息服务管理办法》和《中华人民共和国电信条例》等相关产业政策。这些管理规范的制定、颁布与实施，为加速我国 IT 产业迈向国际标准化的步伐，维护国家利益，扶持和保护地方 IT 产业的健康发展提供了有力的法律保障。

2．知识产权保护

知识产权是指人类通过创造性的智力劳动而获得的一项智力性财产权。因此，知识产权也称为"智力成果权"、"智慧财产权"，它是人类通过创造性的智力劳动而获得的一项权利。按照国际惯例，知识产权的框架如图7-1所示。

随着科技产业的兴起，知识经济已成为推动经济发展的主导力量，知识产权也得到了人们更多的关注，越来越多的国家将知识产权保护提升为国家发展战略。我国已加入世界知识产权组织，先后颁布施行了商标法、专利法、民法通则、著作权法、反不正当竞争法等，中国知识产权保护法律体系正在逐步建立。

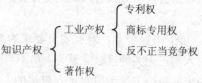

图7-1　知识产权的法律框架

计算机软件以及发布在计算机网络上的各类文化、艺术作品都在知识产权的保护范围内。我国在1990年9月颁布了《中华人民共和国著作权法》，把计算机软件列为享有著作权保护的作品；1991年6月国家颁布了《计算机软件保护条例》，规定计算机软件是个人或团体的智力产品，同专利和著作一样受到法律的保护，任何未经授权的使用和复制都是非法的，按规定要受到法律的制裁；2000年11月1日颁布了《中文域名注册管理办法（试行）》，保证和促进了中文域名的健康发展，规范了中文域名的注册和管理；2002年1月1日施行了新的《计算机软件保护条例》，进一步规范了软件著作权，对软件著作权人的权利限制更加合理，明确规定了侵犯软件著作权的法律责任。相关法律法规的具体内容可以浏览中国网：http://www.china.org.cn/chiness/index.htm。

3．关于盗版

关于反盗版，我国政府和企业至今仍没有很好的解决方法，但绝不是说可以容忍盗版。中国目前已成为世界上盗版率最高的两个国家之一，盗版使用率高达91%，成为阻碍我国软件产业发展和影响社会安定的一大隐患。我国政府也意识到盗版问题的严重性，加强对盗版的打击力度，同时更加强调使用正版的重要性。为了促进正版软件市场的发展，打击盗版软件，整顿和规范软件市场秩序，近几年来，我国政府出台了一系列政策措施。

4．学生的安全法规意识

作为信息时代的大学生，应该懂得专利权的主要形式、专利保护的方法以及触犯专利时受到的惩罚，重视以这些权益为基础的道德价值。大学毕业后，既是知识分子队伍中的生力军，又是知识产权法律关系的当事人，如果从事计算机软件设计的学生不知道计算机软件保护法律，不知道专利和商业秘密为何物，不懂得著作权的法律保护，那么，在走上工作岗位后就很难规范自己的行为，也不会懂得如何用知识产权保护自己。因此，在使用计算机软件或数据时，应遵照国家有关法律规定，尊重其作品的版权。在学习专业知识的同时，不能忽略个人素质的养成，要遵守国家的法律制度，牢记职业道德准则，才能成长为计算机领域中的精英。

§7.2　防病毒技术

"病毒"这个名词来源于生物界，计算机病毒（Computer Virus）最早是由美国计算机专家F.Cohen博士提出来的。自1987年在计算机系统中发现世界上第一例计算机病毒（Brain）以来，至今全世界发现了数以千计的计算机病毒，并已成为现代高新技术的一大"公害"。计算机病毒的出现，立即引起了全世界的注意，并且在 1992 年被评为计算机世界的十大新闻之一。由于计算机病毒直接威胁着计算机应用的安全性和可靠性，所以对普通用户来说无不心存畏惧。特别是随着计算机网络的普及应用，计算机病毒造成的危害更大。据国外统计，计算机病毒以每周 10 种的速度递增，另据我国公安部统计，国内以月 4 至 6 种的速度递增。因此，计算机病毒的防护已成为当前计算机用户关心的重大问题。掌握计算机病毒知识，增强安全防范意识和技术手段是非常重要的。

7.2.1 病毒的定义与机理

1. 病毒的定义

什么是计算机病毒，目前还没有一个令大家普遍接受的定义，但根据生物界（在医学上）对病毒的概念，即病毒的主要特征是传染性和危害性，所以目前对计算机病毒的定义一般也是围绕着这两个特征来加以叙述的。著名计算机专家 Neil shapiro 认为：计算机病毒是一种自身繁殖的程序，它能感染系统文件，并把自身传播到其他磁盘。

1994 年 2 月 28 日，我国正式颁布实施了《中华人民共和国计算机信息系统安全保护条例》第 28 条中明确提出：<u>"计算机病毒是指编制或者在计算机程序中插入的破坏计算机功能或数据，影响计算机使用并能够自我复制的一组计算机指令或者程序代码"</u>。

这个定义是国内对计算机病毒的权威定义，具有法律性。该定义明确表明了计算机病毒的破坏性和传染性是最重要的两大特征。由于计算机病毒具有传染特性，因此它可以随着信息流不断地传播、破坏信息的完整性和准确性。

2. 病毒的机理

计算机病毒与微生物几乎具有完全相同的特征，所不同的是计算机病毒不是微生物，而是一段可执行的程序或一种指令的集合，其传染是靠修改其他程序并把自身复制或嵌入到其他程序来实现的，传播的载体是磁性介质的软盘或硬盘；生物病毒的传染是利用生物之间的直接接触，并通过一定的媒介在生物体间进行传播的。

计算机病毒的工作过程一般经过六个环节，即病毒源、传染媒介、激活、注入内存、触发和表现。计算机病毒程序中各子模块的工作原理如图 7-2 所示。

图 7-2 计算机病毒工作原理示意图

病毒在传染过程中具有不断再生、繁殖的功能。病毒源的传染对象依附于某些存储介质，传播媒介大都是通过可移动的存储介质（如 U 盘）或计算机网络；触发和激活是将病毒装入内存并设置触发条件，触发条件成熟，病毒自我复制到传染对象中去。触发和激活可能是同一过程，即病毒一旦激活就立即发生作用，并以各种形式表现出来。感染病毒的症状为：机器经常无法正常启动或反复启动；经常出现内存空间不足或硬盘空间不够；机器经常出现错误信息、程序工作异常；破坏系统数据文件等。

7.2.2 病毒的特征与特点

1. 病毒的特征

计算机病毒与微生物几乎具有完全相同的特征，计算机病毒与微生物病毒不同的是，它不是天然存在的，而是人为制造的，即针对计算机软、硬件固有的缺陷，对计算机系统进行破坏的程序。正确全面认识计算机的病毒的特征，有助于反病毒技术的研究。根据计算机病毒的来源、定义、表现形式和破坏行为进行分析，可以抽象出病毒所具有的一般特征。

（1）传染性：是指计算机病毒具有再生机制，即能进行自我复制，并把复制的病毒附加到无病毒的程序中，或者去替换磁盘引导区的记录，使得附加了病毒的程序或磁盘变成新的病毒源。这种新的病毒源又能进行病毒的自我复制，重复原先的传染过程。这样一来，病毒通过软硬盘或网络媒介很快传播到整个计算机或网络系统。

（2）潜伏性：计算机病毒传染程序和破坏程序的执行都有其不同的触发条件。计算机病毒可以隐藏在某个程序或磁盘的某个扇区中，直到条件成立时再进行传染和破坏，这就是病毒的潜伏性。一个编制巧妙的病毒程序可在几周或几个月内进行传播和再生而不被发觉。

（3）隐蔽性：是指一般用户难以发现病毒冒充引导记录或者夹在可执行文件中进入内存，修改已设置的中断向量，传染磁盘和可执行文件，对系统实施破坏这一系列过程。在病毒发作前不易发现，一旦发作，可能系统的各方面都已受到病毒感染。

（4）激活性：计算机病毒一般都有一定的激活条件，例如某个特定的时间或日期、某种特定用户的识别符的出现、某个特定文件的出现或使用、某个特定文件使用的次数等。计算机病毒具有自身判断其激活条件的能力。

（5）破坏性：绝大多数计算机病毒都具有破坏性，只是破坏的对象和破坏的程度不同而已，轻则干扰计算机系统的正常工作，重则能破坏计算机系统中的部分或全部数据甚至系统资源，并使其无法恢复，给计算机用户造成灾难性甚至是无法弥补的损失。

由此可见，计算机病毒与微生物几乎具有完全相同的特征，所不同的是计算机病毒不是微生物，而是一段可执行的程序或一种指令的集合，其传染是靠修改其他程序并把自身复制或嵌入到其他程序来实现的，传播的载体是磁性介质的软盘或硬盘；生物病毒的传染是利用生物之间的直接接触，并通过一定的媒介在生物体间进行传播的。

2. 病毒的特点

计算机病毒与微生物具有相似的特征，同时，计算机病毒又有其自身的特点。

（1）感染方式多：病毒入侵主要有两条传播途径：一是通过传输媒介，如硬盘、光盘、U盘等；二是通过网络，通过工作站传播到服务器硬盘，再由服务器的共享目录传播到其他工作站。

（2）感染速度快：在单机上，病毒只能通过磁盘、光盘等从一台计算机传播到另一台计算机；在网络中，病毒可通过网络通信机制迅速扩散。由于病毒在网络中感染速度非常快，故其扩展范围很大，不但能迅速感染局域网所有计算机，还能通过远程工作站将病毒在瞬间传播到千里之外。

（3）清除难度大：在单机上，再顽固的病毒也可通过删除带病毒文件，低级格式化硬盘等措施将病毒清除，而网络中只要一台工作站未能完全消毒就可使整个网络全部被病毒重新感染，甚至刚刚完成消毒的一台工作站也可能很快又被网上另一台工作站的带病毒程序感染。

（4）破坏性强：网络上的病毒将直接影响网络的工作状况，轻则降低速度，影响工作效率，重则造成网络系统瘫痪，破坏服务系统的资源，使多年工作成果毁于一旦。

（5）激发形式多样：激发可以是内部时钟、系统日期和用户名，也可以是网络的一次通信等。病毒程序可以按照设计者的要求，在某个工作站上激活并发出攻击。

计算机网络的迅速发展和广泛应用给病毒增加了新的传播途径，即带来了两种不同的安全威胁：一种是来自文件下载，这些被浏览的或是通过 FTP 下载的文件中可能存在的病毒；另一种是来自电子邮件，感染了病毒的文件可能通过邮件服务器进入网络。一旦共享资源染上病毒，网络各节点间信息的频繁传输将把病毒感染到共享的所有机器上，从而形成多种共享资源的交叉感染。网络病毒的传播、再生、发作将造成比单机病毒更大的危害。

7.2.3　病毒的类型与症状

1. 病毒的类型

随着计算机的广泛应用，病毒的种类繁多。如果从病毒机理分类，可分为引导性病毒、文件性病毒、宏病毒等。

（1）引导性病毒：是病毒隐藏在硬盘或软盘的引导区，当计算机从感染了病毒的磁盘启动时，磁盘中的病毒便随即拷贝到计算机内存中，并马上感染其他磁盘的引导区，或通过网络传播到其他计算机上。

（2）文件性病毒：主要感染可执行文件，通过对他们的编码加密或其他技术隐藏自己。文件性病毒劫夺用来启动主程序的可执行命令，并用它自身的运行命令伪装计算机系统正常。

（3）宏病毒：是一种寄存在文档或模板的宏中的计算机病毒，一旦打开含有宏的文档，便立即激发宏病毒，并转移到计算机上，并驻留在 Normal 模板中。从此以后，所有自动保存的文档都会感染上这种宏病毒，如果其他用户打开感染了宏病毒的文档，宏病毒会转移到该计算机上。

由于网络的广泛应用，近年来网络病毒更为严重，常见的网络病毒类型如下。

（1）GPI（Get Password I）病毒：是由欧美地区兴起的专攻网络的一类病毒，是"耶路撒冷"病毒的变种，并且被特别改写成专门突破 Novell 网络系统安全的病毒。GPI 病毒被执行后，就停留在系统内存中。它不像一般病毒通过中断向量去感染其他电脑，而是一直等到 Novell 操作系统的常驻程序（IP 与 NETX）被启动后，再利用中断向量（INT 21H）的功能进行感染动作。

（2）电子邮件病毒：由于电子邮件的广泛使用，E-mail 已成为病毒传播的主要途径之一。有毒的通常不是邮件本身，而是其附件，例如扩展名为.EXE 的可执行工作，或者是 Word、Excel 等可携带宏程序的文档。

（3）网页病毒：主要指 Java 及 ActiveX 病毒，它们大部分都保存在网页中，所以网页也会感染病毒。对这种类型的病毒而言，当用户浏览含有病毒程序的网页时，并不会受到感染，但如果用户将网页存储到磁盘中，使用浏览器浏览这些网页时就有可能受到感染。

（4）网络蠕虫程序：是一种通过间接方式复制自身的非感染型病毒。有些网络蠕虫拦截 E-mail 系统向世界各地发送自己的复制品；有些则出现在高速下载站点中同时使用多种方法与其他技术传播自身。它的传播速度相当惊人，成千上万的病毒感染将造成众多邮件服务器先后崩溃，给人们带来难以弥补的损失。

（5）"特洛伊木马（Trojan Horse）"程序：是指伪装成合法软件的非感染型病毒，驻留在计算机里，随着计算机的启动而启动。木马程序的工作方式通常是在某一端口进行侦听，试图窃取用户名和密码的登录窗口或试图从众多的 Internet 服务器提供商盗窃用户的注册信息和账号信息。如果从该端口收到数据，就对这些数据进行识别，再按识别后的命令在计算机上执行一些操作。比如窃取口令、复制或删除文件或重新启动计算机等，其主要危害是泄露用户资料、破坏或摧毁整个系统。

从严格意义上来说，"木马"程序并不能作为计算机病毒，但是由于其危害性和隐蔽性与计算机病毒类似，所以也将其作为计算机病毒的一个新的种类。

特洛伊木马的主要特点是隐蔽性和功能特殊性。木马软件的服务器端在运行时采用各种手段隐藏自己，它会通过修改注册表和.ini 文件以便计算机在下一次启动后仍能加载木马程序。木马程序的特殊功能表现在除具有普通文件的操作功能外，还具有搜索口令、设置口令、记录键盘、操作远程注册表以及颠倒屏幕、锁定鼠标等功能。

2．病毒的症状

各种不同的病毒，在其感染后都会危害（破坏）系统的正常运行。实践经验表明，一旦系统感染病毒后都有一定的症状，通常会出现以下异常现象：

（1）屏幕上显示的异常现象：显示出一些莫名其妙的提示信息、特殊字符、不正常的画面或彩色光斑。

（2）系统运行时的异常现象：机器不能引导启动，有时还显示与系统引导无关的信息。

（3）存储容量发生异常现象：存储容量异常地减少，使正常的数据或文件不能存储。

（4）打印机工作的异常现象：打印机速度减慢、打印异常字符或发生锁机现象。

以上这些基本现象，是判断计算机病毒的基本条件和依据。概括地讲，计算机病毒被放在磁盘的引导扇区（引导型病毒）和可执行文件的后面（文件型病毒），同时，病毒程序动态驻留内存的最高端且被置保护。通常，一旦机器染上病毒，其运行速度可能会降低、文件长度会加长、磁盘数据可能被修改或者被破坏、屏幕上可能出现一些非法画面。在使用计算机时若出现上述现象，可以初步确认是计算机染上了病毒。这时应马上关机，然后用一个确认没有病毒的系统盘重新引导系统，以便在正常（没有病毒）情况下检测和清除机器中的病毒。

7.2.4　病毒的预防与整治

不论何种病毒，轻则对计算机系统的运行带来这样或那样的干扰，重则破坏或影响系统的正常运行，特别是通过网络传播的病毒，能在很短的时间内使整个计算机网络处于瘫痪状态，从而造成巨大的损失。因此，预防病毒的入侵、阻止病毒的传播和及时地清除病毒，是一项非常重要的工作。

1．病毒的预防

计算机病毒的预防工作是一个系统工程。从宏观上讲，从政府到个人，要求全社会努力配合；从微观上讲，要求计算机相关人员具有良好的职业道德和良好的使用习惯；就方法而言，预防计算机病毒大致可归纳为以下几个方面：

（1）从管理上作好预防：一是加强对软、硬磁盘的管理，以尽可能地不使病毒传染；二是要对机器中的有关信息采取一定的防护措施，以使机器遭到病毒破坏后，能迅速恢复正常工作，而且把病毒破坏造成的损失降低到最低限度。

（2）从技术上作好预防：所谓从技术上作好预防，就是根据常见病毒的特点采用一些技术措施，以避免某些病毒入侵。

2．病毒的整治

自从计算机病毒的出现，人们不断地研制各种预防、检测和清除病毒的工具软件，我国研制的这类工具软件有 360 安全卫士、瑞星杀毒软件、金山毒霸等。其中，360 安全卫士是国内最受欢迎的免费安全软件，它具有查杀卡巴斯基病毒、流行木马、清理系统插件、管理应用软件、系统实时保护、修复系统漏洞等多项强劲功能。同时，还提供系统诊断、系统还原等辅助功能。

如果怀疑或已发现计算机染上了病毒，就要及时地检测与清除，确定病毒的性质或类型及其所在的文件和磁盘，以便从"根源"上清除病毒。因此，病毒的检测与清除通常是紧密相连的。一般地说，只要能够检查出是何种类型的病毒，就能消去该病毒。

随着计算机及其网络的普及和广泛应用，病毒的种类越来越多，其危害性越来越大。相应地，计算机信息的安全意识、防护措施也越来越强。

【提示】很多用户对病毒防范认识不清，以为病毒工具软件或防护卡是万能的，即使计算机染上了病毒，杀一杀病毒就是了。其实，这是一种完全错误的认识。病毒工具是根据现有病毒的特征研制出来的，所以它不可能检测到所有（最新产生的或不知名的）病毒。即使是检测到的病毒，也并不是所有的病毒都能被彻底清除。例如入侵型病毒就比较难以清除，需对磁盘低级格式化才能达到彻底清除的目的。有的病毒一旦被染上，它会破坏磁盘上的所有信息。这样的病毒，当你发现时已为时过晚，许多有用的信息还没等到你备份就已经没有了。有些病毒不仅破坏文件和数据信息，而且会使系统瘫痪。例如 CIH 病毒，它会破坏有关电路的芯片，致使系统遭到类似于毁灭性的破坏。若要做到万无一失，对付计算机病毒的最好方法还是要积极地做好预防工作，千万不要抱着侥幸的心理和完全寄托于病毒工具的心理。

§7.3 防黑客技术

7.3.1 计算机黑客的概念

1. 什么是黑客

提起计算机"黑客（Hacker）"，人们总是感到那么神秘莫测。"黑客"是英文 hacker 的音译，意思是"干了一件漂亮的事"。一般认为黑客起源于 20 世纪 50 年代麻省理工学院的实验室，最初是指热心于计算机技术、水平高超的计算机专家，通常是程序设计人员。他们非常精通计算机软硬件知识、对操作系统和编程语言有深刻的认识，善于探索计算机操作系统的奥秘，发现系统的漏洞所在。他们崇尚自由，反对信息垄断，倡导信息共享，公开他们的发现并与其他人共享。他们遵从的信念是：计算机是大众的工具，信息属于每个人，源代码应当共享，编码是艺术，计算机是有生命的。

2. 黑客的分类

今天，一提到黑客，人们常常自然而然地把黑客与计算机病毒制造者划等号。其实不然，黑客也有好坏之分。一类黑客是协助人们研究系统安全性，出于改进的愿望，在微观的层次上考察系统，发现软件漏洞和逻辑缺陷，编程检查软件的完整性和远程机器的安全体系，而没有任何破坏系统和数据的企图。这类黑客是计算机网络的"捍卫者"。

另一类黑客是专门窥探他人隐私、任意篡改数据、进行网上诈骗活动的，他们是计算机网络的"入侵者（或称攻击者）"。这类入侵者怀着不良企图闯入远程计算机系统甚至破坏远程计算机系统完整性，他们利用获得的非法访问权经常偷偷地、未经允许地侵入政府、企业或他人的计算机系统，破坏重要数据，拒绝合法用户的服务请求，窥视他人的隐私等。因此，入侵者的行为是恶意的。

由于有些黑客既是"捍卫者"，也是"入侵者"，因而在大多数人的眼里黑客就是入侵者，他们已成为人们眼中"计算机网络捣乱分子和网络犯罪分子"的代名词。当然，我们通常所讨论的黑客，也都是指的"入侵者"而不是指的"捍卫者"。

3. 黑客的产生

黑客的产生和变迁与计算机技术的发展紧密相关。黑客起源于 20 世纪 50 年代麻省理工学院的实验室，黑客（Hacker）一词是早期麻省理工学院的校园俚语，是手法巧妙、技术高明的"恶作剧"之意。20 世纪六七十年代，"黑客"一词极富褒义，用于指代那些独立思考、奉公守法的计算机迷，他们精力充沛，智力超群，热衷于解决难题。在日本《新黑客词典》中，黑客定义为"喜欢探索软件程序奥秘，并从中增长了其个人才干的人。他们不像绝大多数计算机使用者那样，只规规矩矩地了解别人指定了解的狭小部分知识。"因此，从事黑客活动意味着对计算机的最大潜力进行智力上的自由探索，他们倡导了现行计算机开放式体系结构，打破了以往计算机技术只掌握在少数人手中的局面。现在黑客使用的侵入计算机系统的基本技巧，例如破解口令（password cracking）、开天窗（trapdoor）、走后门（backdoor）、安放特洛伊木马（Trojan horse）等，都是在那个时期实现的。计算机业的许多巨子都有从事"黑客"活动的经历，如苹果公司创始人之一乔布斯就是一个典型的例子。

4．黑客的行为

黑客在网络上自由驰骋，他们喜欢不受束缚，挑战任何技术制约和人为限制。认为所有的信息都应当是免费的和公开的，黑客行为的核心是要突破对信息本身所加的限制。从事黑客活动，意味着尽可能地使计算机的使用和信息的获得成为免费和公开的，坚信完美的程序将解放人类的头脑和精神。其次，黑客现象在某种程度上也包含了反传统、反权威、反集权的精神，共享是黑客的原则之一。但是，对那些危害社会，将注意力放在各种私有化机密信息数据库上的黑客行为也不能放任不管，必须利用法律等手段来进行控制和大力的打击。

7.3.2　计算机黑客的入侵

1．黑客怎样进入用户计算机

要想使自己的计算机安全，就要扎好自己的篱笆，看好自己的门，计算机也有自己的门。如果把互联网比作公路网，计算机就是路边的房屋，每个房屋都有门供用户进出。黑客是通过什么途径进入到用户计算机中的呢？黑客是通过特洛伊木马软件进入用户计算机中的。用户上网如果不小心运行了特洛伊木马程序，用户计算机的某个端口就会开放，黑客就可通过这个端口进入用户的计算机。例如，有一种名为 netspy.exe（特洛伊木马）的典型的木马软件，当用户不小心运行了它后，就被 Windows 记住了，以后每次启动计算机时都要运行它，同时 netspy.exe 会在用户的计算机上开一"端口"，端口的编号是 7306，黑客便可通过该端口偷偷进入到用户计算机中。特洛伊木马软件本身就是为了入侵个人计算机而编写的，它藏在计算机中，工作时很隐蔽，它的运行和黑客的入侵不会在计算机屏幕上显示出任何痕迹。由于 Windows 本身没有监视网络功能，不借助软件，很难发现特洛伊木马的存在和黑客的入侵。

2．黑客攻击的步骤

黑客攻击总是先分析目标系统正在运行哪些应用程序，目前可以获取哪得权限，有哪些漏洞可以加以利用，并最终利用这些漏洞获取超级用户权限，以达到他们攻击的目的。为了实现攻击目标，通常采用以下三个步骤。

（1）收集信息：为了进入所要攻击的目标网络的数据库，黑客会利用公开协议或工具，收集驻留在网络系统中各个主机系统的相关信息。能为黑客入侵提供帮助的协议或程序有：

① SNMP 协议。查阅网络系统路由表，以了解目标主机所在网络的拓扑结构与内部细节。

② TraceRoute 程序。通过该程序能够获得到达目标主机所要经过的网络数和路由器数。

③ Whois 协议。该协议的服务信息能提供所有有关的 DNS 域和相关的管理参数。

④ DNS 服务器。提供了系统中可以访问的主机的 IP 地址表和它们所对应的主机名。

⑤ Finger 协议。用来获取一个指定主机上所有用户有关注册和是否读邮件的详细信息。

⑥ Ping 实用程序。用来确定一个指定主机的位置。

⑦ Wardialing 软件。向目标站点拨出大批电话号码，遇到正确号码后使其 Modem 响应。

（2）探测弱点：当收集到相关信息后，黑客就会探测网络上的每台主机，以寻求该系统的安全漏洞或安全弱点，从而可能使用下列方式自动扫描驻留在网络上的主机。

① 根据发现的"补丁"程序的接口后编写程序，通过该接口进入目标系统，实施攻击。

② 利用电子安全扫描程序（Internet Security Scanner，ISS）、审计网络安全分析工具（Security Analysis Tool for Auditing Network，SATAN）等对网络扫描，以寻找安全漏洞。

（3）网络攻击：黑客使用上述方法收集或探测到一些有用的信息后，就可能会对目标系统实施攻击。如读取邮件、搜索和窃取私人文件、毁坏重要数据、破坏整个系统数据等。

3. 黑客入侵后的特征

黑客入侵用户的计算机后总会有某种动作，这样就会留下蛛丝马迹，用户就可以发现它的存在。一般来说，计算机上网时有以下特征：

- 发现有非法的端口打开，并有人连接用户。
- 计算机有时突然死机，然后又重新启动（黑客控制了用户程序）。
- 在没有执行操作时，计算机仍在读写硬盘，或者系统对软驱进行搜索（黑客在读写硬盘和查找信息）。
- 没有运行程序时，计算机速度却非常慢，或者在"我的计算机"中看到的"系统资源"低于 60%（正常 90%以上）。
- 关闭所有的上网软件，发现调制解调器仍闪烁不停（说明数据仍在传递）。
- 系统发生了一些不正常的改变。
- 一个用户大量地进行网络活动或者其他一些不正常的网络操作。
- 计算机上的某个用户在极短的时间多次登录。

7.3.3　计算机黑客的预防

1. 加强防范意识

① 不要轻易运行来历不明和从网上下载的软件，即使通过了一般反病毒软件的检查也不要轻易运行。

② 保持警惕性，不要轻信熟人发来的 E-mail 没有黑客程序，如 Happy 99 就会自动加在 E-mail 附件当中。

③ 不要在聊天室内公开自己的 E-mail 地址，对来历不明的 E-mail 应立即清除。

④ 不要随便下载软件（特别是不可靠的 FTP 站点）。

⑤ 不要将重要口令和资料存放在上网的计算机里。

2. 设置安全口令

通过获取口令对系统进行攻击，是多数黑客常用的方法。所以，攻击者进入系统时首先是寻找系统是否存在没有口令的户头，其次是试探系统是否有容易猜出的口令，继而用大量的词来尝试，看是否可以登录。因此，设置安全可靠的口令是预防系统免遭攻击的重要措施。

（1）安全口令：是指那些难以猜测的口令，例如同时有大小写字符、大小写数字、标点符号、控制字符、空格等。而不要使用计算机名、键盘上的词、用户名、软件名、电话号码、执照号码、用户生日、地址名称等。

（2）保密口令：为了保持口令的安全性，通常应注意以下事项：

- 不要将口令写下来或告诉其他人，口令不能共用；
- 不要在不同系统上使用同一口令；
- 不要让别人看见自己输入的口令；
- 不要选取显而易见的信息作为口令；
- 不要将口令存于终端功能键或调制解调器的字符串存储器中。

（3）检查口令：黑客进入系统需要获得口令，而存放口令的文件往往是攻击者首先寻找的目标。使用"口令破译者"一类的工具，可以得到加密口令的明文。因此，系统管理员应定期检查系统是否存在无口令的用户，定期运行口令破译程序，以检查系统中是否存在弱口令（容易猜测、试出或破译的口令）。

（4）更新口令：减少口令危险的最有效方法是不用常规口令，而是不断更新口令设置，使用一次性口令。更新的办法是在系统中安装产生新口令的软件或硬件，由打印机输出口令列表。每次登录使用完一个口令，就将它从列表中删除。一次性口令系统比传统方式能提供令人惊奇的安全性能，但因为需要安装特殊的程序或硬件，所以一般用户很少使用这一方法。

3. 黑客监视器软件

这里简要介绍端口监视器软件 Nuke Nabber 和线程监视器软件 Tcpview.exe 的基本功能。

（1）端口监视器软件 Nuke Nabber：当运行端口监视软件 Nuke Nabber 监视 7306 端口后，如果有人接触这个端口，计算机就马上报警。此时，就可看到黑客在做什么，是哪个 IP 地址上的黑客。然后，就可以有目标地反过来攻击黑客了。用 Nuke Nabber 监视 139 端口的情况可以防止他人用 IP 炸弹炸你。另外，如果 Nuke Nabber 告之不能监视 7306 端口，则说明该端口已被占用，即表明用户计算机中已存在 netspy.exe 了。

（2）线程监视器软件 Tcpview.exe：可用来查看有多少端口是开放的，谁在和自己通信，可分别查阅对方的 IP 地址和端口。

§7.4　防火墙技术

7.4.1　防火墙的概念

1. 什么是防火墙

防火墙（Firewall）源于古时候人们常在寓所之间砌起一道砖墙，一旦火灾发生，它能够防止火势蔓延到别的寓所的一项安全措施。在当今信息网络时代，如果一个网络接到了 Internet 上，它的用户就可以访问外部世界并与之通信。但同时，外部世界也同样可以访问该网络并与之交互。为了防止病毒传播和黑客攻击，可以在该网络和 Internet 之间插入一个中介系统，竖起一道安全屏障。这道屏障的作用是阻断来自外部通过网络对本网络的威胁和入侵，提供扼守本网络的安全和审计的唯一关卡，它的作用与古时候的防火砖墙有类似之处，因此人们把这个屏障就叫做"防火墙"。防火墙的逻辑结构如图 7-2 所示。

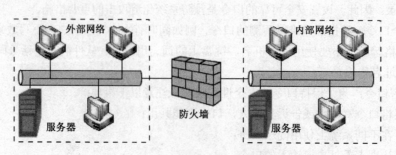

图 7-2　防火墙的逻辑结构示意图

由此可见，<u>防火墙是一种用来加强网络之间访问控制的特殊网络互联设备</u>，如路由器、网关等。

它对两个或多个网络之间传输的数据包和链接方式按照一定的安全策略进行检查，以此决定网络之间的通信是否被允许。它能有效地控制内部网络与外部网络之间的访问及数据传送，从而达到保护内部网络的信息不受外部非授权用户的访问和过滤不良信息的目的。

2. 防火墙的基本特性

可以把防火墙看成是安装在两个网络之间的一道栅栏，所以它应具有以下 3 方面的特性：

① 所有在内部网络和外部网络之间传输的数据必须通过防火墙；

② 只有被授权的合法数据即防火墙系统中安全策略允许的数据可以通过防火墙；

③ 防火墙本身不受各种攻击的影响。

3. 防火墙的基本准则

所谓防火墙的基本准则，实际上就是设计防火墙的基本原则和应该实现的基本功能。

（1）过滤不安全服务：基于这个准则，防火墙应封锁所有信息流，然后对安全服务逐项开放，把不安全的服务或可能有安全隐患的服务一律扼杀在萌芽之中。这是一种非常有效而实用的方法，可以形成十分安全的环境，因为只有经过仔细挑选的服务才能允许被用户使用。

（2）过滤非法用户和访问特殊站点：基于这个准则，防火墙应先允许所有的用户和站点对内部网络进行访问，然后网络管理员按照 IP 地址对未授权的用户或不信任的站点进行逐项屏蔽。这种方法构成了一种更为灵活的应用环境，网络管理员可以针对不同的服务面向不同的用户开放，也就是能自由地设置各个用户的不同访问权限。

7.4.2　防火墙的作用

防火墙之所以能成为实现网络安全策略的最有效的工具之一，并被广泛应用到因特网上，是因为防火墙具有以下几个方面的作用。

1. 保护那些易受攻击的服务

防火墙负责保护因特网和内部网络之间的访问，是网络的安全屏障。没有防火墙时，内部网络的上每个结点都暴露给因特网上的其他主机，因此极易受到攻击。这时内部网络的安全性要由每一个主机的坚固程度来决定，并且安全性等同于其中最弱的系统。由于防火墙能过滤不安全的服务，禁止诸如不安全的 NFS 协议进出受保护网络。这样，外部的攻击者就不可能利用这些脆弱的协议来攻击内部网络，因而降低了受到非法攻击的风险性。

2. 可以强化网络安全策略

防火墙不仅允许网络管理员定义一个中心"扼制点"来防止非法用户（如黑客、网络破坏者等进入网络内部），而且能控制对特殊点的访问。通常在内部网络中只有 Mail 服务器、FTP 服务器和 WWW 服务器能被外部用户访问，其他访问则被主机禁止。通过以防火墙为中心的安全方案配置，能将所有口令、加密、身份认证、审计等安全软件配置在防火墙上。这种集中式的管理不但有利于安全系统的维护，而且集中安全管理比将网络安全问题分散到各个主机上相比更经济。例如在网络访问时，一次一密口令系统和其他的数字认证系统完全可以不必分散在各个主机上，而全部集中在防火墙上。

3. 对网络存取和访问进行监控审计

所有的访问都经过防火墙后，记录下来的这些访问信息就作为日志记录记载了，同时也就能为网络使用情况提供统计数据。当发生可疑动作时，防火墙能进行适当的报警，并提供网络是否受到监测和攻击的详细信息。网络需求分析和威胁分析的统计对用户而言也是非常重要的。这样，用户可以清楚防火墙是否能够抵挡攻击者的探测和攻击，并且清楚防火墙的控制是否充足。

4. 防止内部信息的外泄

通过利用防火墙对内部网络的划分，可实现内部网重点网段的隔离，从而限制了局部重点或敏感网络安全问题对全局网络造成的影响。另外，隐私是内部网络非常关心的问题，一个内部网络中不引人注意的细节可能包含了有关安全的线索而引起外部攻击者的兴趣，甚至因此而暴露了内部网络的某些安全漏洞。使用防火墙就可以隐蔽那些透漏内部细节，阻塞有关内部网络中的 DNS 信息，这样一台主机的域名和 IP 地址就不会被外界所了解。

5. 缓和地址空间的不足

过去，因特网曾经历了地址空间危机，它造成注册的 IP 地址没有足够的地址资源，因而使得一些想连接因特网的机构无法获得足够的注册 IP 地址来满足其用户总数的需要。因特网防火墙则是设置网络地址翻译器（NAT）的最佳位置。网址译码器有助于缓和地址空间的不足，并且可以使一个机构变换因特网提供商时不必重新编号。

除了上述作用之外，防火墙还支持具有 Internet 服务特性的企业内部网络技术体系（VPN）。通过 VPN，将企事业单位在地域上分布在全世界各地的局域网或专用子网有机地连成一个整体。这样，不仅省去了专用通信线路，而且为信息共享提供了技术保障。

7.4.3 防火墙的结构

构建防火墙系统的目的是为了最大程度地保护 Intranet（企业网）的安全，防火墙的主要作用就是对网络进行保护以防止其他网络的影响。前面介绍了防火墙的基本类型，它们各有其优缺点，将它们正确地组合使用，便形成了目前流行的基于分组过滤的防火墙体系结构。

1. 双宿主机网关（Dual Homed Gateway）

双宿主机网关是用一台装有两个网络适配器的双宿主机做防火墙，这两个网络适配器中一个是网卡，与内网相连，另一个根据与 Internet 的连接方式，可以是网卡、调制解调器或 ISDN 卡等，其结构如图 7-3 所示。

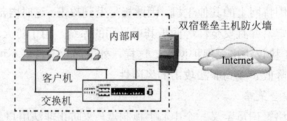

图 7-3　双宿堡垒主机

双宿主机是用两个网络适配器分别连接两个网络，因而又称为**堡垒主机**（Bastion Host）。堡垒主机上运行着防火墙软件，可以转发应用程序，提供服务等。堡垒主机是一个具有两个网络界面的主机，每一个网络界面与它所对应的网络进行通信。它既能作为服务器接收外来请求，又能作为客户转发请求。如果认为信息是安全的，那么代理就会将信息转发到相应的主机上，用户只能够使用代理服务器支持的服务。因此，这种防火墙有效地隐藏了连接源的信息，防止 Internet 用户窥视 Intranet 内部信息。在业务进行时堡垒主机监控全过程并完成详细的日志（Log）和审计（Audit），这就大大地提高了网络的安全性。但是，双宿主机网关有一个致命弱点：一旦入侵者攻入堡垒主机并使其具有路由功能，则外网用户均可自由访问内网。

2. 屏蔽主机网关（Screened Host Gateway）

分单宿堡垒主机和双宿堡垒主机两种类型，两种结构都易于实现，而且也很安全。

① 单宿堡垒主机。连接方式如图 7-4 所示。在此方式下，一个包过滤路由器连接外部网络，同时一个单宿堡垒主机安装在内部网络上。

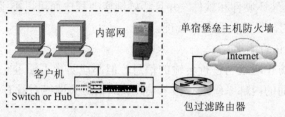

图 7-4 屏蔽主机网关单宿堡垒主机

② 双宿堡垒主机。连接方式如图 7-5 所示。与单宿堡垒主机的区别是双宿堡垒主机有两块网卡，一块连接内部网络，一块连接路由器。

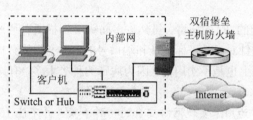

图 7-5 屏蔽主机网关双宿堡垒主机

3. 屏蔽子网（Screened Subnet Gateway）

屏蔽子网就是在内部网络与外部网络之间建立一个起隔离作用的子网。该子网通过两个包过滤路由器分别与内部网络和外部网络连接。内部网络和外部网络均可访问屏蔽子网，虽然不能直接通信，但可以根据需要在屏蔽子网中安装堡垒主机，为内部网络和外部网络之间的互访提供代理服务。向外部网络公开的服务器如 WWW、FTP、E-mail 等，可安装在屏蔽子网内。这样，无论是外部用户还是内部用户都可以访问。屏蔽子网的结构如图 7-6 所示。

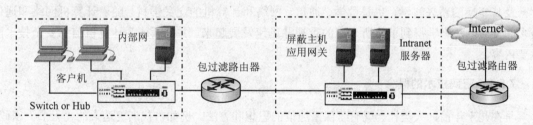

图 7-6 屏蔽子网防火墙

屏蔽子网是最为安全的一种防火墙体系结构，这种结构的特点是内部网络和外部网络均可以访问屏蔽子网，它具有屏蔽主机防火墙的所有优点，并且比之更加优越，安全性能高，具有很强的抗攻击能力。但这种结构需要的设备多、造价高、不易配置，且增加了堡垒机转发数据的复杂性。同时，网络的访问速度也要减慢，其费用也明显高于以上几种防火墙。

7.4.4 防火墙的不足

防火墙虽然具有上述作用，但其作用毕竟是有限的。就目前来说，它还存在许多的不足，主要体现在以下 4 个方面。

1. 不能防范内部用户

防火墙可以禁止系统用户经过网络连接发送专有的信息，但用户可以将数据复制到磁盘上带走。内部用户偷窃数据，破坏硬件和软件，并且巧妙地修改程序而可以不用接近防火墙。防火墙对内部入侵者是无能为力的，只能加强内部管理。

2. 不能防范不通过它的连接

防火墙能够有效地防止通过它进行传输的信息，但不能防止不通过它而传输信息。例如，如果站点允许对防火墙后面的内部系统进行拨号访问，那么防火墙绝对没有办法阻止入侵者进行拨号入侵。

3. 不能防范未知的威胁

一个设计很好的防火墙，可以用来防御已知的和可能出现的威胁，但不能自动防御所有未知的和新的威胁。

4. 不能防范病毒

防火墙不能消除网络上的 PC 的病毒。虽然许多防火墙扫描所有通过的信息，以决定是否允许它通过内部网络，但扫描是针对源、目标地址和端口号的，而不扫描数据的具体内容。即使是先进的数据包过滤，在病毒防范上也是不实用的。因为病毒的种类太多，有许多种手段可以使病毒在数据中隐藏。

【提示】防火墙技术作为用来实现网络安全的一种手段，并不能 100%解决网络上的信息安全问题。网络安全是一个系统问题，涉及面很广，如网络管理、安全意识、信息加密技术等。

§7.5　计算机密码技术

密码技术一直是数据处理系统和通信系统中的一个重要研究课题，它涉及物理方法、存取数据的管理和控制、数据加密等数据安全技术，是实现数据保密与安全的有效方法，而且是一门古老而深奥的学科——密码学（Cryptology）。计算机密码技术是研究计算机信息加密（Encryption）、解密及其变换的新兴科学，也是数学、通信、网络和计算机的交叉学科。随着计算机网络和通信技术的发展，密码学得到了前所未有的重视并迅速发展起来，并逐渐成为计算机信息安全技术的重要内容。

7.5.1　密码技术的概念

早在几千年前，人类社会就有了保密通信的思想和方法。例如古代斯巴达人的"天书"密码：将写好消息的纸条缠绕在棍子上，然后传递。如果对方不知道棍子的宽度，很难知晓纸条上的真实内容，这就是密码技术的意义所在。

1. 加密和解密

数据加密就是将被传输的数据转换成表面上杂乱无章的数据，合法的接收者通过逆变换恢复成原来的数据，而非法窃取得到的则是毫无意义的数据。因此，密码技术包括数据加密和解密两部分。其中，加密是把需要加密的报文按照以密码钥匙（简称密钥）为参数的函数进行转换，产生密码文件；解密是按照密钥参数进行解密，还原成原文件。数据加密和解密的过程是在信源发出与进入通信之间进行加密，经过信道传输，到信宿接收时进行解密，以实现数据通信保密。加密与解密的过程如图 7-7 所示。

我们把要加密的报文称为明文（Plaintext），按照以密钥（Key）为参数的函数进行变换，通过加密过程而产生的输出称为密文（Ciphertext）或密码文件（Cryptogram）。源端用户将明文以密钥为参数进行了变换，形成的密码文件在信道上传送，到达目的地后再按照密钥参数进行解密还原成明文。设计密码的技术（加密技术）和破译密码的技术（密码分析）（Crytanalysis）统称为密码技术（Cryptology）。

图 7-7　加密解密过程示意图

2. 密钥体系

加密和解密是通过密钥来实现的。如果把密钥作为加密体系标准，则可将密码系统分为单钥密码（又称对称密码或私钥密码）体系和双钥密码（又称非对称密码或公钥密码）体系。

在单钥密码体制下，加密密钥和解密密钥是一样的。在这种情况下，由于加密和解密使用同一密钥（密钥经密钥信道传给对方），所以密码体制的安全完全取决于密钥的安全。

双钥密码体制是 1976 年 W.Diffie 和 M.E.Heilinan 提出的一种新型密码体制。1977 年 Rivest, Shamir 和 Adleman 提出了 RSA 密码体制。在双钥密码体制下，加密密钥与解密密钥是不同的，它不需要安全信道来传送密钥，可以公开加密密钥，仅需保密解密密钥。

3. 密码技术的基本要求

使用密码技术的目的是为了信息在传递过程中不让非法接收者了解信息内容。因此，信息的安全传递至少包括四个基本要素：保密（机密性）、可验证性、完整性和不可否认性。

（1）保密（Privacy）：在通信中，消息的发送方与接收方都希望保密，即只有消息的发送者和接收者才能理解消息的内容。

（2）验证（Authentication）：安全通信仅仅靠消息的机密性是不够的，必须加以验证，即接收者需要确定消息发送者的身份。

（3）完整（Integrity）：保密与认证仅仅是安全通信中的两个基本要素，还必须保持消息的完整，即消息在传送过程中不发生改变。例如在银行交易中，如果客户 1000 美元的转账变成了 10000 美元的转账，无论客户或银行都不会对此感到满意。这种情况的发生可能是恶意的，因为某个入侵者为了从中获益；也有可能是偶然的，因为硬件或者软件的故障。

（4）不可否认性（Non repudiation）：安全通信的一个基本要素就是不可否认性，防止发送者抵赖（否定）。安全的系统应该能证明发送者确实发送了消息。例如当客户发送一消息将一个账户中的钱转入另一个账户，银行必须能证明这个客户确实申请了这次交易。

7.5.2　常用加密方法

实现数据加密的方法很多，可将其分为古典加密方法和现代加密方法。下面简要介绍常用加密方法的基本概念。

1. 古典加密方法

古典加密方法也称传统加密方法，加密的历史可以追溯到文字通信的开始。常用的古典加密方法有代换加密法、置换密码法、二进制运算法等。古典加密方法通常靠手工来实现。

（1）代换密码（Substitution Cipher）：是用一个或一组字符代换另一个或另一组字符，以起到伪装掩饰的作用。代换密码有单字符加密方法和多字符加密方法两种。

① 单字符加密方法。是用一个（组）字母代替另一个（组）字母，古老的恺撒密码术就是如此。它把 A 变成 E，B 变成 F，C 变为 G，D 变为 H，即将明文的字母移位若干字母而形成密文。单字母加密方法有移位映射法、倒映射法、步长映射法等，如图 7-8 所示。

（a）移位映射法　　（b）倒映射法　　（c）步长映射法

图 7-8　单字母加密

在单字母加密法中，最典型的是罗马人恺撒发明的恺撒密码法。

【实例 7-1】用恺撒密码法对英文单词 computer 进行加密。

将单词 computer 中的每个字符右移一位，就变换成了字符串 dpnqvufs。computer 的含义是"计算机"，但字符串 dpnqvufs 的含义就很难理解了。

② 多字符加密方法。单字符替换的优点是实现简单，缺点是容易破译。多字符加密方法是对不同位置的字符采用不同的替换方式。

【实例 7-2】采用（+1，−1，+2）的替换方式对 computer 加密。

将单词 computer 中的第 1 个字符右移 1 位，第 2 个字符左移 1 位，第 3 个字符右移 2 位；第 4 个字符又是右移 1 位，如此进行下去，完成明文中所有字符的替换。替换的结果为：dnoqtvfq。

（2）转换密码：不是隐藏它们，而是靠重新安排字母的次序。下面以实例进行说明加密方法。

【实例 7-3】设明文（原文）为：

it can allow students to get close up views

对该明文实行加密，其方法可按以下三个步骤进行：

① 首先，设定密钥为 GERMAN，并对密钥按字母表顺序由小到大编号，即：

G　E　R　M　A　N
3　2　6　4　1　5

② 根据密码长度，将原文按顺序排列形成明文长度与密钥长度相同的明文格式，如图 7-9 所示。

③ 将密钥中的各字母及其编号与明文各列相对应，并按照密钥字母编号由小到大顺序把明文以此顺序按列重新排列，便是所形成的密文，如图 7-10 所示。

结果为：nsttustdooiilutlvawneewatscpcoegse

（3）二进制运算：利用二进制的逻辑运算 AND、OR、NOT、XOR 的运算特性进行加密。其中，异或运算对加密来说有一个很好的特性：一个数和另一个数进行两次异或运算，其结果又变回这个数本身，即 A XOR B XOR B=A。

```
i t c a n a
l l o w s t
u d e n t s
t o g e t c
l o s e u p
v i e w s
```

图 7-9　明文格式

图 7-10　密文

【**实例 7-4**】采用异或运算，对英文单词 computer 进行加密。

为了实现对 computer 加密，首先以 ASCII 码的形式把每个英文字符转换成二进制，然后选定一个 8 位的二进制数 00001100 作为加密密码（也称密钥），把每个明文字符的 ASCII 码分别与密钥进行异或运算（加密），实行加密的过程如表 7-4 所示。

表 7-4　基于异或运算的 computer 加密方法

明文字符	明文 ASCII 码	密文 ASCII 码	密文字符
c	01100011	01101111	o
o	01101111	01100011	c
m	01101101	01100001	a
p	01110000	01111100	|
u	01110101	01111001	y
t	01110100	01111000	x
e	01100101	01101001	i
r	01110010	01111110	~

接收方也用相同的密钥进行一次异或运算（解密），还原成明文。读者可自行对密文解密。

古典加密方法简单，具有较高的可靠性，有的已沿用了数千年。直到现在，有些方法在某些场合还在应用。但这些方法却也很容易破密，如果借助于计算机，就更容易破密了。图灵是破译密码的高手。在第二次世界大战期间，图灵在英国外交部的一个下属机构工作，他使用自己研制的译码机破译了德国军队的不少情报，为盟军战胜德国法西斯立了大功，战后被授予帝国勋章。

2. 现代加密方法

从 20 世纪 50 年代至今，被称为现代密码时期。这一时期是以香农（Shannon）发表的《保密系统的通信理论》（Communication Theory of Secrecy System）为理论基础，代表着密码学的研究进入了新的发展轨迹。现阶段对信息的加密和解密，通常是利用计算机来实现。

现代密码学家们研究的加密法是在古典加密方法的基础上，采用越来越复杂的算法和较短的密码簿或密钥去达到尽可能高的保密性。在现代加密方法中，常用的加密算法有 DES 加密算法、IDEA 加密算法、RSA 加密算法、HASH 加密算法和量子加密系统等。根据密钥方式，加密算法可以分为两类：即对称式密码和非对称式密码。

（1）对称式密码：是指收发双方使用相同密钥的密码，传统的加密方式都属于此类，加密过程如图 7-11 所示。

常用的对称加密算法是 DES（数据加密标准），它是一种通用的现代加密方法，该方法原是 IBM

公司为保护产品的机密而研制的一种，后被美国国家标准局和国家安全局选为数据加密标准，1981年被采纳为 ANSI 标准，也是通用的现代化加密标准。

（2）非对称式密码：是指收发双方使用不同密钥的密码，现代加密方式都属于此类。它相当于两把密钥对付一把锁，开锁和关锁用不同的钥匙，加密过程如图 7-12 所示。

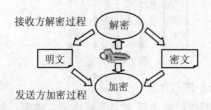

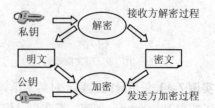

图 7-11　对称式密码的加密过程　　　　　图 7-12　非对称式密码的加密过程

最具代表性的非对称加密算法是 RSA，它是由 R.L.Rivest、A.Shamir 和 L.M.Adleman 三位教授于 1978 年在美国麻省理工学院研发出来的。为此，三人共同获得了 2002 年度图灵奖。

RSA 算法使用很大的质数来构造密钥对与公钥发给所有的信息发送方，密钥则由接收方保管，用来解密发送方用公钥加密后发送来的密文。RSA 算法的优点是密钥空间大，RSA 实验室建议：对于普通资料，使用 1024 位密钥；对于极其重要的资料，使用 2048 位；对于日常使用，768 位就已足够。RSA 算法的缺点是速度慢，如果 RSA 和 DES 结合使用，则正好弥补各自的缺点，即 DES 用于明文加密，RSA 用于 DES 密钥的加密。

（3）量子加密系统：DES 及其类似算法要求加密和解密的密钥是相同的，因此密钥必须保密。量子加密系统是加密技术的新突破。量子加密法的原理是两个用户各自产生一个私有的随机数字字符串，第一个用户向第二个用户的接收装置发送代表数字字符串的单个量子序列（光脉冲），接收装置从两个字符串中取出相匹配的比特值，用这些比特值就可以组成密钥。

7.5.3　数字认证技术

数字认证既可用于对用户身份进行确认和鉴别，也可对信息的真实可靠性进行确认和鉴别，以防止冒充、抵赖、伪造、篡改等问题。数字认证技术中涉及到数字签名、数字时间戳、数字证书和认证中心等，其中最常用的是"数字签名"技术。

1. 数字签名

数字签名是通信双方在网上交换信息时采用公开密钥法来防止伪造和欺骗的一种身份签证。在日常工作和生活中，人们对书信或文件的验收是根据亲笔签名或盖章来证实接收者的真实身份。在书面文件上签名有两个作用：一是因为自己的签名难以否认，从而确定了文件已签署这一事实；二是因为签名不易伪冒，从而确定了文件是真实的这一事实。但是，在计算机网络中传送的报文又如何签名盖章呢，这就是数字签名所要解决的问题。

为了利用数字签名来防止电子信息因容易被修改而有人造假、或冒用他人名义发送信息、或发出（收到）信件后又加以否认等情况的发生，从目的和要求上必须保证以下几点：

● 接收者能够核实发送者；

● 发送者事后不能抵赖对文件的签名；

● 接收者不能伪造对文件的签名。

那么，在技术上如何实现呢？在网络传输中，发送方和接收方的加密、解密处理过程分 8 个步骤完成。其中前 4 步由发送方完成；后 4 步由接收方完成。处理过程的 8 个步骤如下：

① 将要发送的信息原文用 HASH 函数编码，产生一段固定长度的数字摘要；

② 用发送方的私钥对摘要加密，形成数字签名，并附在要发送的信息原文后面；

③ 产生一个通信密钥，用它对带有数字签名的信息原文进行加密后传送到接收方；

④ 用接收方的公钥对自己的通信密钥进行加密后，传到接收方；

⑤ 收到发送方加密的通信密钥后，用接收方的私钥对其进行解密得到通信密钥；

⑥ 用发送方的通信密钥对收到的签名原文解密，得到数字签名和信息原文；

⑦ 用发送方的公钥对数字签名进行解密，得到摘要；

⑧ 将收到的原文用 HASH 函数编码，产生另一个摘要，比较前后两个摘要。

如果两个摘要一致，则说明发送的信息原文在传送过程中没有被破坏或篡改过，从而得到准确的原文。数字签名、文件及密码的传送过程如图 7-13 所示。

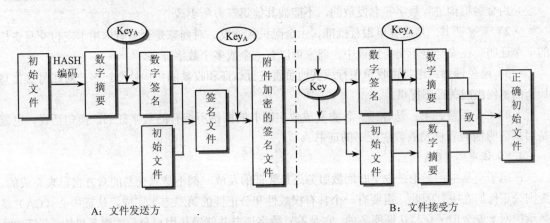

A：文件发送方　　　　　　　　　　　　　B：文件接受方

图 7-13　数字签名的验证及文件的传送过程

2. 数字时间戳

在交易文件的书面合同中，文件签署的日期和签名一样都是十分重要的。在电子交易中，同样需要对交易文件的日期和时间信息采取安全措施，数字时间戳（DTS）就是为电子文件发表的时间提供安全保护和证明的。DTS 是网上安全服务项目，由专门的机构提供。数字时间戳是一个加密后形成的凭证文档，它包括三个部分：

● 需要加时间戳的文件的摘要；

● DTS 机构收到文件的日期和时间；

● DTS 机构的数字签名。

数字时间戳的产生过程是这样的：用户将需要加时间戳的文件用 HASH 编码加密形成摘要，然后将这个摘要发送到 DTS 机构，DTS 机构在加入了收到文件摘要的日期和时间信息后再对文件加密（数字签名），最后送给用户。书面文件的时间是由签署人自己写上的，而数字时间戳则不然，它是以 DTS 机构收到文件的时间为依据，由认证单位 DTS 机构自动加上的。

3. 数字证书

数字认证从某个功能上来说很像是密码，是用来证实你的身份或对网络资源访问的权限等可出示的一个凭证。尤其是在电子商务中，如果交易双方出示了各自的数字证书，并用它们进行交易操作，那么双方都可不必为对方身份的真实性担心了。数字证书也可以用于电子邮件、电子资金转移等各方面。数字证书的内容格式是由 CCIT TX.509 国际标准所规定的，它必须包含以下几方面的信息内容：

- 证书的版本号；
- 签名算法；
- 数字证书的序列号；
- 颁发数字证书的单位；
- 证书拥有者的姓名；
- 颁发数字证书单位的数字签名；
- 证书拥有者的公开密钥；
- 公开密钥的有效期。

参与电子商务的每一个人都需持有不同类型的数字证书，这些数字证书包括：

（1）客户证书：是只为一个人提供的数字证书，以证明他（她）在网上的有效身份。该证书一般是由金融机构进行数字签名发放的，不能被其他第三方所更改。

（2）商家证书：是由收单银行批准、由金融机构颁发、对商家是否具有信用卡支付交易资格的一个证明。在安全电子交易协议中，商家可以有一个或多个数字证书。

（3）网关证书：通常由收单银行或其他负责进行认证和收款的机构持有。客户对账号等信息加密的密码由网关证书提供。

（4）CA 系统证书：是各级、各类发放数字证书的机构所持有的数字证书。换句话说，也就是用来证明他们有权发放数字证书的证书。

4．认证中心（CA）

在电子交易中，无论是数字时间戳服务还是凭证的发放，都不是靠交易的双方自己来完成的，否则公正性何在呢？因此，需要有一个具有权威性和公正性的第三方来完成。认证中心（CA）就是承担网上安全电子交易认证服务的，它是签发数字证书并能确认用户身份的服务机构。认证中心的主要任务是受理数字凭证的申请，签发数字证书及对数字证书进行管理。

CA 系统对外提供服务的窗口称为业务受理点，如果某些客户没有计算机设备，可以到业务受理点由工作人员帮他录入和登记。业务受理点也可以担任用户证书发放的审核部门，当面审核用户提交的资料，从而决定是否为用户发放证书。CA 认证体系从功能模块上来划分，大致可以分为以下几部分：

- 接收用户证书申请的受理者（RS）；
- 证书发放的审核部门（RA）；
- 证书发放的操作部门（CP 或称为 CA）以及记录作废证书的证书作废表（CRL）。

其中：RS 是证书受理者，它用于接收用户的证书申请请求，转发给 RA 和 CP 进行相应的处理；RA 负责对证书申请者进行资格审查，并决定是否同意给该申请者发放证书；CP 负责为那些通过申请的人制作、发放和管理证书。如果证书被黑客盗窃，或为没有获得授权的客户发放了证书，等等，这些都可以由 CP 负责。它可以由审核授权部门自己担任，也可委托给第三方担任。CRL 记录的是一些已经有不良记录的用户。

CA 体系是由根 CA、品牌 CA、地方 CA 以及持卡人 CA、商家 CA、支付网关 CA 等不同层次构成，上一级 CA 负责下一级 CA 数字证书的申请、签发及管理工作。其结构如图 7-14 所示。

通过一个完整的 CA 认证体系，可以有效地实

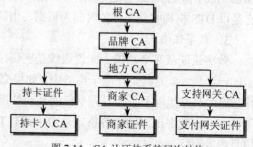

图 7-14　CA 认证体系的层次结构

现对数字证书的验证。每一份数字证书都与上一级的签名证书相关联，最终可以通过安全认证链追溯到一个已知的可信赖的机构。由此便可以对各级数字证书的有效性进行验证。根 CA 的密钥由一个自签证书来分配，根证书的公开密钥对所有各方公开，它是 CA 体系的最高层。

最后要强调指出的是：加密技术同防火墙技术一样，都是一种被动式防护手段，目前还没有解决网络信息安全问题的万全之策。除了技术措施之外，还必须有相应的管理措施和法规。

本章小结

（1）计算机安全知识包括计算机安全定义、安全威胁、安全策略、安全管理以及计算机对环境的要求等。

（2）了解计算机病毒知识对如何防治计算机病毒是非常重要的。其实，只要我们具备了一定的计算机病毒知识，就能正确地预防和处理病毒，从而大大减少病毒所造成的危害。

（3）特洛伊木马是安全中较常碰到的问题。特洛伊木马与病毒最大的不同就是它几乎没有传染性，它不进行自我复制。特洛伊木马总是黑客通过邮件或者黑客破解整个系统之后留下来的。一旦黑客放置的木马生效，他们就可随意地控制系统。

（4）计算机黑客是计算机网络安全技术中的热门话题之一，计算机网络受到黑客的攻击，引起了计算机界的高度关注。作为计算机用户，发现黑客、阻止黑客入侵是十分重要的问题。

（5）防火墙技术是当前计算机网络安全技术中另一个热门话题。随着计算机网络技术的成熟，相应地形成了防火墙的安全标准。

（6）计算机密码技术是计算机科学中的一个重要内容。计算机密码技术研究的核心是算法的研究。加密方法分为传统方法和现代方法，DES 加密算法是一种通用的现代加密方法。

（7）数字认证是计算机网络安全技术中的一个重要内容，也是密码技术中的一个重要内容。数字认证技术中涉及到数字签名、数字时间戳、数字证书和认证中心等，其中最常用的是"数字签名"技术。

习题七

一、选择题

1. 我们平时所说的计算机病毒，实际是（　　）。

    A. 有故障的硬件　　　　B. 一段文章　　　　C. 一段程序　　　　D. 微生物

2. 为了预防计算机病毒的感染，应当（　　）。

    A. 经常对计算机格式化　　　　　　　　B. 定期用高温对软盘消毒

    C. 对操作者定期体检　　　　　　　　　D. 使用防病毒软件

3. （　　）是计算机染上病毒的特征之一。

    A. 机箱开始发霉　　　　　　　　　　　B. 计算机的灰尘很多

    C. 文件长度增长　　　　　　　　　　　D. 螺丝钉松动

4. 当前的防病毒的软件是根据已发现的病毒的行为特征研制出来的，能对付（　　）。

    A. 在未来一年内产生的新病毒　　　　　B. 已知病毒和它的同类

    C. 将要流行的各种病毒　　　　　　　　D. 已经研制出的各种病毒

5. 空气湿度过低对计算机造成的危害体现在（　　　）。

　　A. 使线路间的绝缘度降低，容易漏电

　　B. 容易产生腐蚀，导致电路工作不可靠

　　C. 容易产生静电积累，容易损坏半导体芯片和使存储器件中的数据丢失

　　D. 计算机运行程序的速度明显变慢

6. 计算机系统的实体安全是指保证（　　　）安全。

　　A. 安装的操作系统　　　　　　　　B. 操作人员

　　C. 计算机系统硬件　　　　　　　　D. 计算机硬盘内的数据

7. 在下列四项中，不属于计算机病毒特征的是（　　　）。

　　A. 潜伏性　　　　　B. 可激活性　　　　　C. 传播性　　　　　D. 免疫性

8. 若发现某片软盘已经感染上病毒，则可（　　　）。

　　A. 将该软盘报废

　　B. 换一台计算机再使用该软盘上的文件

　　C. 将该软盘上的文件复制到另一片软盘上使用

　　D. 用杀毒软件清除该软盘上的病毒或者在确认无病毒的计算机上格式化该软盘

9. 病毒产生的原因是（　　　）。

　　A. 用户程序有错误　　　　　　　　B. 计算机硬件故障

　　C. 人为制造　　　　　　　　　　　D. 计算机系统软件有错误

10. 目前使用的防病毒软件的作用（　　　）。

　　A. 查出任何已感染的病毒　　　　　B. 查出已知的病毒，清除部分病毒

　　C. 清除已感染的任何病毒　　　　　D. 查出并清除任何病毒

二、判断题

1. 计算机所受到的安全威胁是因为计算机很容易被盗。　　　　　　　　　（　　　）

2. 计算机的安全策略实际上就是防火防盗。　　　　　　　　　　　　　　（　　　）

3. 计算机病毒是一种人为制造的、通常看不见文件名的、寄生在计算机存储介质中的、对计算机正常工作具有破坏作用，且极易传播的程序。　　　　　　　　　　　　　　　　（　　　）

4. 各种不同的病毒，在其感染或破坏后都有一定的症状。　　　　　　　　（　　　）

5. 黑客的产生和变迁与计算机技术的发展有关。　　　　　　　　　　　　（　　　）

6. 计算机网络中的防火墙是为了避免计算机发生火灾而设置的围墙。　　　（　　　）

7. 计算机网络中的防火墙是为了防止病毒和黑客，在局域网和 Internet 之间插入一个中介系统，竖起一道安全屏障。　　　　　　　　　　　　　　　　　　　　　　　　　　　　（　　　）

8. 计算机密码技术包括数据加密和解密两部分。　　　　　　　　　　　　（　　　）

9. 代换密码是用一个或一组字母代换另一个或另一组字母。　　　　　　　（　　　）

10. 转换密码是靠重新安排字母的次序来实现加密。　　　　　　　　　　　（　　　）

三、问答题

1. 建立或健全严格的机房制度的重要意义是什么？

2. 建设机房时对周围环境及室内各有哪些基本要求？

3. 什么是计算机病毒？计算机病毒有哪几种类型？

4. 计算机病毒的传播有哪几种途经？主要攻击目标是什么？

5. 计算机病毒工具软件能发现计算机中的所有病毒吗？

6. 计算机黑客是什么含义？黑客是怎样进入用户计算机的？

7. 防火墙的功能作用是什么？防火墙通常可以分为哪几类？

8. 计算机加密技术中的代换密码法是什么含义？包含几种加密方法？

9. 计算机加密技术中的转换密码法是什么含义？在加密中分为哪几个步骤？

10. 数字签名的目的是什么？在技术实现上可分为哪几个步骤？

四、讨论题

1. 你认为确保计算机信息安全的意义何在？

2. 你认为确保计算机信息安全的关键是什么？

3. 你认为计算机信息安全技术的发展趋势主要有哪些方面？

参考文献

[1] 李云峰，李婷. 大学计算机应用基础. 北京：人民邮电出版社，2010.

[2] 李云峰，李婷. 计算机导论（理论篇）. 北京：电子工业出版社，2009.

[3] 李云峰，李婷. 计算机导论（实训篇）. 北京：电子工业出版社，2009.

[4] 李云峰，际达. 虚拟现实、多媒体与系统仿真. 长沙：中南工业大学学报，2002 No.2.

[5] 李云峰，李婷. 计算机网络技术教程. 北京：电子工业出版社，2010.

[6] 李云峰，李婷. 计算机网络技术实训. 北京：电子工业出版社，2010.

[7] 李云峰，李婷. 计算机网络基础教程. 北京：中国水利水电出版社，2010.

[8] 李云峰，李婷. 计算机网络基础实训. 北京：中国水利水电出版社，2010.

[9] 李云峰，李婷. C/C++程序设计. 北京：中国水利水电出版社，2012.

[10] 李云峰，李婷. C/C++程序设计学习辅导. 北京：中国水利水电出版社，2012.

[11] 王玉龙. 计算机导论. 北京：电子工业出版社，2005.

[12] 姬秀荔. 大学计算机应用基础. 北京：清华大学出版社，2009.

[13] 姬秀荔. 大学计算机应用基础实验指导. 北京：清华大学出版社，2009.

[14] 胡晓峰，吴玲达. 多媒体系统原理与应用. 北京：人民邮电出版社，1996.

[15] 杨青，郑世珏. 大学计算机基础教程. 北京：清华大学出版社，2007.

[16] 刘艺，段立. 计算机科学导论. 北京：机械工业出版社，2004.

[17] 吴国新，吉逸. 计算机网络. 北京：高等教育出版社，2003.

[18] 詹国华. 大学计算机应用基础教程. 北京：清华大学出版社，2005.

[19] 詹国华. 大学计算机应用基础实验教程（修订版）. 北京：清华大学出版社，2007.

[20] 杜茂康. 计算机信息技术应用基础. 北京：清华大学出版社，2004.